# 编 委 会

主 编　徐晓锋　宁夏大学

　　　　张力莉　宁夏大学

编写人员　周玉香　宁夏大学

　　　　　郭勇庆　华南农业大学

　　　　　田雨佳　天津农学院

　　　　　赵洪喜　宁夏大学

● 宁夏高等学校一流学科建设（草学学科）资助项目（NXYLXK2017A01）
● 国家自然科学基金资助（项目批准号：31660675）

# 奶牛饲料资源利用与日粮质量监控

徐晓锋　张力莉◎主编

黄河出版传媒集团
宁夏人民出版社

**图书在版编目(CIP)数据**

奶牛饲料资源利用与日粮质量监控 / 徐晓锋,张力莉主编. —银川:宁夏人民出版社,2018.10

ISBN 978-7-227-06969-0

Ⅰ.①奶… Ⅱ.①徐… ②张… Ⅲ.①乳牛—饲料—资源利用②乳牛—混合饲料—质量监督 Ⅳ.①S823.95

中国版本图书馆 CIP 数据核字(2018)第 246318 号

**奶牛饲料资源利用与日粮质量监控**　　　　徐晓锋　　张力莉　　主编

责任编辑　杨敏媛

责任校对　陈　晶

封面设计　石　磊

责任印制　肖　艳

黄河出版传媒集团
宁夏人民出版社　出版发行

地　　址　宁夏银川市北京东路 139 号出版大厦 （750001）
网　　址　http://www.yrpubm.com
网上书店　http://www.hh-book.com
电子信箱　nxrmcbs@126.com
邮购电话　0951-5052104　5052106
经　　销　全国新华书店
印刷装订　宁夏凤鸣彩印广告有限公司
印刷委托书号　（宁）0011502

开本　787 mm × 1092 mm　1/16
印张　16.25　　　字数　300 千字
版次　2018 年 11 月第 1 版
印次　2018 年 11 月第 1 次印刷
书号　ISBN 978-7-227-06969-0
定价　50.00 元

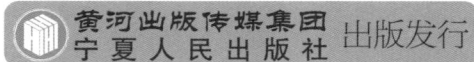

# 前　言

随着经济发展和生活水平的提高，人们对牛奶和乳制品的需求大大增加，国家政策也大力鼓励和扶持奶牛生产，奶牛业获得了前所未有的发展。

奶牛饲养的经济效益、牛奶质量与饲料资源利用密切相关，在贸易全球化的推动下，世界奶业对中国奶业发展产生深刻影响，这既是机遇也是一种挑战，如何开发利用饲料资源，如何控制饲料原料质量，如何科学应用全混合日粮饲喂技术，对于提高奶牛饲料转化效率、降低饲养成本以及提高牛奶质量和中国奶业的竞争力具有重要意义。

本书在参考大量相关科研成果和文献基础上，介绍了奶牛常规精粗饲料资源以及新饲料资源DDGS、酵母培养物、过瘤胃营养素(脂肪、氨基酸、胆碱)等营养价值及质量监控；不同加工处理对饲料营养特性的影响，如玉米、大豆等精饲料以及秸秆资源等；粗饲料营养价值评价新方法，如有效洗涤纤维、相对饲喂质量等；青贮饲料营养价值评定新技术；全混合日粮饲喂技术的科学应用相关技术，如日粮原料快速质量鉴别、全混合日粮质量评价技术，奶牛DHI测定数据的解读，奶牛各种评分技术应用等，为改善奶牛管理水平提供了准确的技术参考。

本书对于广大奶牛养殖者以及相关技术人员具有重要的参考意义，也可作为畜牧学科相关的专业型研究生教学用书或参考书。附录中列出了饲料工业通用术语、饲料概略养分分析及主要饲料原料等级标准，也供相关行业人员应用。

# 目　录

# 1 饲料分类

饲料是指在合理饲喂条件下能给动物提供营养物质、调控生理机能、改善动物产品品质，且不发生有毒、有害作用的物质。中华人民共和国国家标准《饲料工业通用术语》对饲料的定义为：能提供饲养动物所需养分、保证健康、促进生长和生产且在合理使用下不发生有害作用的可食物质。从广义上讲，能强化饲养效果的某些非营养物质如各种添加剂，也划分为饲料之列。饲料是动物生产的物质基础，然而饲料种类繁多，来源和分布甚广，各种饲料的营养特点和饲用价值各异。为配合动物营养学的研究进展，适应现代饲料工业和畜牧业的发展，科学地利用饲料有必要对饲料原料进行科学的分类。由美国学者 L.E.Harris 提出饲料分类的原则和编码体系，已被多数国家承认和接受，并逐步发展成为当今饲料分类编码体系的基本模式，被称为国际饲料分类法。我国 20 世纪 80 年代在张子仪研究员主持下，依据国际饲料分类原则与我国传统分类体系相结合，提出了我国的饲料分类法和编码系统。

L.E.Harris 根据饲料的营养特性和主要营养指标进行分类，分类依据的主要营养指标为水分、干物质中粗纤维和蛋白质，该种分类方法能更准确反映各类饲料的营养特性及在畜禽饲粮中的地位。按照这一分类原则将饲料分为粗饲料、青绿饲料、青贮饲料、能量饲料、蛋白质补充料、矿物质饲料、维生素饲料、饲料添加剂 8 大类，并对每类饲料冠以 6 位数的国际饲料编码（International Feeds Number，IFN），首位数代表饲料归属的类别，后 5 位数则按饲料的重要属性给定编码。编码分 3 节，表示为 △—△ △—△ △ △。

# 1.1 粗饲料

粗饲料是指饲料干物质中粗纤维含量大于或等于 18%，以风干物为饲喂形式的饲料，如干草类、农作物秸秆、树叶等。某些带壳油料籽实去油后的副产品饼粕类以及糟渣类尽管其蛋白质含量高于 20%，但只要干物质中粗纤维含量高于 18%就归为粗饲料，除此之外，籽实中粗纤维含量高，外壳或表皮比例较高的树籽、草籽和油料作物籽实，如果干物质中粗纤维含量高于 18%也均归为粗饲料范围。这类饲料单位重量容积大，粗纤维含量高、消化率低，但来源广泛、数量多，是奶牛必不可少的一类饲料资源，对奶牛健康和生产性能及乳品质有重要影响。

## 1.1.1 粗饲料的主要特点

### 1.1.1.1 粗纤维含量高

干草的粗纤维含量为 25% ~ 30%，秸秆类达 31% ~ 45%。粗纤维中含有较多的木质素，如小麦秸秆中木质素含量高达 12.8%，因而很难消化。例如，苜蓿干草粗纤维的消化率只有 45%，大豆秕壳为 36%。在粗饲料中，特别是在秸秆类中主要是半纤维及多戊糖的可溶部分，无氮浸出物中缺乏淀粉和糖，因此，牛羊饲料中秸秆类饲料的有机物消化率一般都在 50%左右。燕麦草纤维消化率高达 60%，是一般羊草的 2 倍。

### 1.1.1.2 粗蛋白质的含量差异大

粗蛋白质含量豆科干草高于禾本科牧草，干草中粗蛋白含量与牧草收割期和收割贮藏条件密切相关，干草中粗蛋白含量为 10% ~ 20%，调制良好的头茬苜蓿干草现蕾期粗蛋白含量可达 21.5%，开花期羊草粗蛋白可达 13%，相比而言秸秆、秕壳类粗饲料中粗蛋白含量较低。例如大豆秸每千克干物质中含可消化粗蛋白质 47 g，玉米秸每千克干物质中含可消化粗蛋白质 23 g。

### 1.1.1.3 钙、磷含量丰富

豆科干草、秕壳和秸秆含钙很高，一般在 1.3%左右，禾本科干草和秸秆含钙较低，为 0.2% ~ 0.4%。磷的含量，各种干草在 0.14% ~ 0.3%之间，而各种秸秆多在 0.1% 以下。粗饲料含钾较多，属碱性饲料，是奶牛良好的饲料来源。

#### 1.1.1.4 各种维生素含量不等

维生素 D 含量丰富，其他维生素含量则较少。干草是动物维生素 D 的良好来源，一般晒制青干草维生素 D 含量为 100～1000 国际单位/千克。青饲料在晒制过程中，其他维生素损失都比较严重，唯有维生素 D 含量大增，而其他植物性饲料维生素 D 的含量都比较低，所以干草中的维生素 D 对动物有特别重要的意义。优质的干草中含有较多的胡萝卜素，日晒雨淋后品质不良的干草含胡萝卜素很少，秕壳和秸秆中胡萝卜素含量极低。干草中含有一定量的 B 族维生素，其中豆科干草如苜蓿干草的核黄素含量相当丰富，秸秆类中缺乏 B 族维生素。各种粗饲料，特别是日晒的豆科干草含有大量维生素 $D_2$，是奶牛维生素 D 的良好来源。

### 1.1.2 粗饲料的利用注意事项

虽然粗饲料含有较高的粗纤维，难以消化，营养价值偏低，但它是奶牛重要的饲料。在长期的进化和饲养过程中，奶牛对粗饲料形成了较好的适应性和较高的消化能力，这也与奶牛特殊的消化生理特点密切相关。奶牛庞大的消化道容积，必须以粗饲料来填充，才能保证胃肠道的正常蠕动和充盈状态。因此，粗饲料是奶牛很重要的基础饲料，为了提高粗饲料的利用价值，在贮藏和饲喂时应注意以下几点。

#### 1.1.2.1 减少叶片的损失

各种干草和秸秆叶片部分的养分含量高于茎秆部分，营养价值较高，所以在调制和贮藏时要注意尽量不损失叶片。适时收割，避免不良天气、减少机械损失是生产中需要注意的事项。

#### 1.1.2.2 多种粗饲料搭配使用

单一的禾本科秸秆如稻草、麦秸等，所含的粗蛋白质、钙、磷等营养物质都不能满足牛的营养需要，故应与蛋白质、钙和磷含量较多的豆科干草搭配使用，以提高粗饲料的利用率。粗饲料一般缺磷，除优质干草外，胡萝卜素含量极少，甚至没有，所以适当补喂少许青绿饲料是十分必要的。

### 1.1.2.3 对粗饲料进行合理的加工处理

为了提高秸秆类的适口性和消化率，可以采取切短、粉碎、揉碎等方法，便于家畜咀嚼、减少浪费，也便于与其他饲料混匀。也可以采用发酵、氨化、碱化等化学或生物学的方法处理，以改变粗饲料的理化性质提高消化率。

# 1.2 青绿饲料

青绿饲料是指新鲜的天然水分含量在60%以上的多汁饲料，包括可以直接饲喂的人工栽培牧草和以放牧形式进行利用的天然草地牧草、饲用作物、树叶、水生植物类及非淀粉质的根茎、瓜果类。这类饲料种类多、来源广、产量高、营养丰富，对促进奶牛生长发育、提高畜产品品质具有重要意义。青绿饲料有下述特点。

## 1.2.1 水分含量高，适口性好

青绿饲料水分含量一般都在60%以上，水生青绿饲料的含水量可达90%～95%，青绿饲料富含各种营养物质，具有多汁性与柔嫩性，口感好，作为家畜的饲料能够有效刺激其采食量，且易于消化，是草食家畜的首选饲料。在家畜的日粮中加入青绿多汁饲料后，能从整体上提高日粮的利用率。

## 1.2.2 粗蛋白含量高

青绿饲料蛋白质含量高，如按干物质计算禾本科牧草和叶菜类青绿饲料粗蛋白含量可达13%～15%，豆科青绿饲料粗蛋白质含量可达到18%～24%，基本能满足畜禽的营养需要。在青绿饲料中，粗蛋白质的含量比有些禾本科植物籽实中的蛋白质含量高，单位面积上的粗蛋白质收获量多。较多的蛋白质也使得青绿多汁饲料中氨基酸的含量和种类相对较多，比其他的植物性饲料更适合家禽家畜的生长需求，其中必需氨基酸中的赖氨酸和色氨酸的含量也相对较多。所以，青绿饲料的蛋白含量丰富且蛋白质的生物学价值高。

## 1.2.3 粗纤维含量低

青绿饲料干物质中粗纤维含量不超过30%，叶菜类不超过15%。粗纤维含量随着植物生长期的延长而增加，木质素的含量也明显增加。一般来说，植物开花或抽穗之前，粗纤维含量较低。因此把握好青绿饲料的利用时间，是提高青绿饲料利用价值的关键。

### 1.2.4 矿物质含量高、钙磷比例适宜

青绿饲料是家畜矿物质的良好来源，按干物质计含钙 0.2% ~ 2.0%、含磷 0.2% ~ 0.5%，多为植酸磷。豆科植物含钙量较多，且钙、磷比例接近平衡。青绿饲料中钙、磷主要集中于叶片。一般情况下，以青绿饲料为主的家畜不易出现钙、磷缺乏。但矿物质含量所受的干扰因素较多，如植物的种类、施肥情况、土壤先天条件等都能影响青绿多汁饲料的矿物质含量。但是，相对于其他饲料而言，青绿饲料中的钙、钾含量丰富，是家畜钙的重要来源。

### 1.2.5 维生素含量丰富

胡萝卜素含量高达 50 ~ 80 mg/kg，高于其他饲料；还含有丰富的 B 族维生素，但维生素 $B_6$ 很少，含较多的维生素 E、维生素 C 和维生素 K 等，缺乏维生素 D。

## 1.3 青贮饲料

青贮饲料是指以天然新鲜青绿植物性饲料为原料，在厌氧条件下，经过以乳酸菌为主的微生物发酵后调制成的饲料，具有青绿多汁的特点，如玉米青贮。由于青贮饲料极大地保留了青绿饲料的营养特性，而且易于长期储存，是当前反刍动物较为理想的饲料。按水分含量青贮饲料可以分为三种类型：一是由新鲜的天然植物性饲料调制的青贮饲料，一般水分含量在 65% ~ 75%，称为一般青贮或常规青贮；二是以含水量 45% ~ 55% 的半干青绿植株为原料调制的青贮饲料，称为半干青贮；三是以新鲜高水分玉米籽实或麦类籽实为原料调制的谷物湿贮，其水分含量在 28% ~ 50%，称为谷物青贮。青贮饲料有下述特点。

### 1.3.1 可以最大限度地保持青绿饲料的营养物质

一般青绿饲料在成熟和晒干之后，营养价值降低 30% ~ 50%，但在青贮

过程中，由于密封厌氧物质的氧化分解作用微弱，养分损失仅为 3%～10%，从而使绝大部分养分被保存下来，特别是在保存蛋白质和维生素（胡萝卜素）方面要远优于其他保存方法。利用青贮发酵剂发酵青贮饲料可以更加有效地保护青绿植物中的维生素和蛋白质，如新鲜的甘薯藤，每千克干物质中含有 158 mg 胡萝卜素，如果使用添加剂青贮，经过青贮发酵后储存 8 个月，仍有 90 mg 的胡萝卜素被保留下来，但如果直接进行加工，晒干后则只剩下 2.5 mg，损失率达 98%以上。

### 1.3.2　适口性好，消化率高

青饲料鲜嫩多汁，青贮使水分得以保存。一般干草水分含量只有 14%～17%，青贮饲料含水量可达 70%。同时在青贮过程中由于微生物发酵作用，产生大量乳酸和芳香物质，更增强了其适口性和消化率。此外，青贮饲料对提高家畜日粮内其他饲料的消化性也有良好作用。

### 1.3.3　可以扩大饲料的来源

畜禽不喜欢采食或者不能采食的野草、野菜、树叶等无毒青绿植物，经过青贮发酵，可以变成畜禽喜爱的饲料；有些质地粗硬的粗饲料，家畜一般不爱吃，而经过青贮发酵处理后，质地柔软，且具有酸香味，适口性大为提高。如果把它们调制成青贮饲料，不仅可以改变口味，而且可以软化秸秆，增加可食部位的数量。

### 1.3.4　可净化饲料

很多危害农作物的害虫，多寄生在收割后的秸秆上越冬，秸秆铡碎并青贮，因青贮的窖中缺乏氧气，而且酸度高，就可以将许多害虫的幼虫杀死。如经过青贮的玉米秸，玉米钻心虫会全部丧失生存能力。同样的道理，青贮也会有效地杀死青绿植物中的病菌和寄生虫卵，减少对畜禽生长发育的危害。此外，许多杂草的种子经过青贮后便可丧失发芽的机会和能力，如将杂草及时青贮，不仅为家畜贮备了饲料草，也能减少杂草的滋长。

### 1.3.5　能为寒冷地区的家畜提供青绿多汁的饲料

青贮能为寒冷地区的家畜在冬春季缺乏青绿植物时提供青绿多汁的饲料，

从而使家畜保持高水平的营养状态，每年冬春季是母畜妊娠、产仔、哺乳期，需要较多的蛋白和纤维素等营养，调制青贮饲料可以把夏秋季多余的青绿植物保存起来，特别有利于乳牛饲料供给和母畜的健康，提高产奶量和促进幼畜的生长发育。

### 1.3.6 青贮饲料是保存饲料的经济而安全的方法

青贮饲料比贮藏干草需要用的面积小，一般每立方米的干草垛只能垛70 kg 左右的干草，而一立方米的青贮窖能贮藏含水青贮饲料 450~700 kg，折成干草也能贮藏 100~150 kg，青贮饲料只要贮藏得法，可以长期保存，甚至二三十年仍能保存良好，既不会变质，也不用担心火灾等意外发生。采用整块窖藏甘薯、胡萝卜等块茎、块根类饲料，因其容易霉烂或发芽，只能保存几个月，而用青贮，不但简便安全，保存的时间还长。在草原上，放牧地青贮一定数量的青草既可合理利用草场，又能提高经济效益。

### 1.3.7 调制青贮饲料受天气因素的影响较少

在阴雨季节要晒制干草较为困难，而制作青贮饲料，从收割到贮藏的时间要比调制干草的干燥时间短，而且大多数天气都可以进行，从而减少了天气对其损害的危险。

## 1.4 能量饲料

饲料干物质中粗纤维含量小于 18%、同时粗蛋白质含量小于 20% 的饲料称为能量饲料。这类饲料包括禾谷类籽实、糠麸类、块根块茎瓜果类、糖蜜类、动物油脂乳糖等。该类饲料能值含量高，在奶牛精料中所占比例较大，是奶牛能量的重要来源。

### 1.4.1 谷类籽实特点

谷实类能量饲料无氮浸出物含量丰富，一般占干物质的 63% ~ 80%，主要为淀粉，且粗纤维含量低，一般不超过 5%，只有带颖壳的麦类籽实、稻谷等粗纤维在 6.8% ~ 8.2%，因此谷实类饲料干物质消化率很高，有效能高。粗蛋白含量中等，一般在 10% 左右，主要为醇溶蛋白和谷蛋白，占蛋白质组成的 80% 以上，而清蛋白和球蛋白含量低，导致赖氨酸、蛋氨酸含量较低，氨基酸组成不平衡，因此谷实类饲料蛋白质生物学价值较低，为 50%~70%。谷实类籽实脂肪平均含量为 3.5%，且主要为不饱和脂肪酸，其中亚油酸和亚麻酸含量较高，但麦类籽实脂肪中饱和脂肪酸的比例较高。在矿物质方面一般钙含量较低，钙含量小于 0.1%，而磷较高，在 0.31%~0.45%，但多以植酸磷的形式存在，钙磷比例不适宜。另外，禾本科籽实中含有丰富的维生素 $B_1$ 和维生素 E，而缺乏维生素 D，除黄玉米外，均缺乏胡萝卜素。

### 1.4.2　谷实类加工副产品特点

谷实类加工成人类食品，如大米、面粉和玉米粉后剩余的种皮、糊粉层、胚及少量胚乳等部分构成了谷类加工副产物，即糠麸类，主要为米糠、麦麸、高粱糠和玉米皮等。糠麸类的营养价值与其含有的种皮、糊粉层和胚的比例有关。糠麸类饲料的蛋白质含量比其原料籽实高，粗蛋白含量在 9.3%~15.7%，蛋白质品质有所改善，尤其是赖氨酸含量比原料籽实有大幅度提高。纤维含量高于原料籽实，一般为 3.9%~9.1%，因此有效能值较低。粗脂肪含量一般为 3.4%~14.5%，尤其是米糠粗脂肪含量最高，并且以不饱和脂肪酸为主。糠麸类矿物质含量较高，粗灰分含量一般为 2.6%~8.7%，但仍是钙少磷多，磷以植酸磷为主，钙磷比例不平衡。这类饲料富含 B 族维生素，尤其是维生素 $B_1$ 含量高，未脱脂糠麸类饲料维生素 E 的含量也很高。

### 1.4.3　块根块茎瓜果类饲料

块根块茎瓜果类饲料主要包括甘薯、马铃薯、木薯、胡萝卜、饲用甜菜、南瓜等，这类饲料在新鲜状态下水分含量高，可归为青绿饲料，以干物质计无氮浸出物含量高，有效能值与籽实类饲料接近，属于能量饲料。这类饲料以干物质计蛋白质含量为 2.5%~10%，但蛋白质品质差，赖氨酸和蛋氨酸含量低，并且非蛋白氮含量高。无氮浸出物含量在 60%~88%，其中主要为淀粉；粗纤维含量低，在 3%~10%，因而消化率较高，有效能值高。以干物质计粗灰分含量为 1.9%~3.0%，钙含量高于籽实类饲料，但磷含量较低，钙磷比也不平衡。B 族维生素普遍缺乏，胡萝卜、南瓜和红心甘薯中 β-胡萝卜素含量丰富。

### 1.4.4　其他能量饲料

　　这类能量饲料主要包括动植物油脂、糖蜜、乳清粉等。油脂类饲料是一种高能值饲料，能提高饲料的能量浓度，提高饲料转化率，主要包括动物油、植物油、混合粉末油脂。糖蜜中蛋白质含量 2.9% ~ 7.6%，代谢能 9.7 MJ/kg，钾含量高，可与豆粕等钾含量低的饲料搭配使用。乳清粉是全乳除去乳脂和酪蛋白后干燥而成的乳制品之一，含有幼龄哺乳动物非常容易利用的乳糖、优质乳蛋白和生物学效价很高的矿物质和维生素。

## 1.5　蛋白质补充料

　　饲料干物质中粗纤维含量小于 18%、而粗蛋白质含量大于或等于 20% 的饲料称为蛋白质饲料。包括植物性蛋白质饲料、动物性蛋白质饲料、单细胞蛋白质饲料和非蛋白氮饲料四大类。这类饲料蛋白质丰富，可消化养分多，能值高，是奶牛补充蛋白质的主要来源。

### 1.5.1　植物性蛋白质饲料

　　植物性蛋白质饲料以饼粕类饲料为主，其可消化蛋白质含量达 30% ~ 40%，且氨基酸组成较完全。因加工方法不同，粗脂肪含量差别较大。一般压榨生产的饼粕脂肪含量在 5% 左右，而浸提法生产的饼粕脂肪含量低，只有 1% ~ 2%。无氮浸出物含量少，约占干物质的 30%。粗纤维含量与加工时是否带壳有关，不带壳加工，其粗纤维含量仅 6% ~ 7%，消化率高，维生素 B 丰富，胡萝卜素含量少，钙低磷高。

### 1.5.2　动物性蛋白质饲料

　　这类饲料蛋白质含量高，品质好，所含必需氨基酸较全，特别是赖氨酸和色赖酸含量丰富。蛋白质生物学价值高，属优质蛋白质饲料。这类饲料不含纤维素、消化率高。钙磷比例恰当，B 族维生素丰富。目前奶牛饲料中禁止添加该类饲料。

### 1.5.3　单细胞蛋白质饲料

这类饲料蛋白质含量很高，在 40%～50%。主要是菌体蛋白，其中真蛋白质占到 80%，蛋白质的品质介于动物性蛋白饲料与植物性蛋白饲料之间。目前应用较多的是石油酵母，其蛋白质消化率很高，达 95%左右，但其利用率却不高，为 50%～59%。如添加 0.3%消旋蛋氨酸，可起到氨基酸平衡的作用，大大提高石油酵母的消化率和利用率。

### 1.5.4　非蛋白氮饲料

凡含氮的非蛋白质可饲物质均可称为非蛋白氮饲料，这类物质不含能，只为反刍动物瘤胃微生物提供氮源而间接地起到动物蛋白质营养的作用。主要包括尿素、氨、铵盐及其他合成的简单含氮化合物。

## 1.6　矿物质饲料

矿物质饲料是补充动物矿物质需要的饲料。它包括人工合成的、天然单一的和多种混合的矿物质饲料，以及配合有载体或赋形剂的痕量、微量、常量元素补充料。矿物质元素在各种动植物饲料中都有一定含量，虽多少有差别，但由于动物采食饲料的多样性，可在某种程度上满足对矿物质的需要。但在舍饲条件下或饲养高产动物时，动物对他们的需要量增多，这时就必须在动物饲粮中另行添加所需的矿物质。

## 1.7　维生素饲料

由工业合成或提取的单一或复合维生素称为维生素饲料，但不包括富含维生素的天然青绿饲料在内。维生素虽然需求量较微，但维生素参与机体多种代谢过程，是体内各种生化反应的催化剂。每一种维生素对动物的作用都是其他任何物质所不可替代的，动物若缺乏维生素将对生长发育造成明显的不良后果。因此，必须在日常饲料中添加所缺乏的维生素，以供机体需要。该类饲料分为脂溶性维生素和水溶性维生素两大类。

## 1.8 饲料添加剂

为保证或改善饲料品质，防止质量下降，促进动物生长繁殖，保证动物健康而掺入饲料中的少量或微量物质，但合成的氨基酸以及以治疗为目的的药物不包括在内，包括营养性添加剂和非营养性添加剂两类。但饲料添加剂的种类繁多，由于世界各国的科技和经济发展水平不同，畜禽的饲养方式不同，因而对饲料添加剂的定义和分类便有所不同，迄今为止没有统一的国际标准。饲料添加剂的总体作用为补充饲料养分不足，提高饲料原料的营养价值，改善饲料适口性和对饲料的利用率，促进动物的生长。

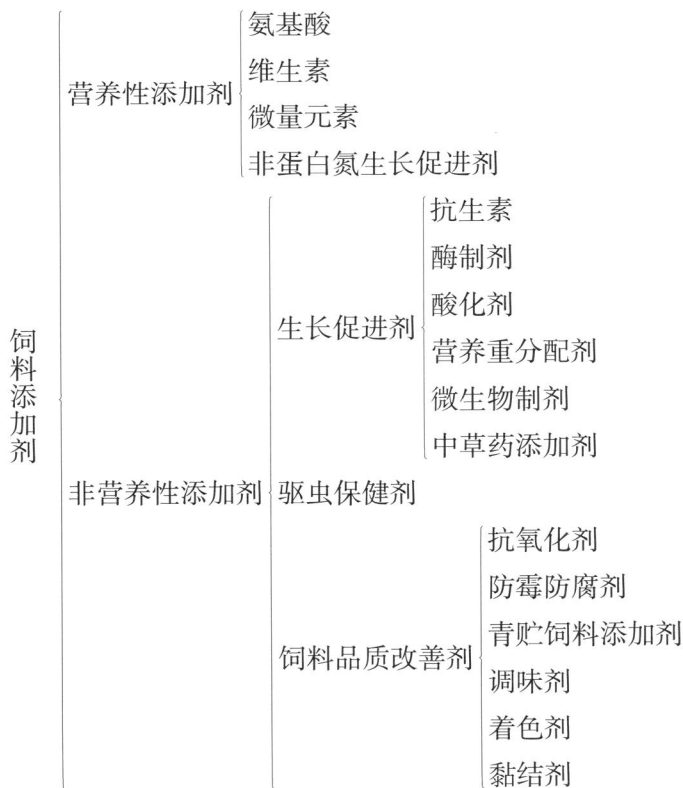

饲料添加剂
- 营养性添加剂
  - 氨基酸
  - 维生素
  - 微量元素
  - 非蛋白氮生长促进剂
- 非营养性添加剂
  - 生长促进剂
    - 抗生素
    - 酶制剂
    - 酸化剂
    - 营养重分配剂
    - 微生物制剂
    - 中草药添加剂
  - 驱虫保健剂
  - 饲料品质改善剂
    - 抗氧化剂
    - 防霉防腐剂
    - 青贮饲料添加剂
    - 调味剂
    - 着色剂
    - 黏结剂

# 2 精饲料资源

因为瘤胃微生物的作用，奶牛可以采食和利用大量的秸秆、青贮等粗饲料，但是由于粗饲料的容积大和消化速度慢，抑制了奶牛的干物质的采食量和营养物质的摄入量。对于生长和泌乳期奶牛来说，粗饲料所含养分通常不能满足需要，通常需要大量的、体积相对较小的精饲料来补充能量、蛋白质、维生素等营养成分的不足。对于反刍动物来说，精饲料又称为精料补充料，指为了补充以粗饲料、青绿饲料、青贮饲料为基础的营养物质的不足，而用多种精料原料按一定比例配制成的饲料，主要由蛋白质饲料、能量饲料、矿物质饲料和部分饲料添加剂组成。精料补充料的营养不全价，通常不单独构成饲粮，仅组成反刍动物日粮的一部分，用以补充采食饲草不足的那一部分营养。

## 2.1 精饲料的基本知识

### 2.1.1 精饲料定义

干物质中粗纤维含量小于 18% 的饲料原料称为精饲料，包括禾本科和豆科等作物籽实及其加工副产品。精饲料中能量和蛋白质含量较高，粗纤维含量较低，因此按能量和蛋白质的含量高低，可分为能量饲料和蛋白质饲料。

### 2.1.2 精饲料的种类

#### 2.1.2.1 能量饲料

能量饲料指饲料原料中粗蛋白质含量低于 20%(DM 基础)，粗纤维含量低于 18%，每千克干物质含有消化能 10.46 MJ 以上的一类饲料，包括禾谷类籽实及其加工副产品和块根块茎类饲料。能量饲料在奶牛精料中所占比例最大，一般为 50% ~ 70%，主要起着供能作用。能量饲料特点为淀粉含量高，粗纤维含量低，易于消化利用，蛋白质含量低，钙少磷多，B 族维生素丰富，维生素 A 和维生素 D 较缺乏。奶牛饲料中常用的能量饲料原料包括谷实类（玉米、小麦、大麦、燕麦、稻谷）、糠麸类（小麦麸、米糠）、淀粉质块根块茎类（甘薯、马铃薯、木薯）及糖类加工副产品（糖蜜、甜菜颗粒、乳清粉、油脂等）。

#### 2.1.2.2 蛋白质饲料

奶牛日粮中常用的蛋白质饲料，包括蛋白质含量高的油料籽实及其加工副产品（大豆饼粕、花生饼粕、菜籽饼粕、棉籽饼粕），以及瘤胃微生物可以利用的非蛋白质含氮物（如尿素）。此外，蛋白质含量高的玉米深加工的副产品，如 DDGS（干酒糟及其可溶物）、玉米蛋白粉等也属于蛋白质饲料。

此外，根据精饲料中所含养分的不同和设计奶牛饲料配方时需考虑的指标，还可将精饲料细分为能量饲料、淀粉含量高的饲料、纤维含量高的饲料、脂肪含量高的饲料、蛋白质含量高的饲料、过瘤胃蛋白含量高的饲料等（见表 2–1）。

表 2–1　精饲料分类

| 分类 | 饲料名称 |
| --- | --- |
| 能量饲料 | 玉米、小麦、大麦、燕麦、高粱、稻谷、碎米、棉籽、大豆、油脂类 |
| 淀粉含量高的饲料 | 玉米、小麦、大麦、燕麦、黑麦、高粱、稻谷、甘薯、马铃薯 |
| 纤维含量高的饲料 | 麦麸、甜菜渣粕、棉籽、大豆皮、棉籽粕、玉米淀粉糟粕、啤酒糟粕等 |
| 脂肪含量高的饲料 | 棉籽、米糠、植物性油脂、大豆、膨化大豆 |
| 蛋白质含量高的饲料 | 大豆粕、棉籽粕、花生仁粕、向日葵仁粕、菜籽粕、亚麻仁粕、大豆、玉米蛋白粉、单细胞蛋白饲料 |
| 过瘤胃蛋白含量高的饲料 | 玉米蛋白粉、烘焙大豆 |

## 2.2　能量饲料营养特点与利用

### 2.2.1　谷实类饲料

谷实类饲料是指禾本科植物成熟的种子，无氮浸出物（>70%）含量高，粗纤维含量低（<5%），但是带颖壳的大麦、燕麦、水稻和粟中粗纤维含量可达

10%左右；除大麦、小麦粗蛋白含量在12%左右，其他谷实类粗蛋白含量一般都小于10%；谷实类饲料的蛋白质品质较差，所含的赖氨酸、蛋氨酸、色氨酸等含量较少；所含灰分中，钙少磷多；维生素E和维生素$B_1$含量丰富，但维生素C和维生素D贫乏；谷实的适口性通常较好。谷实是奶牛主要的能量饲料，可以在瘤胃中快速降解为挥发性脂肪酸从而提供能源，一般占精料补充料的50%左右。常见的谷实类能量饲料营养成分见表2-2。

表2-2 常见谷物类能量饲料的营养成分

| 项目（%） | 玉米 | 玉米 | 高粱 | 小麦 | 大麦（裸） | 大麦（皮） | 黑麦 | 稻谷 | 糙米 | 碎米 | 粟（谷子） |
|---|---|---|---|---|---|---|---|---|---|---|---|
| 干物质 | 86 | 86 | 86 | 88 | 87 | 87 | 88 | 86 | 87 | 88 | 86.5 |
| 泌乳净能（MJ/kg） | 7.70 | 7.66 | 6.65 | 7.32 | 7.03 | 6.78 | 7.03 | 6.40 | 7.70 | 8.24 | 6.99 |
| 粗蛋白质 | 8.7 | 7.8 | 9 | 13.4 | 13 | 11 | 9.5 | 7.8 | 8.8 | 10.4 | 9.7 |
| 粗脂肪 | 3.6 | 3.5 | 3.4 | 1.7 | 2.1 | 1.7 | 1.5 | 1.6 | 2.0 | 2.2 | 2.3 |
| 粗纤维 | 1.6 | 1.6 | 1.4 | 1.9 | 2.0 | 4.8 | 2.2 | 8.2 | 0.7 | 1.1 | 6.8 |
| 粗灰分 | 1.4 | 1.3 | 1.8 | 1.9 | 2.2 | 2.4 | 1.8 | 4.6 | 1.3 | 1.6 | 2.7 |
| NDF | 9.3 | 7.9 | 17.4 | 13.3 | 10.0 | 18.4 | 12.3 | 27.4 | 1.6 | 0.8 | 15.2 |
| ADF | 2.7 | 2.6 | 8.0 | 3.9 | 2.2 | 6.8 | 4.6 | 28.7 | 0.8 | 0.6 | 13.3 |
| 淀粉 | 65.4 | 62.6 | 68 | 54.6 | 50.2 | 52.2 | 56.5 | – | 47.8 | 51.6 | 63.2 |
| 钙 | 0.02 | 0.02 | 0.13 | 0.17 | 0.04 | 0.09 | 0.05 | 0.03 | 0.03 | 0.06 | 0.12 |
| 总磷 | 0.27 | 0.27 | 0.36 | 0.41 | 0.39 | 0.33 | 0.3 | 0.36 | 0.35 | 0.35 | 0.3 |

#### 2.2.1.1 玉米

玉米又名苞谷、苞米等，为禾本科玉米属一年生草本植物。玉米的亩产量高，有效能值高，是奶牛精料中最常用和用量最大的一种能量饲料，故有"饲料之王"的美称。根据籽粒性状和营养成分，玉米可分为硬质玉米、马齿玉米、蜡质玉米、粉质玉米、甜玉米、高赖氨酸玉米、高油玉米等。根据籽粒颜色，玉米分为黄玉米、白玉米和混合色玉米。

##### 2.2.1.1.1 玉米的营养特点

玉米中碳水化合物在70%以上，多存在于胚乳中，主要是淀粉，单糖和二糖较少，粗纤维含量也较少。玉米为高能量饲料，泌乳净能含量为7.70 MJ/kg；粗蛋白质含量一般为7%~9%，氨基酸中赖氨酸、蛋氨酸、色氨酸等必需氨基酸含量相对贫乏，因此其品质较差；粗脂肪主要存在于玉米的胚芽中，其含量为3%~4%，脂肪酸组成中主要为不饱和脂肪酸，如亚油酸占59%，油酸占27%、亚麻酸占0.8%，花生四烯酸占0.2%，硬脂酸占2%以上。高油玉米的含油量可达7%~10%，尤其脂肪酸组成上亚油酸和油酸占80%以上。钙少磷多，维生素含量较少，但维生素E含量较多，为20~30 mg/kg。黄玉米的胚乳中含有较多胡萝卜素、叶黄素和玉米黄素等色素。

#### 2.2.1.1.2 玉米的饲用价值

玉米在奶牛的精料补充料中的用量一般为40%~50%，通常与蛋白质饲料、粗饲料等搭配使用。在奶牛日粮中的玉米不可粉碎过细，以适度粉碎或粗粉碎为好，以防在瘤胃中降解过快。将玉米蒸汽压片处理，其淀粉糊化度可在原来水平(30%~40%)基础上提高30%以上，可以显著提高淀粉在瘤胃中的降解率、淀粉在后段肠道的消化率以及VFA(挥发性脂肪酸)中丙酸的比例和血浆葡萄糖浓度，提高能量的利用效率。此外，玉米还可用湿贮的方式(即高水分玉米)进行加工和保存，可以降低贮藏加工的损耗、提高瘤胃利用效率和适口性。

### 2.2.1.2 小麦

#### 2.2.1.2.1 小麦的营养特点

小麦为禾本科小麦属一年生或越年生的草本植物。我国的小麦同玉米、水稻并称三大粮食作物。按栽培季节，小麦分为春小麦和冬小麦；按籽粒硬度，小麦分为硬质小麦和软质小麦，其中硬质小麦的截面呈半透明，蛋白质含量较高；软质小麦截面呈粉状，质地疏松；按籽粒表面颜色，可将小麦分为红皮小麦和白皮小麦。

小麦的泌乳净能和淀粉含量与玉米相似，粗蛋白含量(13%~14%)高于玉米；粗脂肪含量为玉米的一半。此外，维生素含量中，除维生素E和维生素$B_6$外，其他维生素含量均高于玉米。除亮氨酸外，小麦中其他氨基酸含量均高于玉米，特别是赖氨酸和蛋氨酸等限制性氨基酸。矿物质元素中的铜、铁、锌、锰、钠、钾和氯等含量均高于玉米，但受种植环境影响较大。此外，由于反刍动物复杂的瘤胃微生物能够降解非淀粉多糖(阿拉伯木聚糖和β-葡聚糖)，所以这些抗营养因子对反刍动物影响较小。

#### 2.2.1.2.2　小麦的饲用价值

小麦在奶牛日粮中所占的比例取决于粗饲料的品质、日粮的精粗比、小麦的加工处理方式等。研究表明，小麦在奶牛日粮中占 10%～20% 为宜，同时应搭配其他谷物类原料；对小麦进行适当加工（如粗粉碎、NaOH 处理、蒸汽压片等），能使其过瘤胃淀粉比例增加，提高小麦的利用效率，减少瘤胃酸中毒的发生。

##### 2.2.1.2.2.1　小麦对奶牛干物质采食量的影响

小麦对奶牛干物质采食量（DMI）影响结果不一致，Doepel 等用 10% 和 20% 的蒸汽碾压小麦替代大麦时未影响奶牛的 DMI；Gulmez 和 Turkmen 用 7.09%～25.88% 的小麦替代玉米时也未影响奶牛的 DMI，且采食、反刍和总咀嚼时间未受处理影响。Gozho 等得出，奶牛饲喂小麦日粮时 DMI 低于大麦、玉米和燕麦日粮；De Campeneere 等得出 NaOH 处理小麦来饲喂奶牛时的 DMI 高于碾压和青贮小麦。

##### 2.2.1.2.2.2　小麦对奶牛瘤胃发酵的影响

日粮中小麦的含量和加工方式影响奶牛的瘤胃发酵参数。Leddin 等研究得出，随着日粮中粗粉碎小麦添加量的增加，奶牛的瘤胃 pH 值逐渐降低。用小麦替代玉米、大麦和甜菜渣时，瘤胃 pH 值通常低于对照组，挥发性脂肪酸、氨态氮等发酵产物及微生物区系也发生了变化。Doepel 等在奶牛日粮中用 10% 和 20% 蒸汽碾压小麦替代等比例的大麦时得出：与大麦组相比，饲喂小麦组瘤胃 pH 值较低、氨态氮浓度较高、总挥发性脂肪酸浓度较高，乙酸/丙酸比值低于对照组，但在 10% 和 20% 小麦组间差异不显著。Gulmez 和 Turkmen 用 7.09%～25.88% 小麦替代奶牛日粮中玉米时，瘤胃平均 pH 值从 6.45 降至 5.83，最低 pH 值从 5.9 降至 5.29；一天中瘤胃 pH 值小于 5.8 的时间从 0.25 h 增加至 13.25 h；试验组未发现 TVFA（总挥发性脂肪酸）发生变化，但乙酸总量和乙酸/丙酸比降低，丙酸浓度增加。O′Mara 等用粉碎小麦和玉米替代日粮中的甜菜渣，结果表明：饲喂小麦日粮的奶牛瘤胃 pH 值较低，氨态氮浓度较高。Martin 等在其研究中指出：小麦和玉米组的牧草颗粒在肉牛瘤胃中的平均滞留时间相似，但是饲喂小麦日粮的瘤胃中与固相相关的微生物溶解纤维活性低于饲喂玉米组，瘤胃液中原虫数显著低于饲喂玉米组，这与小麦在瘤胃中高产酸性有关。也有不同的结论，Gozho 和 Mutsvangwa 得出谷物种类对奶牛瘤胃发酵影响较小，饲喂后前 6 h 中瘤胃 pH 值及 VFA 和氨态氮的浓度相似。对小麦进行适当加工有利于奶牛的瘤胃发酵，Deerova 等研究表明，在低营养水平时，日粮中 NaOH 处理小麦对青年母牛瘤胃 pH 值、TVFA 和 VFA 组成影响较小；在高营养水平时，随着日粮中精料被 NaOH 处理小麦逐步替代直到全部替代（25%DM 由精料提供），瘤胃 TVFA、乙酸和丙酸的浓度有所降低，丁酸明显降低，乳酸显著增加。

### 2.2.1.2.2.3 小麦对奶牛泌乳性能的影响

用适当比例的小麦替代其他谷物时对奶牛的泌乳性能影响较小。Doepel 等得出：小麦在奶牛日粮中的添加量以 10% ~ 20% 为宜，不影响奶牛的泌乳性能；Nikkhah 等在泌奶中期奶牛日粮中应用 10% 或 20% 的小麦时也未影响奶牛的产奶量、能量校正乳产量及乳脂固形物产量，但降低了血液中 β-羟丁酸含量，增加了血液中总蛋白和白蛋白浓度。将小麦应用于奶牛日粮中时，应搭配其他谷物类原料。Pehrson 等指出：当谷物日粮以黑小麦或小麦为主要精料时，奶牛 DMI 和日产奶量低于两种原料组合，但在瘤胃和系统循环中没有出现酸化强化反映，这些负面效应可能是由于用黑麦和小麦作为唯一谷物时适口性降低所致。用小麦来饲喂奶牛时，与其粗蛋白利用率也有关系。Faldet 等试验得出：以添加或不添加保护性氨基酸的小麦为基础日粮来饲喂奶牛时，其产奶量低于玉米日粮或添加过瘤胃蛋白的小麦日粮。加工方法可影响小麦的淀粉降解率，从而影响其饲用价值和奶牛的产奶性能。De Campeneere 等在比较碾压、NaOH 处理和青贮小麦作为奶牛日粮的试验中得出：饲喂 NaOH 处理小麦的奶牛产奶量、乳脂和乳蛋白产量最高，而青贮小麦组产奶量和乳蛋白率较低，乳脂率较高。

### 2.2.1.2.2.4 小麦对奶牛营养物质消化的影响

小麦淀粉在瘤胃中降解较快，大量应用时可降低 NDF（中性洗涤纤维）在瘤胃中的降解速率和全肠道消化率。Leddin 等给饲喂黑麦草的奶牛补饲粗粉小麦占日粮干物质（DM）的 36% 时，NDF 的消化率线性下降，但根据大部分数据得出日粮中小麦的比例对营养物质的吸收利用影响较小。当小麦替代其他谷物原料时，如果替代比例和加工方法适当，则对奶牛的营养物质消化率影响较小，Doepel 等用 10% 和 20% 的蒸汽碾压小麦替代大麦时未影响奶牛的干物质（DM）、粗蛋白、粗纤维和中性洗涤纤维（NDF）的表观消化率。Gozho 研究发现：日粮中不同来源谷物类原料不影响奶牛的干物质（DM）、有机物质（OM）和 NDF 的表观消化率，但燕麦组淀粉的消化率高于玉米和小麦组，小麦组用于生产的氮低于其他组，尿液中嘌呤衍生物（与瘤胃中微生物蛋白产量正相关）排出量在大麦、玉米和小麦组之间相似，大麦组排出总量高于燕麦组。Martin 等研究表明：牧草的 NDF 在牛瘤胃中降解率不受谷物品种和类型的影响，饲喂小麦和玉米时日粮 NDF 的表观消化率相似，平均值为 55%。小麦的加工方法可影响营养物质的消化率，Nikkhah 等研究得出：饲喂粗粉碎小麦日粮时牛的 NDF 表观消化率大于细粉碎，且 10%组大于 20%组，但未影响 DM 的表观消化率。Schmidt 等研究发现，与饲喂未处理小麦相比，给牛饲喂 2%NaOH 处理的小麦时显著促进了瘤胃中纤维的降解。

### 2.2.1.3 高粱

高粱的产量仅次于玉米、小麦和水稻，根据用途不同，高粱可分为粒用高粱、糖用高粱、帚用高粱和饲用高粱；根据籽粒颜色，高粱可分为褐高粱、白高粱、黄高粱(红高粱)和混合型高粱。

#### 2.2.1.3.1 高粱的营养特点

除壳高粱籽实的淀粉含量较高(65% ~ 70%)，高粱蛋白含量变化较大(7% ~ 12%)，主要受基因型、生态环境及氮肥施用量等影响，高粱蛋白质品质较差主要是由于其必需氨基酸赖氨酸、蛋氨酸的含量较少。脂肪含量稍低于玉米，脂肪中必需脂肪酸低于玉米，但饱和性脂肪酸的比例高于玉米，所含灰分中钙少磷多。含有较多的烟酸(48 mg/kg)，但所含烟酸多为结合型，不易被利用。含有单宁，影响其适口性和营养物质消化率。从营养成分来看，高粱是一种可以替代玉米的优良能量饲料原料，主要营养指标比较如下：

①高粱粗纤维含量少，淀粉含量与玉米相当。由于整粒高粱籽实内胚乳的结构特性，使得高粱的泌乳净能(6.61 MJ/kg)低于玉米(7.41 MJ/kg)，对奶牛的饲用价值相当于玉米的 90%。高粱的外周胚乳区的质地极为致密且坚硬，能阻止水分的渗入。

②高粱的蛋白质含量略高于玉米，但蛋白质分子间交联较多，且蛋白质与淀粉间存在较强的结合键，致使酶难以进入分解，所以所含的蛋白质消化率低于玉米。高粱籽粒中亮氨酸和缬氨酸的含量略高于玉米，而精氨酸的含量略低于玉米，其他氨基酸的含量与玉米相当，但都缺乏赖氨酸和色氨酸。

③高粱壳中含较多的单宁，单宁含量低于0.4%时为低单宁高粱，而单宁含量高于1%时为高单宁高粱。单宁含量与高粱的颜色关系很大，高粱壳的颜色越深，单宁含量越高，其单宁含量平均为0.38%。单宁具有收敛性和苦味，是一种抗营养因子，单宁含量的高低，除了影响和降低动物的适口性，还可降低对蛋白质和矿物质的利用率。但是，对于反刍动物来说，一定的单宁含量对营养吸收代谢等却起到正面作用，主要是由于单宁是一种天然的过瘤胃蛋白保护剂，单宁与蛋白质形成的复合物能够耐受瘤胃pH值(5～7)，保护蛋白质免受瘤胃微生物酶降解；当这种单宁–蛋白质复合物进入真胃(pH值2.5)和小肠(pH值8～9)时，会被胃蛋白酶和胰蛋白酶分解，形成易于吸收的小分子物质，从而起到过瘤胃蛋白的保护作用。

### 2.2.1.3.2 高粱的饲用价值

由于高粱籽粒小，奶牛不能通过充分咀嚼来破坏其外皮从而有效利用，因此可以人为通过粉碎、压片、水浸、蒸煮及膨化等加工处理来改善奶牛对高粱的利用和吸收，其利用率可提高10%～15%。

粉碎是打破高粱的"蛋白–淀粉复合体"的有效方法。Mitzner等研究发现，在泌乳奶牛日粮中用"细粉碎高粱"替代"玉米"时，奶牛采食量、产奶量和乳品质等生产性能未受影响。Bush等比较了"粗粉碎"与"细粉碎"高粱对奶牛的饲喂效果，结果得出饲喂"粗粉碎"高粱奶牛的产奶量较低，因此粉碎粒度可影响高粱的饲用价值，有效粉碎粒度以100 μm左右为佳。此外，采用蒸汽压片技术也可用于高粱加工。蒸汽压片方式比粉碎加工多了膨化和碾压过程，因此更能打破高粱内在的复杂结构。Theurer等研究得出，蒸汽压片高粱和玉米在奶牛生产中的作用相似，蒸汽压片处理不仅提高了17%的淀粉消化率，而且还提高了奶牛产奶量和瘤胃微生物蛋白合成量。

### 2.2.1.4 燕麦

燕麦为禾本科燕麦属一年生草本植物，在我国内蒙古、山西、陕西、甘肃、青海等地区栽培较多。

### 2.2.1.4.1 燕麦的营养特点

燕麦籽实所含稃壳的比例大，占谷粒总重的20%～35%，因而其粗纤维含量在10%以上，淀粉含量不足60%，有效能值明显低于玉米和小麦。燕麦的蛋白质含量在10%左右，氨基酸含量丰富，其中赖氨酸含量是小麦、大米和玉米的 2 倍以上。粗脂肪含量在 4.5% 以上，高于其他禾谷类饲料，其中不饱和脂肪酸含量较高，所以燕麦易氧化且不宜久存。其他营养成分，如维生素 E 及钙、镁、铁、磷、锌等矿物元素含量均高于小麦、玉米和大米。

##### 2.2.1.4.2　燕麦的饲用价值

燕麦是加拿大奶牛饲料中常用的谷物类饲料原料，用量排在玉米、大麦之后。Moran 分别以燕麦、大麦和小麦为谷物类饲料原料来饲喂奶牛，结果发现日粮处理未显著影响奶牛的产奶量，而饲喂燕麦组牛奶的乳脂率显著高于其他两组。与饲喂普通燕麦和大麦相比，饲喂高油型燕麦使奶牛的产奶量呈提高趋势，而产 100 kg 校正乳所需的 DMI 呈下降趋势。同其他麦类作物一样，燕麦的稃壳长而硬，不宜整粒饲喂奶牛，喂前应适当粉碎。

#### 2.2.1.5　大麦

大麦属一年生禾本科草本植物，按播种季节可分为冬大麦和春大麦；根据内外颖壳附着与否，可分为皮大麦和裸大麦。

##### 2.2.1.5.1　大麦的营养特点

大麦淀粉含量为 64.6%，小于玉米（71.9%），泌乳净能（6.69 MJ/kg）约为玉米的 82%；粗蛋白含量为 11%～14%，且品质较好，赖氨酸含量约比玉米高 1 倍，粗脂肪含量（2%左右）低于玉米；脂溶性维生素含量偏低，但 B 族维生素含量丰富。大麦籽实包有一层坚硬的外壳，故粗纤维含量高（约为 5%），为玉米的 2 倍左右。矿物质含量高，尤其是钾和磷的含量。此外，大麦中非淀粉多糖（NSP）含量较高，达 10%以上，主要由 β-葡聚糖（33 g/kg）和阿拉伯木聚糖（76 g/kg）组成。单胃动物消化液中不含消化非淀粉多糖的酶，不能消化这些成分，大量饲喂大麦时会引起腹泻，但是，反刍动物由于瘤胃微生物的作用，受非淀粉多糖的影响较小。

##### 2.2.1.5.2　大麦的饲用价值

大麦是主要用于饲喂家畜的谷物。大麦可广泛地用于犊牛、生长牛、泌乳牛和干奶牛的饲料中。加工方式影响大麦对于奶牛的饲用价值，可以整粒、碾压、软化、蒸汽压片、磨碎、烘焙、制成颗粒或几种加工方法结合加工后饲喂。软化碾压大麦是奶牛较喜爱的加工方法。软化指给大麦增加水分再进行加工，使大麦的水分含量达到 18%～20%。同干碾压比，软化大麦产生较少的粉碎颗粒，能够降低淀粉在瘤胃中的发酵速度，起到提高瘤胃 pH 值和预防酸中毒的效果。同干碾压大麦比，软化大麦饲喂奶牛后产奶量和饲料转化率分别提高 5% 和 10%，日粮 DM、NDF、酸性洗涤纤维（ADF）、粗蛋白、淀粉的表观消化率分别提高 6%、15%、12%、10% 和 4%。同碾压大麦比，火焰烘焙大麦可降低瘤胃中干物质和粗蛋白的降解率，饲喂火焰烘焙大麦的奶牛每天产奶量可提高近 3 kg。粉碎加工处理时宜采用粗粉碎，降低淀粉在瘤胃中的降解速率。采用 NaOH 对整粒大麦进行化学处理，在使瘤胃微生物和消化酶同淀粉接触方面同碾压或压碎加工有相似的效果。NaOH 处理的整粒大麦可以降低瘤胃降解速度，减少瘤胃 pH 值的剧烈波动，降低瘤胃酸中毒的发生机率。给奶牛饲喂大麦时应提供足够的粗饲料，保证足够的粗饲料来源的 NDF，逐步增加在日粮中的比例，以保证 2～3 周的过渡期，在精料中的用量以不高于 40% 为宜，以保证最适的瘤胃 pH 值和养分消化率。

#### 2.2.1.6 稻谷

稻谷为禾本科稻属一年生草本植物。我国是世界上最大的水稻生产国，水稻的种植面积和总产量分别为世界第二和第一。在中国，稻谷的产量超过了谷物类总产量的 40%。按粒形和粒质，可将我国稻谷分为籼稻、粳稻和糯稻；按栽培季节，可将其分为早稻和晚稻，早粳稻和晚粳稻，糯稻与粳糯稻等。稻谷脱壳后，大部分种皮仍残留在米粒上，称为糙米；糙米再经精加工成为精米，是人们的主食。稻谷、糙米、碎米及其加工副产物米糠均可用作奶牛的饲料。

##### 2.2.1.6.1 稻谷、糙米和碎米的营养特点

稻谷中所含无氮浸出物在 60% 以上，但粗纤维达 8% 以上，粗纤维主要集中于稻壳中（稻壳占稻谷重的 20%～25%），且大部分为木质素。因此，稻壳是稻谷饲用价值的限制成分。稻谷中粗蛋白质含量为 7%～8%，粗蛋白质中必需氨基酸如赖氨酸、蛋氨酸、色氨酸等较少。稻谷因含稻壳，泌乳净能值（6.4 MJ/kg）比玉米低得多，营养价值仅相当于玉米或糙米的 80%～85%。

糙米是稻谷除去外壳后的剩余产品，可分出稻壳和砻糠，糙米的粗纤维含量可降至 2% 左右。糙米中无氮浸出物多，主要是淀粉（47.8%）；蛋白质含量（8%～9%）及其氨基酸组成与玉米相似；脂质含量约为 2%，大部分含于米糠及胚芽中，其中不饱和脂肪酸比例较高；糙米中灰分含量较少（约1.3%），

其中钙少磷多。

碎米与食用大米的营养成分基本相同，粗纤维和矿物质含量略高，但是养分含量变异较大，如其中粗蛋白质含量为5%~11%，无氮浸出物含量为61%~82%，而粗纤维含量为0.2%~2.7%。因此，用碎米作饲料时，要对其营养成分进行实际测定。粗纤维含量低而无氮浸出物含量高的碎米，其营养价值与玉米相当。碎米中的氨基酸含量变异较大，所含的氨基酸通常不能满足畜禽需要，需补充蛋白质饲料。

### 2.2.1.6.2 稻谷、糙米和碎米的饲用价值

用稻谷饲喂奶牛时应进行预粉碎，其营养价值相当于玉米的80%；通常认为，糙米或碎米可完全替代玉米，但是也有不同的结论。姜玝等用6头装有永久性瘤胃瘘管的黑山羊测定了7种常用谷物饲料在瘤胃内的淀粉降解率，结果表明，大米淀粉的瘤胃有效降解率为45.23%，显著低于玉米55.37%、大麦97.05%和小麦96.28%。因此，用糙米作为反刍动物能量饲料时不能全部替代玉米。在淀粉组成方面，糙米的直链淀粉含量比玉米低（糙米为21.83%，玉米为24.48%），支链淀粉含量比玉米高（糙米为57.18%，玉米为47.88%）。支链淀粉是具有支链结构的多糖，较直链淀粉不容易被消化，这可能是引起其淀粉在瘤胃中的有效降解率比玉米和其他谷物淀粉低的原因。

### 2.2.1.7 谷物类饲料的淀粉降解特点与影响因素

不同种类谷物的淀粉结构不同，在瘤胃中的降解速率也不一样。小麦淀粉含量与玉米相似，但瘤胃中的降解速率高于玉米，如小麦淀粉在瘤胃中24 h时降解率为98.47%，而玉米为61.49%。Herrera-Saldana等用体外法和尼龙袋法测定了不同谷物的淀粉降解率，其降解顺序依次为燕麦、小麦、大麦、玉米和蜀黍，其中体外法1 h时淀粉降解率分别为28%、24%、18%、13%和9%，尼龙袋法24 h时淀粉降解率分别为98%、95%、90%、62%和49%。Hindle在奶牛精料中分别用小麦、玉米和土豆淀粉来替代甜菜渣，结果得出：14%的小麦淀粉、47%的玉米淀粉和34%的土豆淀粉逃离了瘤胃的降解，瘤胃是所有淀粉的主要降解位点，不同来源的淀粉在全胃肠道中几乎全部降解。对玉米、小麦等进行碱处理或甲醛处理，可以改变其表皮或淀粉结构，降低淀粉在瘤胃中降解速率，增加过瘤胃淀粉量。De Campeneere等研究得出：同碾压小麦相比，NaOH处理显著降低了小麦淀粉的瘤胃降解率，增加

了十二指肠中淀粉的供应，有利于增加葡萄糖供给，减少瘤胃酸中毒的发生。Schmidt 等用 2% 的 NaOH 和甲醛处理小麦，结果表明：NaOH 和甲醛处理小麦显著增加了到达小肠的淀粉总量，进入十二指肠的淀粉量分别比未处理时增加了 57% 和 75%。此外，粉碎粒度对谷物的淀粉降解位点影响也较大，如 Remond 等研究中发现：与细粉碎玉米相比，粗碾碎玉米淀粉的瘤胃降解率从 58.6% 降至 35.5%。

#### 2.2.1.8　加工处理对谷实饲料营养价值的影响

##### 2.2.1.8.1　粉碎

粉碎是籽实类饲料最普通、最便宜的加工方法。粉碎可以提高一些小而硬谷实的消化率，但不宜粉碎得太细，过细一方面会导致饲料适口性下降，且易在胃肠内形成黏性面团状物，不易消化；另一方面会提高淀粉在瘤胃中的降解速度，增加患急性或亚急性瘤胃酸中毒的风险。奶牛不喜欢太细的粉状饲料，以 1 ~ 2 mm 粉碎粒度为宜。

##### 2.2.1.8.2　干碾压

相当于粗略的粉碎，颗粒大小可以有很大的不同，国外应用较多。因其特殊的物理性状，奶牛喜欢采食干碾压方式加工后的谷实。

##### 2.2.1.8.3　膨化

膨化可以破坏谷实的胚乳。膨化过程中，谷实的水分变成蒸汽，引起谷实爆裂，提高其所含淀粉的利用率。但是这样做会降低饲料的密度，因此一般在喂前应再进行一次碾压，以提高其密度。膨化玉米等一般用于单胃动物或幼龄反刍动物，成年奶牛应用较少。

##### 2.2.1.8.4　蒸汽压片和加压蒸煮

这是 20 世纪 60 年代以来国外广泛采用的谷实饲料的加工方法。把谷物籽实在碾压前先通上 15 ~ 30 min 的蒸汽，将籽实水分含量提高到 18% ~ 20%，然后再将谷实压成片状；加压蒸煮往往与膨化结合，加压后再突然降压，就相当于膨化，这种方法的优点是通蒸汽的时间与通汽碾压的时间一样，仅为 1 ~ 2 min，缺点是费用较高。谷物的淀粉颗粒被蛋白质基质包被，使其不容易被淀粉酶消化。蒸汽压片处理使淀粉颗粒从蛋白包被中释放出来，淀粉分子本身的结构也由原来有规则结晶结构的淀粉转变成了分子团结构的淀粉，这样就使其容易接受酶的作用，从而提高了消化率。由于蒸汽处理后使谷物所含的淀粉利用率得到了提高，所以它们通常可以提高舍饲肉牛的饲料效率和奶牛的产奶性能。使用蒸汽压片处理后，可以提高全消化道淀粉的消化率7%，提高小肠淀粉消化率25%～35%；泌乳净能提高3.98%，增重净能提高4.73%；总可消化养分(TDN)提高3.38%(NRC，2001)。此外，蒸汽压片处理可以促进反刍动物尿素再循环过程，促进奶牛乳腺对氨基酸的吸收，提高牛乳中蛋白质的含量。

### 2.2.1.8.5　湿贮

湿贮技术作为奶牛场和肉牛场能量饲料的有效贮存方式，在国外特别是美国和加拿大有着广泛的应用，在我国则是近两年刚刚兴起的，值得我国广大养殖企业结合当地实际进行借鉴和推广。目前该技术主要用于玉米的贮存，即高水分玉米(High-moisture Corn)湿贮，是指把籽实水分含量在24%以上的玉米，经过粉碎加工和贮存发酵，作为饲料原料加入动物日粮的方法和过程。

与常规的玉米加工方式相比，湿贮玉米具有以下优点：①以干物质基础计算，湿贮玉米在淀粉和蛋白含量上与干玉米接近，但研究表明其淀粉消化率更高；②可以减少玉米晒干或烘干的环节，节约人工和能量；③减少玉米穗和籽实因为过干容易掉落的损失，可提高单位面积的产量；④可提早收获，避开不利天气条件，减轻集中收获造成的人工和机械压力；⑤可选种生长期较长但产量高的品种，通过适时收获提高亩产。可根据需要将玉米芯和苞叶同时粉碎湿贮，提高生物量产量，补充可消化纤维，降低因淀粉快速分解可能造成瘤胃酸中毒的风险。制作TMR时可不另外加水或少加水，适宜的湿度能减轻牛只挑料现象的发生。提早收获的玉米秸秆如用于饲养奶牛，其营养价值也有所提高。根据是否把玉米芯和苞叶同时粉碎处理，玉米湿贮可分为三类：一类是纯粹的籽实玉米湿贮，二类是含芯全穗玉米湿贮，三类是含芯带苞叶全穗玉米湿贮。

### 2.2.1.8.6　制粒

制粒通常需与粉碎相结合，并通以蒸汽，然后使饲料通过厚厚的钢模，挤压成不同大小、长度和硬度的颗粒。奶牛比较喜欢饲料的这一物理形态，同时制粒还能够增加饲料密度，减少粉尘。商品化的精料补充料通常采用制粒工艺。

#### 2.2.1.8.7 焙炒

焙炒可以提高谷实饲料的适口性。研究表明，焙炒玉米可提高家畜的日增重和饲料利用率。对于豆类，焙炒或采用其他热处理，可以破坏所含的生长抑制因子（热不稳定性），有助于提高蛋白质的利用率。

### 2.2.2 糠麸类饲料

糠麸类饲料为谷实类饲料的加工副产品，主要包括小麦麸、大麦麸、玉米糠、高粱糠、谷糠等。糠麸主要由种皮、外胚乳、糊粉层、胚芽、颖稃纤维残渣等成分组成，主要成分不仅受原粮种类影响，还受原粮加工方法和精度影响，其共同特点是粗蛋白质、粗纤维、B族维生素、矿物质等含量均高于原粮，无氮浸出物、有效能低于原粮，结构疏松、体积大、容重小、吸水膨胀性强，其中多数对动物有一定的轻泻作用，一般可占到精饲料的5%～20%。常见糠麸类饲料的营养成分见表2-3。

表 2-3 常见糠麸类和淀粉质块根块茎能量饲料的营养成分

| 项目（%） | 小麦麸（一级） | 小麦麸（二级） | 次粉（一级） | 次粉（二级） | 米糠 | 米糠饼 | 米糠粕 |
|---|---|---|---|---|---|---|---|
| 干物质 | 87 | 87 | 88 | 87 | 87 | 88 | 87 |
| 泌乳净能（MJ/kg） | 6.11 | 6.08 | 8.32 | 8.16 | 7.45 | 6.28 | 5.27 |
| 粗蛋白质 | 15.7 | 14.3 | 15.4 | 13.6 | 12.8 | 14.7 | 15.1 |
| 粗脂肪 | 3.9 | 4 | 2.2 | 2.1 | 16.5 | 9 | 2 |
| 粗纤维 | 6.5 | 6.8 | 1.5 | 2.8 | 5.7 | 7.4 | 7.5 |
| 粗灰分 | 4.9 | 4.8 | 1.5 | 1.8 | 7.5 | 8.7 | 8.8 |
| 中洗纤维 | 37 | 41.3 | 18.7 | 31.9 | 22.9 | 27.7 | 23.3 |
| 酸洗纤维 | 13 | 11.9 | 4.3 | 10.5 | 13.4 | 11.6 | 10.9 |
| 淀粉 | 22.6 | 19.8 | 37.8 | 36.7 | 27.4 | 30.2 | － |
| 钙 | 0.11 | 0.1 | 0.08 | 0.08 | 0.07 | 0.14 | 0.15 |
| 总磷 | 0.92 | 0.93 | 0.48 | 0.48 | 1.43 | 1.69 | 1.82 |

#### 2.2.2.1 小麦麸

小麦麸，俗称麸皮，是面粉厂用小麦加工面粉时所得的副产品。我国对小麦麸的分类方法较多：按面粉加工精度，可分为精粉麸和标粉麸；按小麦品种，可分为红粉麸和白粉麸；按制粉工艺产出麸的形态、成分等，可为大麸皮、小麸皮、次粉和粉头等。据统计，我国每年用作饲料的小麦麸约为

1000 万吨。小麦麸的营养成分因小麦面粉的加工要求不同而不同，一般由种皮、糊粉层、部分胚芽及少量胚乳组成，其中胚乳的变化最大。在精面粉加工过程中，约有 85% 的胚乳进入面粉，其余部分进入麦麸，这种麦麸的营养价值很高。在粗面生产过程中，胚乳基本全部进入面粉，甚至少量的糊粉层物质也进入面粉，麦麸约占小麦总量的 20%，这样生产的麦麸营养价值较低。次粉由糊粉层、胚乳和少量细麸皮组成，是磨制精粉后除去小麦麸、胚及合格面粉以外的部分。小麦加工过程可得到 23%～25% 小麦麸、3%～5% 次粉和 0.7%～1% 胚芽。

#### 2.2.2.1.1 小麦麸的营养特点

粗蛋白质含量高于小麦，一般为 12%～17%，氨基酸组成较佳，赖氨酸含量（0.67%）较高，但蛋氨酸含量少。与小麦相比，小麦麸中无氮浸出物（60% 左右）较少，粗纤维含量高，多达 10% 或以上。小麦麸中有效能较低，泌乳净能为 6.23 MJ/kg。粗灰分较多，钙少（0.1%～0.2%）磷多（0.9%～1.4%），钙、磷比例不平衡；另外，小麦麸中铁、锰、锌较多。由于小麦中 B 族维生素多集中在糊粉层与胚中，故小麦麸中 B 族维生素含量很高，其中含核黄素 3.5 mg/kg，硫胺素 8.9 mg/kg。

#### 2.2.2.1.2 小麦麸的饲用价值

小麦麸容积大，适口性好，是奶牛的优良饲料原料。小麦麸具有轻泻作用，质地蓬松，可通便润肠，母牛产后喂以适量的麦麸粥有利于恢复。奶牛精料中使用 10%～15%，可增加泌乳量，但用量不宜过高（以不超过 25% 为宜），否则会影响瘤胃发酵和养分吸收。

#### 2.2.2.2 米糠

水稻加工大米的副产品称为稻糠，包括砻糠、米糠和统糠。砻糠是稻谷的外壳或其粉碎品，米糠是除壳稻（糙米）加工的副产品，统糠是砻糠和米糠的混合物。例如，通常所说的三七统糠，指其中含三份米糠七份砻糠；二八统糠，指其中含二份米糠八份砻糠。统糠营养价值视其中米糠比例不同而异，米糠所占比例越高，统糠的营养价值越高。

米糠是糙米精制时产生的果皮、种皮、外胚乳和糊粉层等的混合物，约占稻谷总重的 10%。米糠的品质与成分，因糙米精制程度而不同，精制的程度越高，米糠的饲用价值愈大。米糠含不饱和脂肪酸（油酸和亚油酸占

79.2%)，所以易在微生物及酶的作用下发生酸败，不能久存，尤其是夏季高温时，所以常对其进行脱脂，生产米糠饼(经机榨制得)或米糠粕(经浸提制得)。砻糠因其粗纤维含量高而归为粗饲料。

#### 2.2.2.2.1 米糠的营养特点

米糠的营养成分变化较大，随着含壳量的增加而降低。米糠中蛋白质含量较高(12%~18%)，氨基酸的含量与一般谷物相似或稍高，赖氨酸含量高。脂肪含量高达 10%~17%，脂肪酸组成中多为不饱和脂肪酸，油酸和亚油酸含量占 79.2%。粗纤维含量较高，质地疏松，容重较轻。米糠中碳水化合物含量不高，为 33%~53%，有效能较高，泌乳净能为 7.45 MJ/kg，脱脂后的米糠能值下降。所含矿物质中钙(0.07%)少磷(1.43%)多，钙磷比例极不平衡；微量元素中，铁和锰含量丰富而铜偏低；B 族维生素和维生素 E 丰富，维生素 C 缺乏。米糠中也含有较多种类的抗营养因子，如胰蛋白酶抑制因子、非淀粉多糖、生长抑制因子等。

#### 2.2.2.2.2 米糠的饲用价值

不同阶段奶牛的米糠建议饲喂量不同，青年牛和干奶期牛用量较多，可以用到日粮干物质的 30%~40%；产奶牛可以用到日粮干物质的 15%~30%。郑晓中等研究阉牛对全脂米糠的耐受性时得出：饲喂 3.0 kg 全脂米糠日粮时阉牛的瘤胃液氨态氮浓度显著低于常规日粮，而瘤胃液 pH 值、乙酸/丙酸比值以及总挥发性脂肪酸含量的影响与对照组相比均无显著差异，表明适量饲喂全脂米糠对牛的瘤胃发酵影响较小。

#### 2.2.2.2.3 其他糠麸

主要包括大麦麸、高粱糠、玉米糠、小米糠等。大麦麸是大麦加工的副产品，在能量、蛋白质和纤维含量上优于小麦麸。高粱糠的有效能值较高，但因其中含较多的单宁，适口性差，易引起便秘，故应控制用量。玉米糠是玉米制粉过程中的副产品，主要包括果种皮、胚、种脐与少量胚乳，其中果种皮所占比例较大，粗纤维含量较高。在小米加工过程中，产生的种皮、秕谷和较多量的颖壳等副产品即为小米糠，粗纤维含量很高，达 23.7%，接近粗料；粗蛋白质含量 7.2%，无氮浸出物 40%，粗脂肪 2.8%，在饲用前，将之进一步粉碎，浸泡和发酵，可提高消化率。

### 2.2.3 淀粉质块根块茎类

块根块茎饲料水分含量很高，一般为 75% ~ 90%；无氮浸出物的含量丰富，而且多是糖分、淀粉，可消化性很高；纤维素含量低，一般为 0.4% ~ 2.2%；蛋白质含量很低，一般为 0.5% ~ 2.2%；矿物质中 Ca、P 极少，K 丰富；维生素变化大，B 族维生素丰富。淀粉质块根块茎类饲料属于能量饲料，主要包括甘薯、木薯、马铃薯等，以干物质计时这些饲料中的淀粉含量很高；而白萝卜、红萝卜、胡萝卜、饲用甜菜等属于非淀粉质的，属于青绿饲料。

#### 2.2.3.1 甘薯

甘薯为旋花科甘薯属蔓生草本植物，又名红薯、白薯、山芋、红苕、地瓜等。我国甘薯的年产量仅次于水稻、小麦、玉米而居于第四位。甘薯除供作粮食、酿造业、淀粉工业等的原料外，还是重要的饲料。

##### 2.2.3.1.1 甘薯的营养特点

新鲜甘薯中水分多，达 75% 左右；甘薯脱水块中主要是无氮浸出物，含量达 75% 以上；泌乳净能为 6.57 MJ/kg，低于玉米等谷实饲料。甘薯中粗蛋白质含量低，约占干物质含量的 4.5%，且蛋白质品质较差。

##### 2.2.3.1.2 甘薯的饲用价值

新鲜甘薯块是优良的多汁饲料，不论生熟，其适口性均佳。新鲜甘薯多汁，有甜味，奶牛喜欢采食，特别是泌乳牛，有促进消化和增加产奶量的效果。甘薯含有胰蛋白酶抑制因子，因此动物对生、熟甘薯的消化率有差异，熟甘薯的消化率高于生甘薯的消化率。饲喂奶牛时应将甘薯切碎或切成小块，以免引起食道梗塞。甘薯粉在奶牛瘤胃中降解较快，在日粮中替代其他能量饲料时以不超过 50% 为宜，否则易引起瘤胃酸中毒等发酵异常现象。若保存不当，甘薯会发芽、腐烂或出现黑斑病，含毒性酮，导致牛患喘气病，严重者甚至致牛死亡。

#### 2.2.3.2 木薯

木薯是大戟科木薯属多年生热带作物，我国年产量 100 万吨以上。木薯耐旱耐瘠，适应性强，栽培简易，产量高。

2.2.3.2.1 木薯的营养特点

脱水木薯中淀粉含量高（71.6%），泌乳净能为 5.98 MJ/kg，粗蛋白质含量很低（2.5%），粗脂肪 0.7%、粗灰分 1.9%。另外，木薯中矿物质贫乏，维生素含量几乎为零。木薯中含有毒物氢氰酸，其含量随品种、气候、土壤、加工条件等不同而异。脱皮、加热、水煮、干燥可除去或减少木薯中的氢氰酸。

2.2.3.2.2 木薯的饲用价值

木薯在饲用前，最好先测定其中氢氰酸含量，超标时要对其进行脱毒处理，符合卫生标准方能饲用。以木薯块根的淀粉配合尿素氮来喂牛，能在牛的饲粮中增大非蛋白氮的利用，节约蛋白质饲料。吴浩等用 50% 和 100% 的木薯粉替代饲粮中玉米时显著降低了饲料成本，对奶牛的产奶性能和血清生化指标均没有显著影响。

2.2.3.3 马铃薯

马铃薯，又称土豆，为茄科多年生草本植物。我国的马铃薯主要在内蒙古及东北与西北黄土高原栽培。马铃薯既为粮食、蔬菜和工业原料，又是一种重要的饲料原料。

2.2.3.3.1 马铃薯的营养特点

马铃薯营养成分特点与其他薯类相似，块茎含干物质 17%～26%，其中 80%～85% 为无氮浸出物，粗纤维含量少，粗蛋白质约占干物质的 9%，生物学价值较高。

2.2.3.3.2 马铃薯的饲用价值

给奶牛饲喂马铃薯时生喂和熟喂均可，生喂时宜切碎后投喂，也可脱水粉碎后用来替代部分玉米等谷物类饲料。马铃薯中含有龙葵素，它在马铃薯各部位含量差异很大，其中以发芽时的青绿皮、芽眼及芽中含量较高；霉变的马铃薯中龙葵素含量更高，可达 0.58%～1.34%；随着贮存时间的延长，龙葵素含量亦渐增多。因此，马铃薯要注意保存，应选阴凉干燥的地方，以防其发芽变绿；不用发芽、未成熟和霉烂的马铃薯作饲料。

## 2.2.4 制糖工业副产品

当前，我国制糖工业规模很大，每年产糖量在 1000 万吨左右，位居世界前列。在制糖工业中可产生大量副产品——糖渣，这些糖渣营养成分丰富，可以作为非常规饲料来应用于奶牛养殖业，能够节约大量饲料资源，同时也是制糖工业的第二产业。目前我国制糖工业中主要是以甜菜糖和甘蔗糖工业为主，因此其副产品主要包括甜菜粕和糖蜜等。

#### 2.2.4.1 甜菜粕

甜菜粕也称甜菜废丝、废粕，俗称甜菜渣，它是甜菜制糖过程中，经切丝、渗出、充分提取糖分后经压榨脱水、烘干制粒而形成。我国的甜菜种植面积很广，东北、华北和西北地区是甜菜主产区，有着丰富的甜菜粕原料。甜菜粕含有大量的中性洗涤可溶纤维，尤其是果胶，还含有甜菜碱、烟酸等活性成分，近年来逐渐被开发作为奶牛的能量饲料来替代部分玉米等谷物类饲料。甜菜粕成品表面光滑，呈圆柱状，密度为 1.2 ~ 1.3 g/cm³，硬度较大，吸湿性强，泡水后体积增大 4 ~ 5 倍。目前市场上对甜菜粕的质量要求如下：总糖≤8%，水分≤14%，灰分≤6%，砷含量≤4 ppm，直径 6 ~ 10 mm，长度 1.5 ~ 3.5 cm，浸水膨胀时间≤60 min。

##### 2.2.4.1.1 甜菜粕的营养特点

甜菜粕营养成分见表 2-4，其非纤维碳水化合物（36.2%）和泌乳净能（6.13 MJ/kg）含量较高；粗蛋白质较少（8.7%），氨基酸组成中蛋氨酸含量少。Ca、Mg、Fe 等矿物元素含量较多，但 P、Zn 等元素很少。甜菜渣中胆碱、烟酸含量较多，其他维生素含量较少。与玉米相比，甜菜粕 NDF 和 Ca 含量较高，而泌乳净能、无氮浸出物、非纤维碳水化合物、粗脂肪和磷含量较低，所以在奶牛日粮中不能用甜菜粕来全部替代谷物类饲料。此外，甜菜粕也含有一些抗营养因子，如硫葡萄糖苷和草酸等，大量饲喂时可能会对奶牛产生负面影响，所以在日粮中的比例不应过高。

表 2-4　甜菜粕的营养成分（DM 基础）

| 营养成分（%） | 粗蛋白 | 泌乳净能（MJ/kg） | 非纤维碳水化合物 | 淀粉 | 中性洗涤纤维 | 粗脂肪 | 粗灰分 | 钙 | 磷 |
|---|---|---|---|---|---|---|---|---|---|
| 甜菜粕 | 8.7 | 6.13 | 36.2 | 1.8 | 47.3 | 0.5 | 4.8 | 0.69 | 0.09 |

##### 2.2.4.1.2 甜菜粕的饲用价值

甜菜粕中含有 40% 左右的 NDF，主要为可溶性纤维（果胶），果胶的发酵速度很快，但与淀粉不同的是发酵终产物不同，日粮淀粉含量高时易产生乳酸而导致瘤胃酸中毒，而果胶在瘤胃中发酵时不产生乳酸，丙酸的产量也较低，且对纤维素和半纤维素在瘤胃中的降解无抑制作用。甜菜粕来替代淀粉类饲料，能提高日粮的物理有效纤维（peNDF）含量，有效降低单位发酵时间的瘤胃酸度，也起到了调控瘤胃 pH 值的作用。甜菜粕在奶牛日粮中替代玉米等谷物时以占日粮 DM 的 10% 左右为宜，或每头牛每天饲喂 2～4 kg，最多可喂到精料的 20%。Shaver 在其综述中指出奶牛日粮中替代比例不可超过谷物的 50%，替代饲草时最多替代日粮 DM 的 15%～25%。英国产 30～40 kg 奶牛典型日粮配方中甜菜粕的饲喂量为 2 千克/（头·日）。甜菜粕经烘干压制而成，成品较硬，饲喂前最好用 2～3 倍的水浸泡，以免影响适口性和采食后在瘤胃中大量吸水引起的瘤胃菌群失衡。此外，产地、品种等不同，甜菜粕的营养成分变化较大，因此大批量购入和使用时应先进行测定，以提高日粮的整体利用效率。

#### 2.2.4.2 糖蜜

糖蜜为制糖工业副产品，指在工业制糖过程中，蔗糖结晶后，剩余的不能结晶，但仍含有较多糖的液体残留物。根据制糖原料不同，可将糖蜜分为甘蔗糖蜜、甜菜糖蜜、玉米葡萄糖蜜、柑橘糖蜜、木糖蜜、高粱糖蜜等。糖蜜一般为黄色或褐色液体，大多数糖蜜具甜味，但柑橘糖蜜略有苦味。

##### 2.2.4.2.1 糖蜜的营养特点

糖蜜是一种黏稠、黑褐色、呈半流动的物体，组成因制糖原料、加工条件的不同而有差异。糖蜜中主要成分是糖类，以蔗糖为主，如甘蔗糖蜜含蔗糖 24%～36%，甜菜糖蜜中含蔗糖 47% 左右。糖蜜中含有少量的粗蛋白质，一般为 3%～6%，其中多数属非蛋白氮，如氨、硝酸盐和酰胺等，蛋白质生物学价值较低。此外，无氮浸出物中还含有 3%～4% 的可溶性胶体，主要为木糖胶、阿拉伯糖胶和果胶等。糖蜜的矿物质含量较高，为 8%～10%，但钙、磷含量不高，钾、氯、钠、镁含量高，因此糖蜜具有轻泻性，维生素含量低。也可将糖蜜进行发酵后饲喂，如浓缩糖蜜发酵液是以甘蔗糖蜜为原料，经微生物（含纤维素分解菌、芽孢杆菌、双歧杆菌、酵母菌、纳豆菌等）发酵所制成的产品，它主要含有菌体生物蛋白（也叫单细胞蛋白）与腐殖酸，含有丰富的蛋白质、淀粉和矿物元素。

##### 2.2.4.2.2 糖蜜的饲用价值

由于糖蜜有甜味，故能掩盖饲粮中其他成分的不良气味，提高饲料的适口性。糖蜜有黏稠性，故能减少饲料加工过程中产生的粉尘，并能作为颗粒饲料的优质黏结剂。糖蜜富含糖分，从而为动物提供了易利用的能源。糖蜜可为反刍动物瘤胃微生物提供充足的速效能源，因而可以提高瘤胃微生物活性。在奶牛 TMR（全混合日粮）制作调制过程中，利用糖蜜的黏稠特性，将粉状精料黏附于粗饲料表面，防止分层和投喂至饲槽后奶牛挑食。在使用糖蜜时，首先要抓好质量验收关；其次，要注意储存过程，由于糖蜜是一种液态饲料，储存时一定要有专用的容器，并防止其发酵变质；第三，要注意使用方法，为了提高全混合饲料的适口性，宜将糖蜜先与适口性差的饲料混合，之后再加入其他饲料充分搅拌；最后还应注意适宜添加量的问题，糖蜜在奶牛混合精料中适宜用量为 5% ~ 10%。

糖蜜经发酵后可以提高其饲用价值，毛江等在试验中选用 45 头泌乳中期经产荷斯坦奶牛，在基础饲粮中分别用 0.75% 和 1.50% 的浓缩糖蜜发酵液替代部分豆粕，结果表明：与对照组相比，1.50% 的浓缩糖蜜发酵液替代组能显著提高泌乳牛的干物质采食量、产奶量、乳蛋白率和粗蛋白质表观消化率，替代部分豆粕对泌乳牛瘤胃发酵和血清指标没有显著性影响，0.75% 和 1.50% 替代组每头牛每天增收的效益分别为 0.62 元和 3.72 元。

## 2.3　蛋白质饲料营养特点与利用

蛋白质饲料在奶牛日粮中的用量比能量饲料少，一般占精料补充料的 10% ~ 20%，但蛋白质饲料是生产中的关键性饲料，蛋白质水平不足严重影响奶牛的生产性能。我国奶牛日粮常用的蛋白质饲料包括植物来源饲料、非蛋白质氮饲料及单细胞蛋白质饲料，其中以饼粕类和玉米加工副产品使用最为广泛。鱼粉、肉骨粉等动物蛋白饲料禁止使用于反刍动物饲料中。

### 2.3.1　饼粕类饲料

饼粕类饲料是指大豆、花生、棉籽等油料作物籽实经提取油脂后的残余部分，粗蛋白质含量在 30% ~ 45%，普遍比提油前要高。压榨法制油的副产品称为饼，溶剂浸提法制油后的副产品称为粕。常见饼粕类饲料的营养成分见表 2-5 和 2-6。

表 2-5　常见饼粕类蛋白质饲料营养成分(%)

| 饲料名称 | 大豆 | 全脂大豆 | 大豆粕 | 棉籽粕 | 菜籽粕 | 花生仁粕 | 向日葵仁粕 | 亚麻仁粕 |
|---|---|---|---|---|---|---|---|---|
| 干物质 | 87 | 88 | 89 | 90 | 88 | 88 | 88 | 88 |
| 泌乳净能（MJ/kg） | 7.95 | 8.12 | 7.45 | 6.44 | 5.82 | 7.53 | 6.4 | 6.44 |
| 粗蛋白质 | 35.5 | 35.5 | 44.2 | 43.5 | 38.6 | 47.8 | 36.5 | 34.8 |
| 粗脂肪 | 17.3 | 18.7 | 1.9 | 0.5 | 1.4 | 1.4 | 1 | 1.8 |
| 粗灰分 | 4.2 | 4 | 6.1 | 6.6 | 7.3 | 5.4 | 5.6 | 6.6 |
| NDF | 7.9 | 11 | 13.6 | 28.4 | 20.7 | 15.5 | 14.9 | 21.6 |
| ADF | 7.3 | 6.4 | 9.6 | 19.4 | 16.8 | 11.7 | 13.6 | 14.4 |
| 淀粉 | 2.6 | 6.7 | 3.5 | 1.8 | 6.1 | 6.7 | 6.2 | 13 |
| 钙 | 0.27 | 0.32 | 0.33 | 0.28 | 0.65 | 0.27 | 0.27 | 0.42 |
| 总磷 | 0.48 | 0.4 | 0.62 | 1.04 | 1.02 | 0.56 | 1.13 | 0.95 |

表 2-6　常见饼粕类蛋白质饲料营养成分(%)

| 饲料名称 | 大豆饼 | 棉籽饼 | 菜籽饼 | 花生仁饼 | 向日葵仁饼 | 亚麻仁饼 | 芝麻饼 |
|---|---|---|---|---|---|---|---|
| 干物质 | 89 | 88 | 88 | 88 | 88 | 88 | 92 |
| 泌乳净能（MJ/kg） | 7.32 | 6.61 | 5.94 | 8.45 | 5.36 | 6.95 | 7.07 |
| 粗蛋白质 | 41.8 | 36.3 | 35.7 | 44.7 | 29 | 32.2 | 39.2 |
| 粗脂肪 | 5.8 | 7.4 | 7.4 | 7.2 | 2.9 | 7.8 | 10.3 |
| 粗灰分 | 5.9 | 5.7 | 7.2 | 5.1 | 4.7 | 6.2 | 10.4 |
| NDF | 18.1 | 32.1 | 33.3 | 14 | 41.4 | 29.7 | 18 |
| ADF | 15.5 | 22.9 | 26 | 8.7 | 29.6 | 27.1 | 13.2 |
| 淀粉 | 3.6 | 3.0 | 3.8 | 6.6 | 2 | 11.4 | 1.8 |
| 钙 | 0.31 | 0.21 | 0.59 | 0.25 | 0.24 | 0.39 | 2.24 |
| 总磷 | 0.50 | 0.83 | 0.96 | 0.53 | 0.87 | 0.88 | 1.19 |

#### 2.3.1.1　大豆饼粕

##### 2.3.1.1.1　大豆饼粕的营养特点

大豆是世界上最重要的油料作物之一，原产于我国。大豆饼粕是我国饲料生产中最常用的植物性蛋白质饲料。大豆饼粕中蛋白质含量较高，达 40%～45%，必需氨基酸的组成比例较好，尤其赖氨酸在饼粕类饲料中含量最高，达 2.5%～3.0%；蛋氨酸含量少，为 0.5%～0.7%；粗纤维和淀粉含量低，可利用能量较低，脂肪的含量因榨油方式不同而异；矿物质中钙少磷多；维生素中烟酸和泛酸多，胆碱丰富，维生素 E 较高，胡萝卜素、维生素 $B_1$ 和维生素 $B_2$ 少。

#### 2.3.1.1.2 大豆饼粕的饲用价值

大豆饼粕适口性好，饲喂奶牛时具有良好的效果。在高产奶牛日粮中，大豆饼粕可占精补料的 20% ~ 30%，低产奶牛的用量可低于 15%。大豆饼粕可替代犊牛代乳料中部分脱脂乳。

#### 2.3.1.2 棉籽饼粕

棉籽饼、粕是棉籽经脱壳脱油后的副产品，产量仅次于大豆饼粕，是重要的植物蛋白质饲料资源。

#### 2.3.1.2.1 棉籽饼粕的营养特点

由于棉籽脱壳程度及制油方法不同，营养价值差异很大。棉仁饼粕含粗蛋白 41% ~ 44%，棉籽饼粕含 22%，棉籽仁饼粕含 34%；赖氨酸（1.3% ~ 1.6%）不足，精氨酸（3.6% ~ 3.8%）过高，蛋氨酸含量低。碳水化合物以糖类（戊聚糖）为主，粗纤维（13%）随脱壳程度不同而异；棉籽饼残留的油多，因此粗脂肪高于棉籽粕；矿物质中钙少磷多，含硒少；维生素 $B_1$ 含量较多，维生素 A、维生素 D 少；含抗营养因子棉酚、环丙烯脂肪酸、单宁和植酸。

#### 2.3.1.2.2 棉籽饼粕的饲用价值

棉籽饼粕在瘤胃内降解速度较慢，是奶牛良好的过瘤胃蛋白饲料来源，适量使用可提高乳蛋白率和乳脂率。但是，棉籽饼粕中含有微量有毒物质棉酚，对动物健康有害，虽然瘤胃微生物可以降解棉酚，降低其毒性，但也应控制日粮中棉籽饼粕应用的比例。在母牛干奶期和种公牛日粮中，不要使用棉籽饼粕；犊牛日粮中可少量添加；成年母牛日粮中，棉籽饼粕的添加量一般不超过 20%，或日喂量不超过 1.4 ~ 1.8 kg，过多饲喂可影响乳脂质量。使用棉粕时应补充胡萝卜素和钙，并与优质粗饲料搭配使用，可与含精氨酸少（菜籽饼粕）的饲料配伍。

#### 2.3.1.3 花生饼粕

我国是花生生产大国，播种面积和总产量仅次于印度，花生饼粕是花生去壳后再经脱油后的副产品，是优质的蛋白质饲料来源。

#### 2.3.1.3.1 花生饼粕的营养特点

花生饼粕营养价值低于豆粕，其营养成分随含壳量的增加而降低，带壳的花生饼粕中粗纤维含量为 20% ~ 25%，粗蛋白质和有效能相对较低。不带壳的花生饼蛋白质含量在 44% 左右，浸提粕约 47%。氨基酸组成不佳，赖氨酸和蛋氨酸低，精氨酸高达 5.2%。代谢能较高（12.26 MJ/kg），粗纤维 5% 左右，无氮浸出物中大多为淀粉、糖分和戊聚糖；花生饼脂肪 4%～6%，以油酸为主，不饱和脂肪酸占 53%～78%。矿物质中钙、磷含量均较少，其他与大豆饼粕相近。B 族维生素含量丰富，烟酸、泛酸、硫胺素均高于大豆饼粕；胡萝卜素、维生素 D、维生素 C、核黄素含量低。花生粕含水分 9% 以上，储存不当（30℃、相对湿度 80%）时易感染黄曲霉。

### 2.3.1.3.2 花生饼粕的饲用价值

花生饼粕对于奶牛的饲用价值与大豆饼粕相近。花生饼粕适口性好，有香味，奶牛喜欢采食，有催乳和促生产作用，也可用于犊牛的开食料，但饲喂量过多时可引起腹泻。花生饼的瘤胃降解率可达 85% 以上，因此不适合作为唯一的蛋白质饲料原料。带壳花生饼可与其他饼粕类饲料搭配使用。经高温处理的花生仁饼粕，蛋白质溶解度下降，可提高过瘤胃蛋白量。感染黄曲霉的花生饼粕不能用来喂牛。因此，花生仁饼粕应新鲜使用，不可久贮后饲用。

### 2.3.1.4 菜籽饼粕

油菜是我国的主要油料作物之一，为十字花科植物。菜籽饼粕是油菜籽榨油后的副产品，根据菜籽粕中芥酸和硫代葡萄糖甙含量不同，通常将菜籽粕分为普通菜籽粕和"双低菜籽粕"。

### 2.3.1.4.1 菜籽饼粕的营养特点

因其品种、生长环境及加工工艺不同，菜籽粕中蛋白质的含量也不同（33%～40%）。菜籽粕的粗蛋白消化率为 95%～100%，氨基酸含量丰富，比例恰当。菜籽粕中氨基酸组成和含量与大豆蛋白相近，而且其含硫氨基酸的含量比大豆蛋白还高，适用于用来补充以谷物和许多缺乏这类氨基酸的豆类为饲料的日粮。菜籽粕中含有 20% 以上的碳水化合物，其中纤维素占 10%，能够被单胃动物肠道直接吸收的单糖、二糖只占 2%～4%，其他多糖约占 85%。菜籽粕中富含钙、磷、铁、镁、锰、硒和钼等多种矿物质，其含量均远远高于豆粕，是多种微量元素的重要来源。菜籽饼粕含硫葡萄糖甙、芥子碱、单宁等抗营养物质。

### 2.3.1.4.2 菜籽饼粕的饲用价值

普通菜籽饼粕对牛的适口性差，长期过量使用也会引起甲状腺肿大，但比单胃动物影响程度小，泌乳牛精料中应用比例以不高于 7% 为宜，青年母牛日粮中也可少量使用，犊牛和怀孕母牛最好不喂。低毒品种菜籽饼粕饲养效果明显优于普通品种，可提高使用量，泌乳牛最高可用至 25%。

近年来，双低菜籽粕在奶牛日粮中的研究和应用较多。田丰在蛋白含量为 12.5% 的奶牛日粮中用 5% 的双低菜粕来代替 2.35% 豆粕和 2.94% 棉籽粕，未影响产奶量 18 kg 的奶牛产奶量，对乳成分也没有明显影响。在试验后期，双低油菜籽粕组的乳脂量和乳蛋白量都有增加的趋势，但是双低油菜籽粕在高产奶牛日粮中添加量的研究仍旧缺乏。王若军等选择不同胎次的 375 头荷斯坦奶牛，利用 7.5% 的双低菜粕和 3% 的 DDGS 替代产奶量 30 kg 左右奶牛的精补料中 7.5% 的豆粕和 3% 的麦麸，结果发现替代后对乳成分的组成无影响，产奶量略有增加。董文俊研究发现，在奶牛日粮中添加 15% 的双低菜籽粕时可明显提高产乳量，各营养成分的全消化道表观消化率和氮的利用率较高，经济效益增加最多，为适宜添加比例。

### 2.3.1.5　胡麻饼粕

胡麻饼粕的原料是胡麻籽，又称亚麻籽，亚麻籽总产量全世界在 200 万吨以上，主要产于加拿大、阿根廷、印度、美国、中国等国家。在我国东北和西北栽培较多，年产量 30 万吨。

#### 2.3.1.5.1　胡麻饼粕的营养特点

胡麻饼粕的蛋白质含量为 32%～36%，其氨基酸组成不佳，赖氨酸与蛋氨酸低，精氨酸高；粗纤维 8%～10%；含能量较低，代谢能仅 7.1 MJ/kg；残余脂肪中亚麻酸含量可达 30%～58%；B 族维生素含量丰富，胡萝卜素、维生素 D 含量少；钙、磷较高，硒含量高，是优良的天然硒源之一；含生氰糖苷、亚麻籽胶、抗维生素 $B_6$ 等抗营养因子。

#### 2.3.1.5.2　胡麻饼粕的饲用价值

胡麻饼粕适口性好，可作为奶牛优良蛋白质来源。由于含黏性物质，具有润肠通便的效果，可作为抗便秘剂，在多汁饲料或粗饲料供应不足时使用，可减少胃肠功能失调问题。此外，胡麻饼粕可改善动物的皮毛发育，能促使动物有毛光皮滑的润泽外观。在使用胡麻仁饼粕时，要搭配赖氨酸或与含赖氨酸高的饲料使用。胡麻饼粕在犊牛、奶牛、肉牛和种用牛饲粮中均可使用，但其中含有生氰糖甙、亚麻籽胶和维生素 $B_6$ 抑制因子，所以胡麻饼粕在奶牛日粮中的用量应控制在 10% 以下。

### 2.3.1.6 葵花子饼粕

葵花子饼粕是向日葵籽经溶剂浸提或压榨提油后的残渣。

#### 2.3.1.6.1 葵花子饼粕的营养特点

葵花子饼粕的营养价值主要取决于脱壳程度，带壳的粗蛋白质含量为28%~32%，脱壳的为41%~46%，赖氨酸含量低(1.1%~1.2%)，蛋氨酸含量高(0.6%~0.7%)；带壳粗纤维含量高达20%时，代谢能5.94~6.94 MJ/kg，属粗饲料；脱壳的含粗纤维12%，代谢能水平可达10.04 MJ/kg。压榨饼残留脂肪6%~7%，脂肪酸50%~75%，属于亚油酸；钙、磷含量较一般饼粕类饲料高，微量元素中锌、铁、铜含量较高；B族维生素含量丰富，其中烟酸、硫氨素、胆碱含量都很高。含抗营养物质绿原酸（抑制胰蛋白酶、淀粉酶和脂肪酶）。

#### 2.3.1.6.2 葵花子饼粕的饲用价值

葵花子饼粕的饲用价值与豆粕相当，适口性好，但不能作为唯一的蛋白质饲料来源。奶牛采食过多含脂肪高的压榨葵花子饼后易造成乳脂和体脂变软，可降低瘤胃pH值，造成瘤胃代谢异常和营养物质利用率低。

### 2.3.1.7 芝麻饼粕

#### 2.3.1.7.1 芝麻饼粕的营养特点

芝麻饼粕蛋白质含量通常达40%以上，蛋氨酸、精氨酸和色氨酸丰富，赖氨酸缺乏；粗纤维低，在7%以下，代谢能水平9.0 MJ/kg；传统制油粗脂肪达10.3%，代谢能达10.92 MJ/kg；钙、磷含量均高；核黄素、烟酸较高，维生素A、D、E含量低；含抗营养因子植酸和草酸。

#### 2.3.1.7.2 芝麻饼粕的饲用价值

芝麻饼粕可作为奶牛的蛋白质饲料来源，但采食太多则会降低牛奶的乳脂率，最好与其他蛋白质饲料搭配使用，每天的饲喂量最好不要超过2 kg。

### 2.3.1.8 饼粕类的加工对营养价值的影响

制油工业中的高温、高压处理对某些油料籽实中的毒素和抗营养因子有一定的消解作用，但高温高压也会使饼、粕类中所含的蛋白质变性，降低蛋白质的生物学价值。因而，制油过程要综合考虑热压处理的强度和持续时间，权衡利弊，优选加工工艺，使加工副产品的饲喂品质和营养价值尽量满足奶牛的需求。

对于奶牛来说，油籽类饲料的利用率受加工方法的影响较大。当全棉籽烤制后，瘤胃中乙酸和丙酸的比例以及瘤胃 pH 值会有所升高；对棉籽采用热处理(烤制)后以提高过瘤胃蛋白(RUP)含量，但效果不如大豆，烤制棉籽会降低有机物在瘤胃中的消化率，但未影响全消化道有机物消化率，可以提高 NDF 在小肠中的消化率。给奶牛饲喂烤制的全棉籽后，其产奶量和乳蛋白含量有增加的趋势。将棉籽粉碎可提高有机物和氮的全消化道消化率。

### 2.3.2　豆类和油料作物籽实

#### 2.3.2.1　大豆

##### 2.3.2.1.1　大豆的营养特点

大豆的一般成分为：水分≤12%，粗脂肪 17%～19%，粗蛋白质 36%～39%，粗纤维 5.0%～6.0%，粗灰粉 5.0%～6.0%，钙 0.24%，磷 0.58%。奶牛饲料中常用的是全脂膨化大豆，通过膨化处理，大豆的蛋白质会发生部分变性，在瘤胃内的降解能力降低，与未经处理的大豆相比增加了蛋白质的过瘤胃率。同时，大豆中的脂肪也能完整保留，有利于奶牛能量负平衡带来的体膘损失和繁殖问题。

##### 2.3.2.1.2　大豆的饲用价值

奶牛日粮中通常采用膨化大豆作为能量蛋白补充原料。高昂的价格和特殊的营养特性决定了膨化大豆通常只用于泌乳早期和高产奶牛的日粮中，也可用于热应激等奶牛采食量下降的时期，饲喂量以不超过 2～2.5 kg 为宜；过量使用不利于瘤胃中纤维的消化，会导致产奶量和乳指标降低。全脂膨化大豆脂肪含量高，且多属不饱和脂肪酸，故应注意脂肪变质问题，脂肪劣化后降低适口性，且造成腹泻。

#### 2.3.2.2　棉籽

棉籽是棉花加工生产的副产品，作为动物饲料原料已有广泛的应用。在美国的南部和西南地区，40%～50%的棉籽是以全棉籽形式饲喂动物。我国是产棉大国，棉籽资源丰富，质量优良，但我国棉籽主要以棉籽饼(粕)的形式使用，由于棉籽中含有致毒作用的棉酚，其使用量受到限制。反刍动物具有特殊的消化代谢系统，对棉籽中的棉酚具有耐受力。

#### 2.3.2.2.1 棉籽的营养特点

棉籽具有高脂肪、高蛋白、高能量等特点，加之整粒棉籽具有质地坚硬的棉籽壳，能够起到过瘤胃保护的作用，在奶牛泌乳早期常被用来作为能量饲料以减少日粮能量负平衡。棉籽的粗蛋白含量为23%~24%，过瘤胃蛋白水平与豆粕接近，明显高于全脂大豆、花生粕和菜粕。棉籽中脂肪含量达到19.3%，且其中70%为多不饱和脂肪酸，在提供能量和蛋白质的同时还可以提供有效纤维。全棉籽中的NDF和ADF含量较高，是很好的饲料纤维源。

#### 2.3.2.2.2 棉籽的饲用价值

棉籽在奶牛日粮中应用效果较好，可以提高奶牛产奶量和乳脂率。棉籽含有较高的粗蛋白质和脂肪，并且棉籽外层带有残留的棉花纤维，只有在外层棉花纤维被降解后才能使棉籽和瘤胃液相接触，减缓了瘤胃消化液对棉籽的浸润和降解，增加了棉籽中的蛋白质和脂肪的过瘤胃率。以上的营养特性决定了全棉籽适用于在高产奶牛和泌乳早期牛群的日粮中使用。

在泌乳牛日粮中使用全棉籽时效果良好。用5%的全棉籽替换奶牛精饲料中30%的豆粕和2%的玉米，结果表明，饲喂全棉籽的奶牛食欲旺盛，消化力增强，产奶量比未喂全棉籽的牛提高了1.1%。用5%的全棉籽替换5%的玉米饲喂奶牛，结果表明，奶牛日产奶量比试验前平均每头增加了0.05 kg。在奶牛泌乳高峰期，每头每天添加1 kg全棉籽，可比未添加的每天产奶量增加1.73 kg，乳脂率提高0.15%；试验组奶牛的平均体重比对照组的增加了12 kg；试验组奶牛比对照组奶牛自然发情率提高了30%。

但需要注意的是，由于棉籽中含有棉酚，喂量过大对奶牛有毒害作用，所以需掌握好添喂量，一般每头泌乳牛每天的饲喂量为1~2 kg，最多不超过2.5 kg。不过当总的日粮干物质中棉籽产品(全棉籽或棉籽饼、粕)不超过15%时，一般无需考虑棉酚的毒性或棉酚对繁殖性能的不利影响。

#### 2.3.2.3 豌豆

#### 2.3.2.3.1 豌豆的营养特点

豌豆营养价值受其品种和种植地区的影响。豌豆的粗蛋白质含量变化很大(15.5%~39.7%)，赖氨酸含量(1.6%)和消化率相对较高，与豆粕相近，但含硫氨基酸(蛋氨酸及半胱氨酸)及色氨酸含量低于豆粕。豌豆中淀粉含量为48%~54%，变异较大。另外，与大多数植物蛋白一样，豌豆中也含有一些抗营养因子,如凝血素、蛋白酶抑制剂、单宁酸、皂素等,但豌豆中抗胰蛋白酶的浓度只有大豆的 5%~13%,因此,豌豆可被广泛应用于各种畜禽饲料中,但当添加水平过高时也会对动物生产性能产生负面影响,尤其是对幼龄动物。

#### 2.3.2.3.2 豌豆的饲用价值

在奶牛日粮中各类营养物质及氨基酸平衡搭配后,添加豌豆不会对生产性能等指标产生不利影响。与其他豆科植物一样,豌豆蛋白具有高度瘤胃可降解性,过瘤胃蛋白含量很低(22%),但豌豆中慢速降解蛋白的最初降解率远低于豆粕,可为瘤胃微生物生长提供可持续性释放的氮源。豌豆淀粉降解率较低,瘤胃降解率与玉米相近,远低于小麦及大麦。当奶牛的瘤胃 pH 值低于 6 时,会降低饲料中的纤维物质的消化率,引起干物质采食量和乳脂降低、消化紊乱等现象,而豌豆的慢速降解淀粉可较好地调控奶牛的瘤胃 pH 值。因此,在加拿大、美国等国家,奶牛及肉牛饲料中添加豌豆十分普遍。

以 15%的紫花豌豆替代奶牛 TMR 中近 45%的玉米(19.8%降至 10.8%)及 78%的豆粕(7.4%降至 1.6%)时发现,试验组与对照组间干物质摄入量、产奶量、4%乳脂校正乳产量,以及乳蛋白率、乳蛋白产量、氮利用效率等指标均无显著差异。因此,奶牛日粮中可以用适量的紫花豌豆来替代豆粕和玉米,对乳产量和乳组成无显著影响。但是,由于豌豆蛋白的降解率较高(约为 78%),无法满足高产及产奶高峰期奶牛对瘤胃非降解蛋白(RUP)的需求,因此,不能作为日粮中唯一的蛋白补充原料。在泌乳高峰期奶牛精料中添加 25%的豌豆,对平均产奶量及产奶持续时间未产生影响,但豌豆组的乳脂率略高于对照组,可能是由于添加豌豆使奶牛瘤胃中 VFA 浓度升高引起的。研究表明,高产奶牛使用部分豌豆来替代蛋白饲料时应将饲料营养搭配平衡,提供足够的过瘤胃蛋白,其产奶性能才不会受到影响。相对于高产和泌乳高峰期奶牛,泌乳早期及后期奶牛对豌豆有较好的适应性,在日均产奶量为 22 kg 的产奶后期奶牛日粮中,豌豆甚至可以完全取代豆粕。

### 2.3.3 玉米加工副产品

我国玉米的加工品已超过 500 余种,同时也生产出大量的加工副产品,如玉米 DDGS、玉米胚芽粕、玉米蛋白粉、玉米麸皮等,这些工业副产品营养价值较为全面、适口性好、价格低廉，可以作为蛋白质补充饲料，已广泛地应用到奶牛饲料中。玉米的深加工产品主要有加工淀粉、淀粉糖、酒精、葡萄糖浆、山梨醇、食用氢化油等。淀粉加工产生的副产品为玉米油、玉米蛋白粉、玉米纤维饲料、玉米胚芽粕、玉米浆；加工淀粉糖产生的副产品有玉米油、玉米蛋白粉、纤维饲料等；生产酒精产生的副产品有 DDG、DDS、DDGS、蛋白饲料等；生产葡萄糖浆及山梨醇、食用氢化油所产生的副产品有玉米蛋白粉、酵母；生产其他发酵制品产生的副产品主要为玉米纤维饲料。

#### 2.3.3.1 玉米蛋白粉

##### 2.3.3.1.1 玉米蛋白粉的营养特点

玉米蛋白粉是玉米除去淀粉、胚芽、外皮后剩下的产品。玉米蛋白粉蛋白质含量高，代谢能与玉米相当或高于玉米，并富含色素，可以直接用作蛋白质饲料原料。然而，也存在口感粗糙、水溶性差等缺点。饲料中常用的玉米蛋白粉中粗蛋白含量为 60% 左右，氨基酸组成不佳，尤其赖氨酸严重不足；淀粉含量 15%，粗脂肪含量 7%。

##### 2.3.3.1.2 玉米蛋白粉的饲用价值

玉米蛋白粉所含的蛋白质利用率较高，但由于其比重大，应与其他体积大、容重低的饲料搭配使用。一般奶牛精料中可使用 5% 左右。此外，在使用玉米蛋白粉的过程中，还应该注意检测霉菌毒素含量，尤其是黄曲霉毒素。

#### 2.3.3.2 玉米胚芽粕

##### 2.3.3.2.1 玉米胚芽粕的营养特点

玉米胚芽粕是玉米深加工的副产品之一，玉米胚芽经过浸提或压榨提取玉米胚芽油之后，除了油脂含量降低以外，其他营养成分基本全保留在胚芽粕之中。玉米胚芽粕的粗蛋白质含量为 20% ~ 27%，是玉米粗蛋白质含量的 2 ~ 3 倍，并且玉米胚芽粕的蛋白以球蛋白、谷蛋白和白蛋白为主，是玉米蛋白中生物学价值最高的蛋白质，其氨基酸组成也较为合理，赖氨酸是玉米的 3.26 倍，蛋氨酸是玉米的 1.5 倍。玉米胚芽粕粗脂肪含量与豆粕相似，约为 2%；粗纤维含量比豆粕略高，是玉米粗纤维含量的 4 倍，而且粗纤维含量随产地和加工工艺的不同而不同。

##### 2.3.3.2.2 玉米胚芽粕的饲用价值

由于玉米胚芽粕价格较低，蛋白质品质好，近年来在奶牛日粮应用较多，一般奶牛精料中可使用 15% 左右。么学博等研究指出，采用尼龙袋法研究玉米胚芽饼、酒精蛋白等 12 种反刍动物常用饲料的蛋白质和氨基酸瘤胃降解特性，结果表明，玉米胚芽饼可溶性蛋白质的降解率为 23.09%，粗蛋白质和必需氨基酸的小肠表观消化率分别为 79.79% 和 86.98%。因此，对于奶牛来说，玉米胚芽粕的蛋白质品质较好。

### 2.3.3.3　玉米酒精糟及可溶物

玉米酒精糟及可溶物(DDGS)是用玉米籽实与酵母、酶等混合发酵生产燃料乙醇后，剩余的发酵残留物经干燥形成的产物。DDGS 由两部分组成，一部分叫 DDG(干酒精糟)，是玉米发酵提取乙醇后剩余的谷物碎片处理的产物，浓缩了玉米中除淀粉和糖以外的其他营养成分，如蛋白质、脂肪、维生素和矿物质等；另一部分叫 DDS，是发酵提取乙醇的剩余物中的可溶物经干燥处理的产物，其中包含了玉米中一些可溶性营养物质，发酵中产生的未知促生长因子、糖化物和酵母等。将浓缩的 DDS 残液与 DDG 混合并烘干，制成干物质约 88% 的 DDGS，含有约 70% 的 DDG 和 30% 的 DDS。每 100 kg 玉米可以生产 34.4 kg 乙醇和 31.6 kg DDGS。

### 2.3.3.3.1　DDGS 的营养特点

玉米 DDGS 不仅蛋白质含量较高，而且还包含发酵过程中产生的酵母营养成分及活性因子，是一种营养丰富的蛋白饲料原料。与玉米营养成分相比，玉米 DDGS 的粗蛋白、赖氨酸、有效磷分别是玉米的 301.1%、226.9%、420.0%；B 族维生素(尤其是烟酸、维生素 B )以及维生素 E 的含量也远高于玉米。与豆粕营养成分相比，玉米 DDGS 粗蛋白、赖氨酸含量分别是豆粕的 60% 和 25%，有效磷和维生素的含量明显高于豆粕。

### 2.3.3.3.2　DDGS 的饲用价值

DDGS 对奶牛来说是一种适口性好的高蛋白质、高能量饲料，可替代部分的豆粕和玉米作为补充料，能够降低成本而不影响生产性能。但 DDGS 受其原料和加工方法等因素的影响，营养成分含量具有很大的变异性，特别是赖氨酸在加工过程中非常容易受热损害的影响。因此，在制定日粮配方时一定要先分析 DDGS 的营养成分含量，从而达到合理搭配日粮的效果。

DDGS 使用中的限制因素主要是霉菌毒素污染。DDGS 副产品水分含量较高，谷物加工后已破损，霉菌容易生长，因此霉菌毒素含量很高，会引起家畜的霉菌毒素中毒症，导致动物体免疫力下降和病患率升高，生产性能下降。DDGS 中不饱和脂肪酸的比例高，容易发生氧化，对奶牛健康、瘤胃发酵和粗纤维消化不利，影响生产性能和牛奶质量。此外，玉米 DDGS 使用不当将会影响饲料的适口性，如刚出厂时 DDGS 酒味很浓，添加量过多会导致饲料的适口性下降。

#### 2.3.3.4 玉米纤维饲料（玉米皮）

玉米纤维饲料又称玉米麸，是玉米加湿后生产淀粉的副产品，是在淀粉加工过程中将含蛋白质及能量较高的玉米浆以一定比例喷到玉米皮上形成富含纤维和蛋白的饲料，主要成分就是玉米浆（玉米浸渍物）、玉米皮、玉米麸，有时会有少量的玉米胚芽饼。

##### 2.3.3.4.1 玉米纤维饲料的营养特点

其营养价值因各组分比例不同而差异很大，蛋白质含量 10%~25%，粗纤维随着玉米皮比例增加而升高，通常为 7%~10%。

##### 2.3.3.4.2 玉米纤维饲料的饲用价值

研究证明，对于奶牛来说玉米纤维饲料的可消化养分达 75%，蛋白质消化率可达 80%。在牛饲料中用量达 30% 时，也不会对乳牛的产乳量和乳脂带来影响。此外，也可以用湿的玉米纤维饲料直接饲喂奶牛，可以减少烘干设备投入和烘干成本，减少高温对营养物质的破坏。潘春方研究指出，湿玉米纤维饲料含有较高含量的可消化纤维、粗蛋白、氨基酸，是理想的非饲草的纤维性饲料；根据对奶牛瘤胃内环境、瘤胃微生物、血液生化指标及后段肠道和粪中大肠杆菌的影响，饲喂比例不应高于 35%，以 25% 较好；湿玉米纤维饲料未增加高产奶牛的产奶量，但增加了乳脂率。

### 2.3.4 糟渣类饲料

糟渣类饲料是酿造、淀粉及豆腐加工行业的副产品，如果按干物质中的粗蛋白质含量计算，应把它列入蛋白质饲料类。其主要特点是水分含量较高，为 70%~90%，干物质中蛋白质含量为 25%~33%，B 族维生素丰富，还含有一些有利于动物生长的未知生长因子。

#### 2.3.4.1 豆腐渣、酱油渣及淀粉渣

多为豆科籽实类加工副产品，干物质中粗蛋白质的含量在 20% 以上，粗

纤维较高，维生素缺乏，消化率也较低。这类饲料水分含量高，一般不宜存放过久，否则极易被霉菌及腐败菌污染变质。豆腐渣、酱油渣及淀粉渣的营养成分见表2-7。

表 2-7　豆腐渣、酱油渣及淀粉渣的营养成分(%,DM 基础)

| | 粗灰分 | 粗蛋白 | 粗脂肪 | NDF | ADF | 可溶性碳水化合物 | 淀粉 |
|---|---|---|---|---|---|---|---|
| 豆腐渣 1 | 3.2 | 11.7 | 1.2 | 48.6 | 31 | 5.0 | 3.3 |
| 豆腐渣 2 | 3.4 | 12.1 | 1.6 | 36.5 | 22.6 | 7.6 | 3.3 |
| 酱油渣 | 6.1 | 25.2 | 10.7 | 50.4 | 38.5 | 0.8 | 3.1 |
| 红薯淀粉渣 | 16.4 | 2.7 | 1.8 | 26.3 | 15.1 | 11.8 | 10.7 |
| 马铃薯淀粉渣 1 | 2.2 | 9.1 | 4.7 | 25.3 | 13.7 | 7.4 | 38.3 |
| 马铃薯淀粉渣 2 | 2.2 | 3.9 | 2.7 | 34.6 | 12.8 | 6.0 | 39.1 |
| 玉米淀粉渣 1 | 4.5 | 15.8 | 5.8 | 52.1 | 14.1 | 3.7 | 8.4 |
| 玉米淀粉渣 2 | 9.0 | 8.2 | 6.4 | 67.7 | 15.5 | 3.7 | 8.4 |

#### 2.3.4.1.1 豆腐渣的营养特点与饲用价值

豆腐渣是加工豆腐或豆浆、豆奶粉的副产品，每生产 1 kg 豆腐，约产生 1.2 kg 鲜豆渣，我国每年大约产生 $2.8×10^9$ kg 豆腐渣。豆腐渣具有高纤维、高蛋白、低脂肪、低还原糖、高钾低钠、钙镁含量较高的特点，营养价值较高。王东玲等测定了东北大豆加工后的豆腐渣的营养成分，结果表明：豆腐渣中水分含量平均为81.6%，其不溶性膳食纤维、粗纤维、蛋白质、粗脂肪、还原糖、总糖、灰分、黄酮含量分别为 36.29%、9.62%、17.84%、5.90%、2.57%、37.40%、3.85%和0.22%。Wang 研究表明，大豆的30%固形物、20%蛋白质和11%脂肪会残留在豆腐渣中，豆腐渣中氨基酸组成和必需氨基酸的比例与豆奶、豆腐和大豆非常类似。

由于豆制品生产的季节性差异往往影响豆腐渣的有效利用，大量积压时会造成腐败和浪费，将豆腐渣烘干后可以延长其保存期。王治华等在奶牛日粮中用 12%的烘干豆腐渣替代等量豆粕，结果表明：试验组与豆粕组在泌乳量、乳脂率、精料消耗量以及泌乳量/精料消耗量方面均无显著差异；试验组的精料成本显著低于豆粕组[8.32:9.27 元/(头·日)]，用烘干豆腐渣替代豆粕可降低生产成本。

在用豆腐渣做奶牛饲料饲喂时要注意其添加量及饲喂方法。第一，不可生喂。将新鲜的豆腐渣与谷物或糟糠混合，添加乳酸菌，在温度高的夏季及春秋加入 1.5% 糖浆制作豆腐渣青贮饲料。豆腐渣青贮饲料喂牛，其甜味增加，辣味、酸味及苦味减少。豆腐渣青贮制作方法简单，豆腐渣青贮饲料喂牛还有减少牛疾病的作用。另外，在豆腐渣青贮表层加上大麦、玉米或麸糠，作为肉牛的育肥饲料，与用谷物作为育肥牛饲料比，牛的肉质没有差异。第二，不能单一饲喂。豆腐渣中的粗蛋白含量虽然丰富，但是其氨基酸的构成极不平衡，特别是蛋氨酸的含量很低，在饲喂时最好补充适量的优质蛋白和能量饲料，以平衡日粮营养成分。第三，不可多喂。开始喂牛若不习惯，应由少到多逐渐增加用量，泌乳牛最多可饲喂 5 ~ 10 kg，过量会引起消化不良、腹泻。第四，不可喂霉变的豆腐渣。鲜豆腐渣水分含量较高，极容易发霉变质。如果用霉变的豆腐渣喂牛，极易导致曲霉素中毒。

### 2.3.4.1.2 酱油渣的营养特点与饲用价值

酱油渣又称酱渣，是制作酱油的原料如豆粕、面粉、豉皮、食盐等高温消毒冷却经米曲霉发酵抽提剩下的残渣。2006 年，我国酱油年产量已达 500 万吨，而且其市场规模每年以 10% 的速度递增。酱渣一般呈深棕色，其具体营养成分随原料工艺而变化，差异较大，其中粗蛋白质含量约为 25%，粗脂肪约 9.7%，粗纤维 13.5%，灰分 10.5%，此外，还含有丰富的异黄酮。酱油渣含盐量约 7%，鲜渣含水 70% 左右，易变质，不宜贮藏。

酱油在酿造过程中，主要利用的是蛋白质和可溶性多糖，微生物将蛋白质转为小分子肽和氨基酸，将可溶性多糖(淀粉)转化为小分子物质(葡萄糖和乳酸等)。由于酿造酱油的蛋白原料如大豆或豆粕蛋白含量很高，只有部分蛋白质发生转化，因此酱渣中仍含有丰富的蛋白质，是很好的蛋白质饲料。同时酱渣中还含有丰富的异黄酮，研究表明异黄酮可以起到提高动物机体的免疫功能、协同雌激素或拮抗雌激素的作用、预防骨钙丢失作用，以及促进动物乳腺发育提高泌乳力、提高饲料转化率和提高繁殖力等作用。

酱油渣由于食盐和粗纤维含量较高，使得其直接饲喂用量有限。目前降低食盐含量一般有两种方式：一是通过水洗降低食盐含量；二是添加辅料如麦麸、谷糠等。此外，奶牛瘤胃微生物可以部分降解纤维素、半纤维素，但不能够降解木质素，因此也成为制约酱油渣作为饲料的主要因素之一。

### 2.3.4.1.3 薯类淀粉渣的营养特点与饲用价值

以马铃薯、甘薯和木薯为原料的粉渣，主要指淀粉厂提取淀粉后的残渣，占鲜重的 45% ~ 60%。其干物质主要是淀粉和粗纤维，粗蛋白极少，无氮浸出物含量高，粗纤维含量低。

新鲜的薯类淀粉渣因含水量高达 90%，各种细菌、真菌，特别是霉菌（如黄曲霉、脱氧雪腐镰刀菌等）极易生长繁殖，并产生有毒代谢产物（如黄曲霉毒素、呕吐毒素等），因此新鲜的薯渣不易保存。由于霉菌的繁殖，特别是黄曲霉的繁殖，自然堆放的薯渣就会逐渐变黄变黑，饲喂动物后常引起黄曲霉中毒、呕吐、拒食、腹泻、肝肾损伤等。因此，可以采取青贮的方法进行保存。薯渣的青贮方法和其他饲料一样，其含水量高，单独青贮要降低水分，也可与玉米秸秆、糠麸、青草等混合青贮。按照所用原料的水分含量计算适合青贮的混合比例。青贮所用的薯渣必须是 1 ~ 2 d 加工的无污染新鲜薯渣，随运随贮。在青贮时，添加适量尿素或氯化铵、磷酸二氢钾、食盐、酵母菌和乳酸菌等，可提高其蛋白质含量和青贮品质。研究表明，当玉米秸秆粉碎至 2 ~ 3 cm，玉米秸秆和淀粉渣的混合比例为 1:3，含水量为 65% 时制作出的马铃薯淀粉青贮饲料品质优良，其进一步用马铃薯淀粉渣青贮饲料替代 25%、50% 和 100% 的玉米青贮饲喂奶牛，发现马铃薯淀粉渣和秸秆混合青贮可以完全替代全株玉米青贮饲喂奶牛。也可将薯类淀粉渣作为青贮原料，添加不同的发酵剂后制作成青贮饲料，可以直接作为奶牛日粮原料。将含有 150 g/kg 的马铃薯淀粉渣青贮饲料的日粮饲喂放牧的奶牛，结果表明饲喂马铃薯淀粉渣青贮饲料未对奶牛的干物质采食量、产奶量和乳成分产生影响。薯类淀粉渣鲜喂时以不超过 5 kg 为宜，过多饲喂或贮存不当发霉，易造成奶牛等反刍动物瘤胃积食、瘤胃臌气和肠炎等胃肠道疾病；饲喂霉败或变酸的粉渣会引起霉毒素中毒。

### 2.3.4.1.4 玉米淀粉渣的营养特点与饲用价值

玉米淀粉渣是玉米淀粉经酸水解或酶解后压滤所得的残渣，又称为玉米黄浆饲料，有干玉米淀粉渣和湿玉米淀粉渣之分。由于不同厂家玉米淀粉的生产工艺不同，玉米淀粉渣成分不尽相同，但是基本上都有玉米种皮、玉米浆（即循环废水），有一些还有少量的胚芽粕。干玉米淀粉渣中含有约 2% 的葡萄糖、25% 的蛋白和 28% 的脂肪。我国每年产生的玉米淀粉废渣约在 30 万吨以上。作为湿磨法工业的一种副产品，玉米淀粉渣大部分由玉米种皮和加工过程的渗出液组成，也可能含有一系列大量的馏出可溶物，其蛋白含量和可消化纤维含量高，既可作为蛋白补充料又可作为能量饲料。而且作为副产品，其价格比相同营养成分、比例的饲料原料低得多，因此，玉米淀粉渣是畜禽理想的饲料。尤其是对于反刍动物来说，玉米淀粉渣作为能量饲料既可以满足牛只增重和泌乳的能量需要，同时又能作为纤维饲料，改善瘤胃环境、提高奶牛体况评分。

大量的研究表明，玉米淀粉渣对奶牛具有饲用价值，而且考虑到玉米淀粉渣作为副产品低廉的价格，可以说是奶牛的理想饲料。早期人们将玉米淀粉渣主要作为蛋白饲料使用，研究其对奶牛泌乳性能的影响，结果发现饲喂效果基本上相同，即适量的玉米淀粉渣能提高奶牛的产奶量，对乳成分基本上没有显著影响或略降低了乳脂率。同时发现在不同的基础日粮中，玉米淀粉渣的使用量是不同的。Schroeder 在试验中用占日粮干物质的 18.6% 湿玉米淀粉渣饲喂泌乳牛，奶牛的产奶量、乳成分和饲料转化率未受影响；Wickersham 等在奶牛日粮中添加 20% 的湿玉米淀粉渣，可维持奶牛泌乳前期生产水平，改善泌乳中期、后期生产水平；在饲喂了 14 周后，发现湿玉米淀粉渣提高了产奶量、能量校正乳产量、乳成分含量和生产效率。当玉米淀粉渣占日粮干物质的 27% 时，奶牛的干物质采食量、产奶量、乳蛋白率、乳糖和无脂固形物含量未受影响，但是饲喂干玉米淀粉渣时乳脂率最低。

玉米淀粉渣的中性洗涤纤维水平在 35% 左右，其中瘤胃可利用部分大于60%。较高水平的可发酵纤维决定了玉米淀粉渣提供纤维比大多数饲草的能量价值高，因此可以替代反刍动物日粮中部分饲草或谷物饲料。研究表明，在综合玉米淀粉渣的营养价值和成本因素后，其作为能量饲料和纤维饲料的价值比作为蛋白补充料的价值大。当饲喂较低纤维日粮时，玉米淀粉渣中的中性洗涤纤维可以提高乳脂率，其效率大约是苜蓿中性洗涤纤维效率的一半。用 20% 的玉米淀粉渣替代高精料日粮中的玉米青贮，提高了产奶量和乳蛋白量；在此基础上再添加 1% 的碳酸氢钠后，4% 乳脂校正乳也增加了，因此用20% 的玉米淀粉渣和 1% 的碳酸氢钠可以有效替代高精料日粮中的玉米青贮。

长期以来，玉米淀粉渣一直作为饲料直接进行饲喂，但由于玉米淀粉在生产过程中要使用亚硫酸水浸泡，长期大量饲喂含有亚硫酸的玉米淀粉渣可使牲畜末梢神经产生脱鞘性变，导致一系列神经症状，如跛行、截瘫、便血、乳房炎及流产等中毒症状和维生素 A、D、E 的缺乏症。因此，用玉米淀粉渣饲喂家畜时，应注意以下几点：①可采取用清水漂洗、烘干（晒干）等方法以减少亚硫酸的含量，并采用限制喂量、间歇饲喂的方法；②在饲喂时应补充足够的维生素，特别是维生素 A、D、E；③注意增加青绿饲料及含蛋白质和钙丰富的饲料；④受孕和产后母畜最好不喂玉米淀粉渣；⑤注意日粮及饮水中的硫水平，建议当玉米淀粉渣作为蛋白质补充料满足蛋白质需求时，不必考虑日粮中的硫含量，但是把玉米淀粉渣作为能量饲料替代玉米等能量饲料时，就必须考虑硫的摄入量的问题；⑥玉米淀粉渣磷含量高（湿玉米淀粉渣中磷含量为 1.09%），可以作为奶牛日粮的磷源。因此，随着玉米淀粉渣添加量的增加，日粮中磷含量上升很快，可能会对环境造成威胁，因此在确定玉米淀粉渣的添加量时还要考虑到日粮的磷平衡。

#### 2.3.4.2 啤酒糟

##### 2.3.4.2.1 啤酒糟的营养特点

啤酒糟是酿造啤酒工序中最大的副产品，主要成分是大麦芽壳、未被糖化的麦芽及辅料中的不溶性高分子物质。我国啤酒糟产量巨大，已经达到1000 多万吨。新鲜酒糟水分含量高，酸度大，不及时处理就会腐败变质，不但严重污染环境，同时也是一种极大的资源浪费。因此对于啤酒糟要注意保存，新鲜饲喂。因大麦原料种类、辅料的添加量和采用发酵工艺的不同，啤酒糟的营养成分有一定变异，尤其是新鲜啤酒糟的水分含量。啤酒糟的营养成分包括粗蛋白质、粗纤维、脂肪、维生素、矿物质及淀粉等，除了淀粉含量较少外，粗蛋白质含量中等，纤维素含量高，矿物质和维生素组成良好。

##### 2.3.4.2.2 啤酒糟的饲用价值

啤酒糟生产具有明显的季节性，夏季生产高于冬季。湿啤酒糟含水量大，并且具有特有的发酵香味，适口性较好。干啤酒糟是将湿啤酒糟脱水、干燥、粉碎加工后的产品，是比较好的蛋白质资源。当前，干啤酒糟已大量用于家畜养殖业，饲喂效果较为理想，不但可加快动物生长速度，而且可以提高动物体内氮代谢效率，防止瘤胃不全角化、肝脓肿以及消化障碍。邹阿玲等用湿啤酒糟代替部分精料来饲喂泌乳中后期的奶牛，其中试验Ⅰ组用 6 kg 啤酒糟代替 0.5 kg 精料，试验Ⅱ组用 9 kg 啤酒糟代替 1 kg 精料。结果得出：与对照组相比，试验Ⅱ组日粮显著提高了奶牛的乳脂率（13.8%）和产奶量（23.70%），每头每天多增加收入 3.54 元，因此得出产奶中后期奶牛以添加

9 kg 啤酒糟比较适宜。

### 2.3.4.2.3 啤酒糟使用注意事项

由于酒糟中含有一定量的酒精,以及酒糟发酵和酸败后产生的有机酸和杂醇油,如醋酸、正丙醇、异丁醇等,因此使用时应注意以下事项。

#### 2.3.4.2.3.1 注意饲喂时期

产后一个月内的泌乳牛应该尽量不喂或者少喂啤酒糟,以免加剧泌乳初期营养负平衡,延迟奶牛生殖系统恢复,对发情配种产生不利影响。

#### 2.3.4.2.3.2 科学贮存

鲜啤酒糟含水量大、富含微生物,容易腐烂变质,饲喂时一定要保证新鲜,同时每日每头牛可添加 150～200 g 小苏打。喂不完的啤酒糟一定要妥善保存,在冬天可延至 5～7 d,春秋季节应该在 2～3 d 内喂完,夏季啤酒糟应当当日喂完。啤酒糟要储存在牛场干净的地方,最好贮存在塑料袋内或水泥地上。同时,还可以尝试对啤酒糟进行发酵后贮存,以利用保存。

#### 2.3.4.2.3.3 注意营养平衡

饲喂大量的鲜啤酒糟会降低干物质采食量,特别是同时饲喂青贮的日粮。啤酒糟粗蛋白质含量虽然丰富,但钙磷含量低且比例不合适,因此饲喂时应该提高日粮精料的营养浓度,同时注意补钙。骨粉占日粮精料的2%,这样可使牛只身体健康且有利于产奶,还可避免营养代谢疾病的发生。

#### 2.3.4.2.3.4 防止中毒

由于新鲜啤酒糟 pH 值较低(4～6),有机酸含量较高,长期过食啤酒糟能够造成奶牛瘤胃 pH 值波动 (增加和降低),瘤胃内环境失调,引起瘤胃亚急性或急性酸中毒、蹄叶炎和繁殖障碍等疾病。因此鲜酒糟日喂量以不超过10 千克/头为宜,5～7 千克/头最佳。干酒糟在奶牛饲料配方中可用来替代部分蛋白质原料和谷物,替代比例以不超过日粮的 6%～8% 为宜。

### 2.3.5 非蛋白氮饲料

主要指蛋白质以外的含氮化合物,它包括有机非蛋白氮化合物和无机非蛋白氮化合物(NPN)。有机非蛋白氮化合物包括氨、酰胺、胺、氨基酸及某些肽;无机非蛋白氮化合物包括氯化铵和硫酸铵等盐类。NPN 是反刍动物的有用的氮源,用得较多的是尿素。

### 2.3.5.1 尿素的营养特点

尿素为白色结晶固体，无臭，味微咸苦，易溶于水，吸湿性强。水解后释放出刺鼻的氨，含水>0.5%时会结块，不流动状态纯尿素含氮量46%，商品尿素含氮量45%。每千克尿素相当2.8 kg粗蛋白质，或相当7 kg豆饼粗蛋白质。

### 2.3.5.2 奶牛利用尿素的原理

尿素等含氮化合物能代替奶牛等反刍动物部分蛋白质饲料的主要原理是反刍动物瘤胃内存在着特有的微生物种群。这些微生物种类繁多，主要包括细菌和原虫两大类，它们大部分能够利用尿素等含氮化合物为氮源，并利用碳水化合物消化代谢后产生的有机酸作为能量来源，在瘤胃中大量生长繁殖，合成单细胞菌体蛋白，这种单细胞菌体蛋白大量生成后，随食物进入皱胃，在酶的作用下水解成胃肠道可以吸收利用的肽类和氨基酸。

### 2.3.5.3 影响尿素利用的主要因素

奶牛利用尿素的生物学基础是瘤胃微生物，因此凡是影响瘤胃微生物生长发育的因素均不同程度地影响着反刍动物对尿素等非蛋白氮的利用。

#### 2.3.5.3.1 碳水化合物的种类和数量

瘤胃微生物的生长繁殖需要能量和氮源。在瘤胃中，蛋白质发酵提供的能量非常有限，只有氨基酸在氧化中每脱去一个羧基生成一个ATP，因此由饲粮蛋白质发酵生成的ATP仅占瘤胃发酵总ATP量的4%，脂类发酵生成的ATP也是很少的。因此，瘤胃微生物生长所需的ATP主要由碳水化合物发酵所提供，当瘤胃微生物分解氨的速度与碳水化合物发酵产生ATP和碳链的速度同步时，微生物合成蛋白质的量最大。研究表明，日粮中碳水化合物的种类和数量直接影响瘤胃微生物对尿素的利用，在提供可被瘤胃微生物利用能量的碳水化合物中淀粉效果最好，其中熟淀粉又优于生淀粉。纤维素由于降解缓慢且缺少可被微生物利用的能量而限制了微生物对尿素的利用率。不同种类的碳水化合物影响瘤胃微生物利用尿素的顺序是：糊化淀粉>淀粉>糖蜜>单糖>粗饲料。在淀粉或糖与粗饲料同时饲喂时，尿素的利用率会大大提高。因此，应用尿素时可多用淀粉。

#### 2.3.5.3.2 日粮中蛋白质水平及瘤胃内氨的浓度

日粮中粗蛋白质的水平可影响尿素的利用，保证瘤胃内最佳的氨浓度是生成瘤胃微生物蛋白质的关键。瘤胃氨的浓度取决于日粮粗蛋白质水平、内源尿素再循环、能量及其他养分的水平。当日粮中粗蛋白质水平满足需要时，微生物首先利用天然饲料中的蛋白质，此时添加尿素仅增加尿素的排出而降低其利用率，造成浪费；当日粮中蛋白质含量较低时，尿素代替部分蛋白质，从而提高蛋白质的利用率；当饲料中粗蛋白质水平提高到一定程度，尿素转化为蛋白质的效率下降；当基础日粮中粗蛋白质含量低，饲用尿素效果较好；当日粮粗蛋白质超过12%~13%时，饲用尿素的效果不佳。体外培养研究表明，80%的瘤胃细菌以氨为唯一氮源，26%的细菌离不开氨，50%的细菌以氨和氨基酸为氮源。因此，保证最佳瘤胃氨浓度是获得最大微生物蛋白质合成的关键。冯仰廉报道，当瘤胃内氨浓度为15.57 mg/100 ml 时，微生物对降解氨的转化率已接近最高值，随着氨浓度的进一步升高，微生物对降解氨的转化率降低。若蛋白质的可溶性强，释放氨的速度过快，也不利于尿素的利用；若蛋白质的可溶性差，则有利于尿素的利用。日粮中尿素用量过大，利用率下降，如果降低日粮中蛋白质在瘤胃中的降解速度，增加过瘤胃蛋白质，可提高尿素的利用率。日粮中含有合适比例的氨基酸，则细菌的生长繁殖快，氨基酸含量过高反而不利于细菌生长。

2.3.5.3.3　日粮中钴和硫的含量。

在家畜体内，钴是合成维生素 $B_{12}$ 的原料，而维生素 $B_{12}$ 在蛋白质的代谢中起重要作用。如果短缺则影响尿素的利用。一般日粮中氮与硫的比例以不少于15:1 为宜。此外，还要保证细菌生命活动所必需的其他矿物质的供给，如钙、铁、镁、铜、锰、锌及碘等。

2.3.5.3.4　尿素的饲用价值

用适量尿素取代牛、羊饲粮中蛋白质饲料，可以降低成本。在泌乳牛中添加尿素的研究很多，且结论基本一致。研究表明，在饲料中添加1 kg 尿素可以换取3.6 ~ 4.6 kg 牛奶；将尿素添加到青贮、黄贮中，饲料品质可以得到提高，蛋白含量增加。在高产奶牛饲粮中添加尿素替代饲料蛋白可提高产奶量2.43 kg，饲粮中尿素添加水平在0.8%以内或尿素氮占总氮比例的16%以内是适宜的安全添加水平；使用经过聚氨酯包被技术处理的尿素替代饲料中的部分豆粕不会对奶牛的泌乳性能产生不利影响，包被技术使尿素的使用更为安全。在高产奶牛日粮中添加含氮量不低于41%的高浓缩非蛋白氮(50 克/头·天)用来替代豆粕（350 克/头·天），结果表明试验组日产奶量平均值比对照组高 0.47 千克/头，试验期间两组乳成分和体细胞数均无明显变化。

### 2.3.5.3.5 尿素的毒性及防治

尿素被利用时，首先要在脲酶的作用下分解为氨。脲酶的活性很强，如果尿素的饲喂量过大，它被迅速分解成大量氨，而细菌来不及利用，一部分氨被胃壁吸收后随血液流入肝脏形成尿素，由肾排出。如果吸收的氨超过肝脏将其转化为尿素的能力时，氨就会在血液中积蓄，严重的可出现氨中毒。

因此使用尿素时应注意瘤胃微生物对尿素的利用有一个逐渐适应的过程，尿素的用量应逐渐增加，应有 2～4 周的适应期，以便保持奶牛的采食量和产乳量；只能在 6 月龄以上的牛日粮中使用尿素，因为 6 月龄以下时瘤胃尚未发育完全。奶牛在产乳初期用量应受限制。尿素不宜单喂，应与其他精料搭配使用。也可调制成尿素溶液喷洒或浸泡粗饲料，或调制成尿素青贮料，或制成尿素颗粒料、尿素精料砖等。不可与生大豆或含脲酶高的大豆粕同时使用；禁止将尿素溶于水中饮用，喂尿素 1 小时后再给牛饮水；尿素的用量一般不超过日粮干物质的 1%，或每 100 kg 体重 15～20 g。

应用非蛋白氮饲料时应注意防止氨中毒。当瘤胃氨的水平上升到 80 mg/ml 升，血氨浓度超过 5 mg/ml 就可出现中毒，一般表现为神经症状、肌肉震颤、呼吸困难、反复出现强直性痉挛，几小时内便会死亡。灌注食醋或醋酸中和氨或用冷水使瘤胃降温可以防止死亡。为降低尿素在瘤胃的分解速度，改善尿素氮转化为微生物氮的效率，防止尿素中毒，可采用缓释型非蛋白氮饲料，如糊化淀粉尿素、异丁基二脲、磷酸脲、羟甲基尿素等。

## 2.3.6 单细胞蛋白饲料

单细胞蛋白又名微生物蛋白、菌体蛋白，是指细菌、真菌和微藻在其生长过程中利用各种基质，在适宜的培养条件下培养细胞或丝状微生物的个体而获得的菌体蛋白。单细胞蛋白与传统的动植物蛋白质相比有许多优点：①蛋白质含量高；②繁殖快，生产速率高；③易获得优质高产的突变株；④微生物能在发酵反应器中大量培养并连续生产，因而易于实现工业化生产；⑤原料广泛且廉价。利用非食用资源和废弃资源开发微生物生产单细胞蛋白成为补充饲料蛋白质来源不足的重要途径。

### 2.3.6.1 单细胞蛋白饲料的生产与营养特点

用于生产单细胞蛋白的原料主要包括各种轻工、粮油、食品、发酵工业废液、农林副产品的下脚料、各种纤维原料等。主要有以下几类：①以酿酒、淀粉、味精、柠檬酸、造纸和油脂工业的废液为原料生产；②以石油、甲醇、乙醇和天然气为原料生产；③以糖渣、果渣、淀粉渣及饼粕等农副产品加工下脚料为原料生产；④以微藻为原料生产；⑤以植物纤维素为原料生产；⑤以光合细菌菌体为原料生产。

菌种是微生物发酵生产蛋白饲料的关键因素，用于生产单细胞蛋白饲料菌种主要包括细菌（芽孢杆菌、枯草杆菌、乳酸杆菌、双歧杆菌、乳酸球菌、拟杆菌、光合细菌等）、酵母菌（啤酒酵母、假丝酵母、石油酵母等）、霉菌（曲霉、木霉、根霉、青霉等）、放线菌、担子菌和微型藻类（小球藻、绿藻、螺旋藻等）。

常见的单细胞蛋白饲料包括饲料酵母、菌糠单细胞蛋白饲料、光合细菌、藻体饲料、石油蛋白等，其营养特点各不相同。

#### 2.3.6.1.1 饲料酵母

饲料酵母是利用工农业废弃物及农副产品下脚料采用生物技术生产的一种蛋白质饲料，是单细胞蛋白的主要产品，其蛋白质含量为 40% ~ 60%，并含有多种必需氨基酸、多种维生素，是优质的蛋白质饲料。

#### 2.3.6.1.2 菌糠单细胞蛋白饲料

菌糠单细胞蛋白饲料的发展是由于近年来草腐类食用菌的广泛栽培，菌糠作为食用菌栽培的副产物越来越引起人们的关注，用麦秸、玉米秸、玉米芯、谷壳等作培养基栽培食用菌，经过菌化作用，长出菌菇供人类食用，残余物经加工粉碎可制作菌糠饲料。经发酵得到的蛋白质得率很高，如用栽培平菇的培养料，在经过食用菌菌丝分解后，其粗蛋白含量为 10.60%，比栽培前提高了 6.75%，而菌糠在经过酵母菌处理后，粗蛋白含量又有了进一步提高，其含量达 25.83%，比处理前菌糠粗蛋白含量高 15.23%。

#### 2.3.6.1.3 光合细菌

光合细菌是一类于厌氧条件下进行光合作用并且不产生氧的特殊生理类群的细菌总称。光合细菌主要分为四个科，包括紫色非硫黄细菌、紫色硫黄细菌、绿色硫黄细菌以及滑行丝状绿色硫黄细菌。光合细菌通常主要分布在富营养(如 $H_2S$)且能得到光照的湖、海、活性污泥和氧化塘等地。

#### 2.3.6.1.4 藻体饲料

藻体饲料是一类以人工培养螺旋蓝藻、小球藻等微型藻类作为畜禽饲料的，它是单细胞蛋白饲料中易生产、成本低的高蛋白饲料。单细胞蛋白饲料蛋白质含量高、脂肪低，氨基酸中赖氨酸含量高、蛋氨酸低；B 族维生素含量丰富、钙含量低，而磷、钾含量高。

#### 2.3.6.1.5 石油蛋白

利用微生物以石油为碳源进行微生物蛋白生产，经干燥制成菌体蛋白，称为石油蛋白，或称为烃蛋白。但是，目前生产上广泛利用酵母菌来制作石油蛋白，或以酵母发酵石油生产菌体蛋白，称为石油蛋白酵母或石油酵母。石油蛋白是酵母菌利用正烷转化为蛋白质，除含有大量蛋白质外，还有脂肪、糖类及各种维生素、矿物质等。石油酵母的粗蛋白含量一般在 60%以上，比其他酵母高 10%左右。蛋白质品质优于大豆，其中赖氨酸含量较高，蛋氨酸或含硫氨基酸明显偏低。石油酵母粗脂肪含量高(10%以上)，在细胞质中以结合型存在，非常稳定，利用率高，可作为优质的能量来源。从微量元素成分分析，石油酵母铁含量较高，维生素 $B_{12}$ 和碘的含量较低。

#### 2.3.6.2 单细胞蛋白饲料的饲用价值

当前，奶牛饲料中应用较多的单细胞蛋白饲料主要为酵母类蛋白及其培养物。酵母蛋白饲料在奶牛日粮中的应用比例不宜过高，以不超过总蛋白补给量的 15%为宜，否则影响日粮适口性，增加成本。

李凌岩等在泌乳奶牛日粮中可用 500 g 酵母蛋白饲料来替代等蛋白量的豆粕，结果表明，产奶量未受日粮处理影响，乳成分影响较小，产奶效率和氮沉积增加，同时可以节约成本 3.31 元/(头·天)。酵母培养物除含有菌体蛋白外，还含有小肽、维生素、氨基酸、核苷酸、免疫多糖、低聚糖、酶类，有调节瘤胃发酵、提高产奶量、提高免疫力和抗热应激作用，近几年在奶牛生产中应用较多，已作为一种普通添加剂来使用，具体饲用价值将在饲料添加剂章节详细介绍。马吉锋等盐藻研究表明在奶牛日粮中添加 4.5 ~ 13.5 mg/d 的盐藻粉(绿藻的一种，富含蛋白质和 β-胡萝卜素)，能提高奶牛的产奶量、降低牛奶中的体细胞数，具有改善乳品质量的作用。

# 3 青粗饲料资源

青粗饲料包含青绿饲料和粗饲料两大类。

## 3.1 青绿饲料资源

### 3.1.1 概念

青绿饲料是指可以用作饲料的植物新鲜茎叶，因富含叶绿素而得名。

### 3.1.2 营养特性

#### 3.1.2.1 水分含量高

陆生植物的水分含量为 60% ~ 90%，而水生植物可高达 90% ~ 95%。因此其鲜草含的干物质少，能值较低。陆生植物每千克鲜重的消化能在 1.20 ~ 2.50 MJ。如以干物质为基础计算，由于粗纤维含量较高(15%~30%)，其能量营养价值也较能量饲料为低，其消化能值为 8.37 ~ 12.55 MJ/kg。尽管如此，优质青绿饲料干物质的能量营养价值仍可与某些能量饲料相媲美，如燕麦籽实干物质所含消化能为 12.55 MJ/kg，而麦麸为 10.88 MJ/kg。

#### 3.1.2.2 蛋白质含量较高

一般禾本科牧草和叶菜类饲料的粗蛋白质含量在 1.5% ~ 3.0%，豆科牧草在 3.2% ~ 4.4%。若按干物质计算，前者粗蛋白质含量达 13% ~ 15%，后者可高达 18% ~ 24%。后者可满足动物在任何生理状态下对蛋白质的营养需要。不仅如此，由于青绿饲料是植物体的营养器官，含有各种必需氨基酸，尤其以赖氨酸、色氨酸含量较高，故蛋白质生物学价值较高，一般可达 70% 以上。

### 3.1.2.3  粗纤维含量较低

幼嫩的青绿饲料含粗纤维较少，木质素低，无氮浸出物较高。若以干物质为基础，则其中粗纤维为 15% ~ 30%，无氮浸出物在 40% ~ 50%。粗纤维的含量随着植物生长期的延长而增加，木质素的含量也显著增加。一般来说，植物开花或抽穗之前，粗纤维含量较低。猪对未木质化的纤维素消化率可达 78% ~ 90%，对已木质化的纤维素消化率仅为 11% ~ 23%。

### 3.1.2.4  钙磷比例适宜

青绿饲料中矿物质含量因植物种类、土壤与施肥情况而异。钙磷比例较为适宜，特别是豆科牧草钙的含量较高，因此依靠青绿饲料为主食的动物不易缺钙。此外，青绿饲料尚含有丰富的铁、锰、锌、铜等微量矿物元素。但牧草中钠和氯一般含量不足，所以放牧家畜需要补给食盐。

### 3.1.2.5  维生素含量丰富

青绿饲料是供应家畜维生素营养的良好来源，特别是胡萝卜素含量较高，每千克饲料含 50 ~ 80 mg 之多。在正常采食情况下，放牧家畜所摄入的胡萝卜素要超过其本身需要量的 100 倍。此外，青绿饲料中维生素 B 族、维生素 E、维生素 C 和维生素 K 的含量也较丰富，如青苜蓿中含硫胺素为 1.5 mg/kg、核黄素 4.6 mg/kg、烟酸 18 mg/kg。但缺乏维生素 D，维生素 $B_6$（吡哆醇）的含量也很低。

## 3.1.3  饲喂青绿饲料的注意事项

### 3.1.3.1  防止农药中毒

对于刚施用过农药田地上的青绿饲料，不用做饲料。为防止引起农药中毒，一般经 15 d 后才能收割利用。

### 3.1.3.2  防止亚硝酸盐中毒

青绿饲料特别是叶菜类饲料，若长时间堆放，发霉腐败，加热或煮后闷在锅里或缸里过夜等喂时，在细菌作用下，青绿饲料中原含有的硝酸盐还原为亚硝酸盐而具有毒性。亚硝酸盐中毒发病很快，多在一天内死亡。严重者在半小时内就会死亡。

### 3.1.3.3 防止氢氰酸中毒

青绿饲料一般不含氢氰酸，但有的青绿饲料，如玉米苗、高粱苗、南瓜蔓等含有氰苷配糖体。如果这些饲料经过堆放发酵或霜冻枯萎，在植物体内特殊酶的作用下，氰苷被水解形成氢氰酸而有毒。发生氢氰酸中毒时，可注射 1%亚硝酸钠，用量为每千克体重 1 ml，也可用 1%～2%美兰溶液，每千克体重 1 ml 进行解毒。

### 3.1.4 青绿饲料主要资源

青绿饲料的种类极其繁多，以富含叶绿素而得名。按饲料的分类，这类饲料主要指天然水分含量等于或高于 60%的青绿多汁饲料。青绿饲料主要包括天然牧草、栽培牧草、菜叶类、非淀粉块根茎类、嫩枝树叶，该类饲料种类多、来源广、产量高、营养丰富，对促进动物生长发育、提高畜产品品质和产量等具有重要作用。

#### 3.1.4.1 天然牧草

我国幅员广大，地域辽阔，在西北、东北、西南地区均有大面积的优良草原、草山和草坡，面积约 4 亿 $hm^2$，其中可利用草地 2.8 亿 $hm^2$，约为农业耕地面积的 3 倍，农业地区内还分散有许多小面积的草地，估计有 0.13 亿 $hm^2$，利用这些牧草资源发展畜牧生产有很大的潜力。

按自然条件及生产力差异，天然草地可分为 3 种类型区：①北方温带草地区，位于 400 mm 等雨线以北地区。草地面积占全国草地面积的 41%，草地集中连片、产草量高、利用率高，是中国最主要的草地畜牧业区；②青藏高寒草地区，草地面积约占全国草地面积的 38%，草地水热条件差、生产力低，缺少割草地和冷季放牧草地；③南方和东部次生草地区，绝大部分为森林砍伐后形成的次生草地，面积占全国草地面积的 21%，草地分布零散，多为农林交错地区的小块草山草坡，产草量高，但草质差。中国天然草地按利用方式可分为 3 种类型：①放牧草地，占天然草地的 75.25%，其中暖季放牧占 33.45%、冷季放牧占 18.27%、全年放牧占 23.53%；②割草放牧兼用草地，占天然草地的 19.18%；③难利用草地，占天然草地的 5.57%。据中国农业部畜牧兽医司 1980 年草地资源调查，全国每公顷年产 2000 kg 以上的高产草地占天然草地面积的 17.6%，每公顷年产干草 1000~2000 kg 的中产草地占天然草地的 20.8%，每公顷年产干草 1000 kg 以下低产草地占天然草地的 61.6%，说明中国天然草地以低产草地为主。

天然草地的利用价值受许多因素的影响，诸如地形地势、草原类型、水源供应以及放牧制度等，但就草层的营养特性而论主要取决于牧草的种类和生产阶段。我国天然草地上生长的牧草种类繁多，主要有禾本科、豆科、菊科和莎草科 4 大类。

豆科牧草的营养价值较高。虽然禾本科牧草的粗纤维含量较高，对其营养价值有一定影响，但由于其适口性较好，特别是在生长早期幼嫩可口，采食量高，因而也不失为优良的牧草。并且，禾本科牧草的匍匐茎或地下茎再生力很强，比较耐牧，对其他牧草起到保护作用。菊科牧草往往有特殊的气味，除羊外，一般家畜都不喜采食。

草地牧草的利用方式主要是放牧，或有计划地在生长适宜时期刈割，供晒制干草或青贮。放牧是一种节省人力的利用方式，家畜可以自由采食，在野外有充分的光照和运动，有利于畜群的健康。值得注意的是应按草原面积、牧草生长状况及放牧家畜种类和数量做好规划，实行分区轮牧，避免载畜过量而使草原退化。

天然牧草的营养价值随季节发生动态变化具有一定的规律，这种动态变化对放牧家畜的营养状况有很大影响。我国北方放牧家畜生产水平较低且不稳定与这种动态变化规律密切相关。家畜在冬春季节瘤胃内环境处于不良状况和血浆指标变化说明，能量和蛋白质缺乏、干草质量低劣、寒冷应激以及它们之间的互作效应是我国北方放牧家畜的主要营养限制因素。为了进一步提高放牧家畜的生产水平，必须采取系统整体调控和补饲措施。

### 3.1.4.2　栽培牧草

栽培牧草是指人工播种栽培的各种牧草，其种类很多，但以产量高、营养好的豆科和禾本科牧草占主要地位。栽培牧草是解决青绿饲料来源的重要途径，可为家畜常年提供丰富而均衡的青绿饲料。

#### 3.1.4.2.1　豆科牧草

##### 3.1.4.2.1.1　苜蓿

苜蓿是苜蓿属植物的通称，俗称金花菜，是一种多年生开花植物。苜蓿种类繁多，多是野生的草本植物，其中最著名的是作为牧草的紫花苜蓿。苜蓿似三叶草，耐干旱，耐冷热，产量高而质优，又能改良土壤，因而为人所知。苜蓿在我国被广泛栽培，主要用制干草、青贮饲料或用作放牧草。

苜蓿以"牧草之王"著称，不仅产量高，而且草质优良，各种畜禽均喜食。目前我国苜蓿的种植面积约 357 万 hm²。随着商品经济的发展，近年来苜蓿产业化规模发展较快，种植面积正在扩大。

紫花苜蓿的营养价值很高，在初花期刈割的干物质中粗蛋白质为 20% ~ 22%，产奶净能 5.4 ~ 6.3 MJ/kg，钙 3.0%，而且必需氨基酸组成较为合理，赖氨酸可高达 1.34%，此外还含有丰富的维生素与微量元素，如胡萝卜素含量可达 161.7 mg/kg。紫花苜蓿中含有各种色素，对家畜的生长发育及乳汁、卵黄颜色均有好处。紫花苜蓿的营养价值与刈割时期关系很大，幼嫩时含水多，粗纤维少。刈割过迟，茎的比重增加而叶的比重下降，饲用价值降低。

苜蓿的利用方式有多种，可青饲、放牧、调制干草或青贮，对各类家畜均适宜。用青苜蓿喂乳牛，乳牛泌乳量高、乳质好。成年泌乳母牛每日每头可喂 15 ~ 20 kg，青年母牛 10 kg 左右。

紫花苜蓿茎叶中含有皂角素，有抑制酶的作用，牛羊大量采食鲜嫩苜蓿后，可在瘤胃内形成大量泡沫样物质，引起鼓胀病，使产奶量下降甚至死亡，故饲喂鲜草时应控制喂量，放牧地最好采取豆禾草混播。

#### 3.1.4.2.1.2　三叶草

红三叶，也叫红车轴草、红荷兰翘摇，是豆科车轴草属的草本植物，原产于小亚西亚及欧洲西南部，是欧洲、美国东部、新西兰等海洋性气候地区的最重要的牧草之一。在我国云南、贵州、湖南、湖北、江西、四川、新疆等省、自治区都有栽培，并有野生状态分布。红三叶适宜在我国亚热带高山低温多雨地区种植。红三叶有许多适应不同环境的优良品种，各地可因地制宜选用。新鲜的红三叶含干物质 13.9%，粗蛋白质 2.2%，产奶净能为 0.88 MJ/kg。以干物质计，其所含可消化粗蛋白质低于苜蓿，但其所含的净能值则较苜蓿略高。红三叶草质柔软，适口性好，各种家畜都喜食，既可以放牧，也可以制成干草、青贮利用，放牧时发生鼓胀病的机会也较苜蓿为少，但仍应注意预防。

白三叶，也叫白车轴草、荷兰翘摇，是华南、华北地区的优良草种。由于草丛低矮、耐践踏、再生性好，最适于放牧利用。白车轴草适口性优良，消化率高，为各种畜禽所喜食，适宜养殖牛、羊等。鲜草中粗蛋白质含量较红三叶高，而粗纤维含量较红三叶低。在天然草地上，草群的饲用价值也随白车轴草比重的增加而提高，干草产量及种子产量则随地区不同而异。它具有萌发早、衰退晚、供草季节长的特点，在南方供草季节为4—11月。白车轴草茎匍匐，叶柄长，草层低矮，故家畜多采食其叶和嫩茎。

同时，随草龄的增长，其消化率的下降速度也比其他牧草慢。白车轴草具有耐践踏、扩展快及形成群落后与杂草竞争能力较强等特点，故多作放牧用。但要适度放牧，以利白车轴草再生长。饲喂时，应搭配禾本科牧草饲喂，可达到碳氮平衡，并可防止单食白车轴草发生臌胀病。另外，白车轴草可晒制草粉作为配合饲料的原料。

### 3.1.4.2.1.3　草木樨

草木樨属植物约有20种，最重要的是二年生白花草木樨、黄花草木樨和无味草木樨三种。草木樨既是一种优良的豆科牧草，也是重要的保土植物和蜜源植物。草木樨可青饲、调制干草、放牧或青贮，具有较高的营养价值，与苜蓿相似。以干物质计，草木樨含粗蛋白质19.0%，粗脂肪1.8%，粗纤维31.6%，无氮浸出物31.9%，钙2.74%，磷0.02%，产奶净能为4.84 MJ/kg。

草木樨含香豆素，有不良气味，故适口性差，饲喂时应由少到多，使家畜逐步适应。无味草木樨的最大特点是香豆素含量低，只有0.01%～0.03%，仅为前2种的1%～2%，因而适口性较佳。当草木樨保存不当而发霉腐败时，在霉菌作用下，香豆素会变为双香豆素，其结构式与维生素K相似，二者具有颉颃作用。家畜采食了霉烂草木樨后，遇到内外创伤或手术，血液不易凝固，有时会因出血过多而死亡。减喂、混喂、轮换喂可防止出血症的发生。

### 3.1.4.2.1.4　紫云英

紫云英又称红花草，我国长江流域及以南各地均广泛栽培，属于绿肥、饲料兼用作物，产量较高，鲜嫩多汁，适口性好，尤以猪喜欢采食。在现蕾期营养价值最高，以干物质计，粗蛋白质含量31.76%，粗脂肪4.14%，粗纤维11.82%，无氮浸出物44.46%，灰分7.82%，产奶净能为8.49 MJ/kg。由于现蕾期产量仅为盛花期的53%，就营养物质总量而言，则以盛花期刈割为佳。

### 3.1.4.2.1.5 沙打旺

又名直立黄芪、苦草，在我国北方各省均有分布。沙打旺适应性强，产量高，是饲料、绿肥、固沙保土等方面的优良牧草。沙打旺的茎叶鲜嫩，营养丰富，以干物质计，沙打旺含粗蛋白质 23.5%，粗脂肪 3.4%，粗纤维 15.4%，无氮浸出物 44.3%，钙 1.34%，磷 0.34%，产奶净能为 6.24 MJ/kg。沙打旺为黄芪属牧草，含有硝基化合物，有苦味，饲喂时应与其他牧草搭配使用。

### 3.1.4.2.1.6 红豆草

也叫驴食豆、驴喜豆，原产于欧洲，我国新疆天山和阿尔泰山北麓都有野生种分布。中国国内栽培的全是引进种，主要是普通红豆草和高加索红豆草。前者原产法国，后者原产苏联。欧洲、非洲和亚洲都有大面积的栽培。国内种植较多的省市区有内蒙古、新疆、陕西、宁夏、青海。甘肃农业大学等单位还选育出对甘肃生境有较强的适应性的甘肃红豆草。红豆草作饲用，可青饲、青贮、放牧、晒制青干草，加工草粉，配合饲料和多种草产品。红豆草花色粉红艳丽，气味芳香，适口性极好，各种家畜均喜食，饲用价值可与紫花苜蓿相媲美，被称为"牧草皇后"。青草和干草的适口性均好，各类畜禽都喜食，尤为兔所贪食。与其他豆科不同的是，它在各个生育阶段均含很高的浓缩单宁，可沉淀，能在瘤胃中形成大量持久性泡沫的可溶性蛋白质，使反刍家畜在青饲、放牧利用时不发生鼓胀病。

开花期干物质中含粗蛋白质 15.1%，粗脂肪 2.0%，粗纤维 31.5%，无氮浸出物 43.0%，钙 2.09%，磷 0.24%，产奶净能为 6.01 MJ/kg。红豆草与紫花苜蓿比，春季萌生早，秋季再生草枯黄晚，青草利用时期长，营养丰富全面，蛋白质、矿物质、维生素含量高，收籽后的秸秆鲜绿柔软，仍是家畜良好的饲草。调制青干草时，容易晒干，叶片不易脱落。

### 3.1.4.2.2 禾本科牧草

### 3.1.4.2.2.1 黑麦草

黑麦草，多年生植物，秆高 30 ~ 90 cm，基部节上生根质软。叶舌长约 2 mm；叶片柔软，具微毛，有时具叶耳。穗形穗状花序直立或稍弯；小穗轴平滑无毛；颖披针形，边缘狭膜质；外稃长圆形，草质，平滑，顶端无芒；两脊生短纤毛。颖果长约为宽的 3 倍。花果期 5—7 月，是各地普遍引种栽培的优良牧草。生于草甸草场，路旁湿地常见。本属有20多种，其中最有饲用价值的是多年生黑麦草和一年生黑麦草，我国南北方都有种植。黑麦草生长快，分蘖多，一年可多次收割，产量高，茎叶柔嫩光滑，适口性好，以开花前期的营养价值最高，可青饲、放牧或调制干草，各类家畜都喜食。新鲜黑麦草干物质含量约17%，粗蛋白质2.0%，产奶净能为1.26 MJ/kg。

①放牧利用。黑麦草生长快、分蘖多、能耐牧，是优质的放牧用牧草，也是禾本科牧草中可消化物质产量最高的牧草之一。常以单播或与多种牧草作物如紫云英、白三叶、红三叶、苕子等混播。牛、羊、马尤喜其混播草地，不仅增膘长肉快，产奶多，还能节省精料。牛、马、羊一般在播后2个月即可轻牧一次，以后每隔1个月可放牧一次。放牧时应分区进行，严防重牧。每次放牧的采食量以控制在鲜草总量的60%～70%为宜。每次放牧后要追肥和灌水一次。

②青刈舍饲。黑麦草营养价值高，富含蛋白质、矿物质和维生素，其中干草粗蛋白含量高达25%以上，且叶多质嫩，适口性好，可直接喂养牛、羊、马、兔、鹿、猪、鹅、鸵鸟、鱼等。牛、马、羊、鹿饲用尤以孕穗期至抽穗期刈割为佳，可采取直接投喂或切段饲喂；用以饲喂猪、兔、家禽和鱼，则在拔节至孕穗期间刈割为佳，以切碎或打浆拌料喂给。青刈舍饲应现刈现喂，不要刈割太多，以免浪费。

③青贮。黑麦草青贮，可解决供求上出现的季节不平衡和地域不平衡问题，同时也可解决盛产期雨季不宜调制干草的困难，并获得较青刈玉米品质更为优良的青贮料。青贮在抽穗至开花期刈割，应边割边贮。如果黑麦草含水量超过75%，则应添加草粉、麸糠等干物，或晾晒1 d消除部分水分后再贮。发酵良好的青贮黑麦草具有浓厚的醇甜水果香味，是最佳的冬季饲料。

黑麦草干物质的营养组成随其刈割时期及生长阶段而不同，随生长期的延长，黑麦草的粗蛋白质、粗脂肪、灰分含量逐渐减少，粗纤维明显增加，尤其不能消化的木质素增加显著，故刈割时期要适宜。

### 3.1.4.2.2.2　无芒雀麦

无芒雀麦，又名无芒草、禾萱草，禾本科、雀麦属多年生牧草，具横走根状茎。秆直立，疏丛生，无毛或节下具倒毛。叶鞘闭合，无毛或有短毛；叶片扁平，先端渐尖，两面与边缘粗糙，无毛或边缘疏生纤毛。较密集，花后开展；微粗糙，生小刺毛；颖披针，具膜质边缘，外稃长圆状披针形，无毛，基部微粗糙，顶端无芒，钝或浅凹缺；内稃膜质，短于其外稃，脊具纤毛；颖果长圆形，褐色，花果期7—9月。

无芒雀麦原产于欧洲，其野生种分布于亚洲、欧洲和北美洲的温带地区，多分布于山坡、道旁、河岸。我国东北、华北、西北等地都有野生种。在内蒙古高原多生于草甸、林缘、山间谷地、河边及路旁草地。在草坪中可以成为建群种或优势种。该草现已成为欧洲、亚洲干旱、寒冷地区的重要栽培牧草。我国东北1923年开始引种栽种，中华人民共和国成立后各地普遍进行种植，是北方地区一种很有栽培价值的禾本科牧草。

无芒雀麦适应性广，生活力强，适口性好，茎少叶多，营养价值高，幼嫩的无芒雀麦干物质中所含粗蛋白质不亚于豆科牧草，到种子成熟时，其营养价值明显下降。

无芒雀麦有地下根茎，能形成絮结草皮，耐践踏，再生力强，青饲或放牧均宜。

### 3.1.4.2.2.3 羊草

又名碱草，是欧亚大陆草原区东部草甸草原及干旱草原上的重要建群种之一。在我国东北、华北、西北等地都有大面积的分布。东北部松嫩平原及内蒙古东部为其分布中心，在河北、山西、河南、陕西、宁夏、甘肃、青海、新疆等省（自治区）亦有分布。羊草为多年生禾本科牧草，叶量丰富，适口性好，马、牛、羊都喜食。

羊草生长期长，有较高的营养价值，种子成熟后茎叶仍可保持绿色，可放牧、割草。羊草干草产量高，但刈割时间要适当，过早过迟都会影响其质量，抽穗期刈割调制成干草，颜色浓绿，气味芳香，是饲喂各种家畜的上等青干草，也是我国出口的主要草产品之一。

羊草叶量多、营养丰富、适口性好，各类家畜一年四季均喜食，有"牲口的细粮"之美称。牧民形容说："羊草有油性，用羊草喂牲口，就是不喂料也上膘。"花期前粗蛋白质含量一般占干物质的11%以上，分蘖期高达18.53%，且矿物质、胡萝卜素含量丰富。每千克干物质中含胡萝卜素49.5~85.87 mg。羊草调制成干草后，粗蛋白质含量仍能保持在10%左右，且气味芳香、适口性好、耐贮藏。羊草产量高，增产潜力大，在良好的管理条件下，一般每公顷产干草 3000 ~ 7500 kg。

#### 3.1.4.2.2.4 苏丹草

也称为野高粱，原产于非洲的苏丹高原，在欧洲、北美洲及亚洲大陆栽培广泛。中国 1949 年前已引进，南北各省均有较大面积的栽培，尤以西北和华北干旱地区栽培最多。苏丹草具有高度的适应性，抗旱能力特强，在夏季炎热干旱地区，一般牧草都枯萎而苏丹草却能旺盛生长。苏丹草的营养价值取决于其刈割日期，抽穗期刈割要比开花期和结实期刈割营养价值高，适口性也好，草食家畜均喜采食。

苏丹草的茎叶比玉米、高粱柔软，容易晒制干草。喂肉牛的效果和喂苜蓿、高粱干草差别不大。利用时第一茬适于刈割鲜喂或晒制干草，第二茬以后可用于牛、羊放牧。由于其幼嫩茎叶含少量氢氰酸，为防止发生中毒，要等到株高达 50 ~ 60 cm 以后才可以放牧。

#### 3.1.4.2.2.5 黑麦

黑麦是禾本科黑麦属一年或越年生草本植物，原产于中东及地中海，于 1979 年由美国引入我国的品种，为冬牧–70，在我国南北方推广面积均较大。此草株高 1.7 m，适应性广，耐旱、抗寒、耐瘠薄，分蘖再生能力强，生长速度快，产量高。冬牧–70 具有营养丰富全面、适口性好、饲用价值高等优点，干物质中粗蛋白占 18%，尤其是赖氨酸含量较高，是玉米、小麦的 4 ~ 6 倍，脂肪含量也高，并含有丰富的铁、铜、锌等微量元素和胡萝卜素，是各类家畜冬春季节的良好青绿饲料，同时也是鱼类的好饲料。

冬牧–70 以秋播为主，一般冬前不青割，待翌年 3 月初进入旺盛生长期开始青割，直到夏播前还可青割 2 ~ 3 次，每次青割留茬 7 ~ 10 cm，最后一次麦收时刈割，但不留茬。随着黑麦物候期的延长，植株逐渐老化，粗蛋白质含量逐渐下降，头茬饲草粗蛋白含量高，可以作为蛋白质饲料使用。除了利用其青饲外，也可制作青贮或晒制青干草。

#### 3.1.4.2.2.6 鸭茅

又叫鸡脚草、果园草，原产于欧洲西部，我国湖北、湖南、四川、江苏等省有较大面积栽培。鸭茅草质柔嫩，叶量多，营养丰富，适口性好，是牛、羊、马、兔等草食家畜的优良牧草。抽穗期茎叶干物质中含粗蛋白质 12.7%，粗脂肪 4.7%，粗纤维 29.5%，无氮浸出物 45.1%，粗灰分 8%。鸭茅适宜青饲、调制干草或青贮，也适于放牧。青饲宜在抽穗前或抽穗期进行，晒制干草时收获期不迟于抽穗盛期，放牧时以拔节中后期至孕穗期为好。

#### 3.1.4.2.2.7　象草

又称紫狼尾草，原产于热带非洲，中国江西、四川、广东、广西、云南等地已引种栽培成功，在我国南方各省区有大面积栽培。象草具有产量高、管理粗放、利用期长等特点，已成为南方青绿饲料的重要来源。象草柔软多汁，适口性很好，利用率高，牛、马、羊等喜食。除四季给畜禽提供青饲料外，也可调制成干草或青贮。象草具有较高的营养价值，蛋白质含量和消化率均较高。每公顷年产鲜草 75～150 t，高者可达 450 t。每年可收割 6～8 次，生长旺季每隔 25～30 d 即可收割 1 次，不仅产量高而且利用年限长，一般为 4～6 年，如栽培管理和利用得当，可延长到 7 年，甚至 10 年。

#### 3.1.4.3　非淀粉块根块茎类

块根、块茎及瓜类饲料的特点是水分含量高，可达 75%～90%，干物质含量较低。由于其水分含量较高，故其鲜样能值较低(1.8～4.69 KJ/kg)，干制后则能量含量较高。该类饲料粗纤维含量较低，无氮浸出物含量较高，其中主要是一些可溶性糖、淀粉等。该类饲料还有粗蛋白质含量低、矿物质含量也不高的特点。在红甘薯和胡萝卜中含有丰富的胡萝卜素。

#### 3.1.4.3.1　胡萝卜

胡萝卜产量高、易栽培、耐贮藏、营养丰富，是家畜冬、春季重要的多汁饲料。胡萝卜的营养价值很高，大部分营养物质是无氮浸出物，含有蔗糖和果糖，故具甜味。胡萝卜素尤其丰富，为一般牧草饲料所不及。胡萝卜还含有大量的钾盐、磷盐和铁盐等。一般来说，颜色愈深，胡萝卜素或铁盐含量愈高，红色的比黄色的高，黄色的又比白色的高。

胡萝卜按干物质计产奶净能为 7.65～8.02 MJ/kg，可列入能量饲料，但由于其鲜样中水分含量高、容积大，在生产实践中并不依赖它来供给能量。它的重要作用是冬春季饲养时作为多汁饲料和供给胡萝卜素等维生素。

在青绿饲料缺乏季节，向干草或秸秆比重较大的饲粮中添加一些胡萝卜，可改善饲粮口味，调节消化机能。乳牛饲料中若有胡萝卜作为多汁饲料，则有利于提高产奶量和乳的品质，所制得的黄油呈红黄色。饲喂种畜胡萝卜能供给其丰富的胡萝卜素，对于公畜精子的正常生成及母畜的正常发情、排卵、受孕与怀胎都有良好作用。胡萝卜熟喂，其所含的胡萝卜素、维生素 C 及维生素 E 会遭到破坏，因此最好生喂，一般奶牛日喂 25～30 kg，成年猪日喂 5～7.5 kg，家禽可日喂 20～30 g。

### 3.1.4.3.2 芜青甘蓝

芜青在我国较少用作饲料，但芜青甘蓝(也称灰萝卜)在我国已有近百年栽培历史。这两种块根饲料性质基本相似，水分含量都很高(约 90%)。干物质中无氮浸出物含量相当高，大约为 70%，因而能量较高，每千克消化能可达 14.02 MJ 左右，鲜样由于水分含量高只有 1.34 MJ/kg。

芜青与芜青甘蓝含有某种挥发性物质，在饲喂奶牛时，可通过空气扩散波及牛乳，使乳沾染某种特殊气味。另外，当奶牛采食后可立即由乳腺排出。所以只要注意牛舍清洁，不在挤乳前饲喂，减少牛乳在空气中的暴露机会，就可以避免牛乳异味的产生。

这两种块根在国外多用以喂牛、羊，在我国现在盛行用以喂猪。由于它们不仅能量价值高，而且其块根在地里存留时间可以延长，因而可以解决块根类饲料在部分地区夏初难以贮藏的问题。

### 3.1.4.3.3 甜菜

甜菜作物的品种较多，按其块根中干物质与糖分含量多少，可大致分为糖甜菜、半糖甜菜和饲用甜菜三种

各类甜菜的无氮浸出物主要是糖分(蔗糖)，但也含有少量淀粉与果胶物质。由于糖用与半糖用甜菜中含有大量蔗糖，故其块根一般不用作饲料而是先用以制糖，然后以其副产品甜菜渣作为饲料。

根据甜菜对不同畜种消化率的差异，饲用甜菜喂牛、糖用甜菜喂猪最为适宜。用甜菜喂奶牛，奶牛产奶量与乳脂率无不良影响，且有所提高。喂乳牛时，饲用甜菜日喂 40 kg，糖用甜菜日喂 25 kg。刚收获的甜菜不可立即饲喂家畜，否则易引起腹泻。这可能与块根中硝酸盐含量有关，当经过一个时期贮藏以后，大部分硝酸盐即可能转化为天门冬酰胺而变为无害。

### 3.1.4.3.4 甘薯

甘薯又名地瓜、红苕、番薯、红（白）薯等，是我国种植面积最广的薯类作物。甘薯多汁，富含淀粉，是一种很好的能量饲料，适于饲喂肥育和泌乳期的动物。其水分含量为70%左右，粗蛋白质含量约4.5%。甘薯可以生喂或熟喂，其能量消化率几乎相同，但熟喂的蛋白质消化率较高，并可增加采食量。甘薯应注意贮存，冻后易腐烂，温度高于18℃且空气较为潮湿时则会发芽。故甘薯应切成片，晒干备用。甘薯收获后的茎叶可用作青绿饲料或青贮饲料。

### 3.1.4.3.5 马铃薯

马铃薯又称土豆、洋芋等。马铃薯的无氮浸出物含量较甘薯低，故其有效能值较甘薯低；但其粗蛋白质含量较高，约为甘薯的2倍。马铃薯在贮存期间经日光照射会产生一种有毒物质——龙葵素，使用时应注意。

### 3.1.4.3.6 木薯

为我国南方地区多年生灌木。其块根中含有大量淀粉，占鲜样的25%~30%，粗纤维含量较低。蛋白质含量是块根块茎类饲料中最低的，且品质较差，含非蛋白氮多。木薯中含有氢氰酸，饲用前必须进行脱毒处理。脱毒方法为去皮或切片后于水中浸泡1~2 d，或切片晒干磨粉后煮沸3~4 h。

马铃薯、甘薯、木薯等块根块茎类作物因其富含淀粉，晒干制成粉后可用作饲料原料，被归为能量饲料。

## 3.2　粗饲料资源

粗饲料是粗纤维含量高、体积大、营养价值相对较低的一类饲料。这类饲料来源极广，包括干草和秸秆秕壳两大类。干草是牧草或野青草刈割后晾干或人工干燥而成的，其营养价值高，主要包括豆科青干草和禾本科牧草，以及部分谷类青干草，是牛的主要粗饲料。豆科青干草主要包括苜蓿、沙打旺、大绿豆、大翼豆、三叶草等，豆科干草富含粗蛋白质、脂肪、胡萝卜素，牲畜食用豆科青干草可以替代精料中的蛋白质不足。禾本科青干草主要包括无芒雀麦、黑麦草、苏丹草等，禾本科青干草来源广，数量大，适口性好，易干燥，不落叶。但禾本科青干草粗纤维多，粗蛋白质比豆科青干草低，维生素含量也少。谷类青干草主要包括用于收籽实为主的大麦、燕麦、黑麦、稗子、荞麦等。如果在抽穗期收刈，调制成非常好的青干草，在收籽实后，则粗纤维增加，营养成分下降。秸秆和秕壳是农作物的茎秆及皮壳，包括麦草、稻草、玉米秸、豆秸、豆壳、麦壳等，其粗纤维含量较高，但营养价值比干草低。本章节青干草主要以苜蓿干草为例进行详细介绍，主要农产品副产物以玉米秸秆、稻草为主进行介绍。

### 3.2.1 苜蓿干草

#### 3.2.1.1 苜蓿的起源与应用

苜蓿是世界上种植最为广泛的一种优质豆科饲草作物之一，生长期短的4~5年，长的可达10年以上；含有较高的维生素、矿物质和蛋白质，并且粗纤维含量低、适口性好、消化率高，是畜禽良好的维生素和蛋白质补充饲料，可以为动物提供胡萝卜素、维生素 K、维生素 $B_2$ 和其他 B 族维生素、黄色素以及优良的蛋白质等。用紫花苜蓿饲喂奶牛能显著提高牛的产奶量，增强牛对疾病的抵抗力，进而提高鲜奶品质。在历史上，豆科牧草主要被用于放牧或制作成干草，进而在肉牛增重以及奶牛饲养方面取得了显著成就。

关于苜蓿的历史，最早可追溯到土库曼高地、小亚细亚以及伊朗等地区，其后逐步扩散到其他国家。西汉张骞于公元前138年和公元前119年两次奉诏出使西域，他不仅打通了汉朝与西域的交通，更将诸多种子由西域带回中原，其中就包含苜蓿。与苜蓿引种以及种植相关的史料最早记载于《汉书·西域传》，引入后先在长安进行种植，以后不断扩展开来。目前相较于西方发达国家而言，我国在不同地区的苜蓿生产以及产业化方面依然存在显著差距。随着我国牧草产业的快速发展，优质牧草紫花苜蓿种植的规模化效益持续增加。截止到2003年，国内已有3200余万亩的苜蓿，苜蓿草产品产量约一半，我国苜蓿产业化的大幕已缓缓拉开。特别是近年来我国更侧重于奶牛业以及产奶牛的发展工作，更多的大型企业敏锐地捕捉到苜蓿产业的巨大市场，逐步提升投资力度，也激发了农民种植苜蓿的积极性，苜蓿种植面积持续扩张，进而加速了苜蓿的产业化进程，也在国内打开了规模化发展的局面。改革开放以来，我国优质苜蓿发展经历了四个阶段：第一个是缓慢发展阶段（1978—

1998年)，苜蓿生产属于小农经营、自种自用，优质苜蓿产量很少；第二个是快速发展阶段（1999—2003年），伴随着畜牧业快速发展、农业结构调整、生态建设投入加大，苜蓿种植面积大幅增加，优质苜蓿生产逐渐兴起；第三个是调整转折阶段（2004—2008年），受比较效益下降影响，苜蓿种植面积下降，优质苜蓿生产徘徊不前；第四个是振兴发展阶段（2009年至今），在奶牛规模养殖发展和国家振兴奶业苜蓿发展行动带动下，优质苜蓿产量和质量大幅提升，草畜结合加快发展。

有人主张将苜蓿生育期分为丛生期、多汁期、花蕾期、盛花期和结荚期。而另一些人则提出苜蓿生育期应分为六个阶段，即株高10英寸期、现蕾前期、现蕾期、1/10开花期、50%开花期、结荚期。目前在理论上广泛采用出苗期、分枝期、现蕾期、初花期、开花期、盛花期、结荚期、成熟期八个阶段划分方法。出苗期为种子萌发子叶露出地表或真叶伸出地表芽叶伸直的日期；分枝期为植株主茎基部侧芽伸长，在出苗后30~35 d，上有一小叶展开的日期；现蕾期为植株上部叶腋开始出现花蕾的日期；初花期在现蕾后20~30 d，植株上花朵旗瓣和翼瓣张开的时期；开花期在初花期后30~45 d，植株上花朵旗瓣和翼瓣张开的日期；结荚期为植株上个别花朵萎谢后，挑开花瓣能见到绿色幼荚的日期；成熟期为植株上荚果脱绿变色（黄、褐、紫、黑等色），籽粒呈本种（品种）所固有的形状、大小、色泽和硬度，用手压荚有裂荚声，有些种摇动植株有响声（绿熟期、黄熟期、完熟期）。

但是理论划分苜蓿生育期需要记录生长时间，划分要求严格，而在生产实践中，并不能做到如此严谨，因此，在生产中将苜蓿的物候期分为以下几种：分枝期、现蕾期、初花期、开花期、盛花期和成熟期。其中，分枝期：有80%的植株开始分枝时；现蕾期：有15%以上的植株在叶腋间已形成花蕾时；初花期：有10%左右的分枝开始开花；开花期：有50%左右的分枝开始开花；盛花期：全部分枝开始开花；结荚期：有10%以上的分枝花序已结荚；成熟期：有80%以上的果实成熟。随着生长发育的进行，苜蓿的营养成分和株体结构发生变化，主要表现为苜蓿的消化率和粗蛋白质含量降低，纤维素和木质素含量增加，这些变化导致苜蓿的营养价值降低。

#### 3.2.1.2 苜蓿的不同加工形式

苜蓿干草营养价值较高，蛋白质含量通常在 18% 以上（风干基础），且蛋白质中氨基酸种类齐全，含量丰富，富含多种维生素和微量元素。然而在加工过程中，会受到品种选育、栽培、水分、雨淋、落叶等影响。因此，有学者提出，苜蓿青贮相对于苜蓿干草可更大程度地保留新鲜苜蓿的营养成分，不受天气等因素的影响，可以降低新鲜苜蓿中的皂苷含量，减少动物患鼓胀病的危险。良好的苜蓿青贮具有青绿多汁、适口性好，可保持青鲜时的营养状态，并能长期保存等优点。对苜蓿青贮研究起源于 18 世纪的欧洲，但其青贮技术真正开始试验研究并取得新的进展，则是从 19 世纪后半叶开始的。经过将近一个多世纪的发展，苜蓿青贮所涉及的技术体系也已日臻完善，通过采用萎蔫、半干和青贮添加剂，或通过更先进的机械加工、贮藏设备等措施，改进青贮技术，改善加工工艺，从而使青贮调制真正成为饲草加工贮存的主要方法。青贮方式由原来的大型密闭式青贮窖、青贮塔、青贮堆和青贮袋，向作业效率高、发酵速度快、青贮效果好、易于运输、成本低的拉伸膜裹包青贮方向发展，青贮过程和取用也日趋机械化和自动化。然而，苜蓿青贮之后，营养成分会发生变化，首先，蛋白质会在发酵的过程中被降解，研究发现，苜蓿可溶性蛋白提取物随着时间的延长而迅速被降解，二者呈现正相关的变化趋势；其次，水溶性碳水化合物可作为其中微生物的发酵底物被利用，进而减少苜蓿青贮中的营养价值。因此，苜蓿干草与苜蓿青贮各有利弊，究竟何种方式更适合作为奶牛日粮中的粗饲料组分，值得进一步商榷。在生产中，常因苜蓿种植地的气候、苜蓿刈割茬次、收割条件等因素而选择不同的苜蓿加工方式。

#### 3.2.1.3 苜蓿干草质量控制技术

##### 3.2.1.3.1 收割时的成熟度

影响苜蓿饲喂价值的一个主要因素是成熟度，同时茎叶比以及茎秆中的纤维含量也会对苜蓿的饲喂价值产生重要影响。叶片的消化率约为 85%，而茎秆的消化率大约在 50%，因此叶茎比越高，整株苜蓿的消化率也越高。随着苜蓿成熟度的增加，叶片在总干物质产量中所占的比例下降，茎秆所占的比例增加（见图 3-1）。

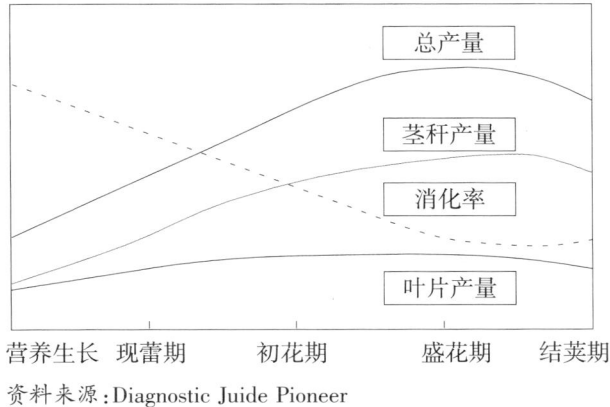

资料来源：Diagnostic Juide Pioneer

**图 3-1　成熟度对总产量、茎秆产量、叶片产量和消化率的影响**

为了获得高品质的苜蓿干草，建议收割时间是可以看见第一个（绿色）花蕾时，即现蕾期，在此期间收获的苜蓿，其有机物消化率（OMD%）在 70% ~ 75%。为了获得最高的干物质产量，最佳收割时间是 10% 的苜蓿在开花时，即初花期，此时苜蓿植株具有充足的碳水化合物储备，这对于收割后苜蓿的快速再生长是十分必要的，但是此阶段 OMD% 在 60% ~ 65%。

早期收割会有较高的叶茎比，从而有较高的消化率，但是，每茬的干物质产量较低。相反，在晚期收割会有较低的叶茎比例，从而有较低的消化率，但是每茬干物质产量较高。早期收割的另一个缺点是减少了苜蓿植株中碳水化合物的储备，这会降低再生长时的生长速率，使干物质产量下降。生长速率的下降还会削弱苜蓿植株的竞争力，导致更多的杂草入侵。如果在冬季来临前没有储存足够的碳水化合物，植株在冬季存活的可能性会降低。因此重复的早期收割会以每年总干物质产量的下降作为代价来提高 OMD%，应该在高饲喂价值和高干物质产量中找到平衡点。

### 3.2.1.3.2　收割方式和技术

收割方式和技术对减少田间损失和实现高品质干草是至关重要的因素。要使叶片的损失最小化，避免土壤对苜蓿的污染，这需要适当的机械化、适宜的机器设置和迅速萎蔫干燥。

苜蓿收割通常使用轮盘式收割机或镰刀收割机。由于滚筒式收割机会造成更多的叶片损失，因此在苜蓿收割中不常使用。收割时刀片必须锋利，避免参差不齐。

为了提高干燥速度，推荐在没有雨水的时候收割。通过增加收割时产生的刈痕和压扁机的使用可以加快干燥速度。有两种压扁机可供使用：滚筒式压扁机和连枷式压扁机。通常情况下，滚筒式压扁机适用于苜蓿，因为叶片的损失相对较小。滚筒式压扁机可以压碎破坏苜蓿的茎秆。调节滚筒参数(滚筒间的距离、压力和速度)会影响干燥速度及干燥效果。刈痕会使苜蓿表面的干燥速度大于底部的干燥速度，因此会使用翻转机把苜蓿顶部和底部进行翻转，从而达到更加统一的干燥。有时会使用翻晒机来达到统一干燥的目的。对于苜蓿干草的制作，只有当湿(绿)苜蓿的干物质含量低于30%时，才能使用翻晒机。对干燥的苜蓿使用翻晒机会造成叶片的损失，从而降低消化率和饲喂价值。

为了减少叶片的损失，建议在苜蓿湿度仍然很大时，对苜蓿进行码堆排列。此外，检查堆料机械的设置也很重要。适当调整耙子方向，相对减小地面速度和降低耙子转速均可以减少叶片损失。

在制作苜蓿干草时，苜蓿收割后在天气条件(干燥,有风)很好的情况下，需要至少4天时间。苜蓿干草应该在干物质达到80%时进行打捆。干物质在80%以下时，应该加大通风量，以免发霉。

### 3.2.1.3.3 营养价值评定

通过实验仪器及正规的实验步骤测定样品，各项常规指标包括：干物质、粗蛋白、粗脂肪、粗灰分、钙、磷、NDF、ADF等等，比较这些指标之间的差异即可对样品的品质有一个简单评定。

此外，还可根据公式推算RFV值，目前该指标是国际上比较通用的评定粗饲料干草营养价值的依据。它由美国饲草和草原理事会下属的干草市场特别工作组于1978年提出，美国全国饲草协会确认，目前仍在管理、生产、流通和交易等各个领域广泛使用着。全称为粗饲料"相对价值指数"(Relative Feed Value，RFV)，其定义为相对于一种特定标准粗饲料(盛花期苜蓿)，某种粗饲料的可消化干物质的采食量。因此，RFV由DMI和DDM的预测值计算得到，在进行DMI和DDM预测时，是分别以实验室分析的NDF与ADF为基础的。

美国干草市场特别工作组推荐 RFV 值，其对各项指标之间有一定的标准，如表 3-1 所示，根据刈割期的不同将苜蓿干草分为 6 个等级，各等级之间有对应的营养指标范围，RFV 值在 100 以上即可认为苜蓿品质较好，数值与品质之间呈正比。

表 3-1　美国苜蓿干草的质量标准

| 刈割期 | CP(%) | ADF(%) | NDF(%) | DDM(%) | DMI(%) | RFV(%) | 品质 |
|---|---|---|---|---|---|---|---|
| 现蕾期 | >19 | <31 | <40 | >65 | >3.0 | >151 | 特级 |
| 初花期 | 17~19 | 31~35 | 40~46 | 62~65 | 3.0~2.6 | 151~125 | 一级 |
| 开花期 | 14~16 | 36~40 | 47~53 | 58~61 | 2.5~2.3 | 124~103 | 二级 |
| 盛花期 | 11~13 | 41~42 | 54~60 | 56~57 | 2.2~2.0 | 102~87 | 三级 |
| 结荚期 | 8~10 | 43~45 | 61~65 | 53~55 | 1.9~1.8 | 86~75 | 四级 |
| 成熟期 | <8 | >45 | >65 | <53 | <1.8 | <75 | 五级 |

此外，在制作干草的过程中，应避免发霉变质。通常，由于不完全晾晒或打捆苜蓿干草会发生发霉、变质的现象。引起霉变的主要霉菌包括：娄地青霉菌和红曲霉菌。

娄地青霉是一个直径 10~20 cm 的蓝绿色的球茎。这些霉菌生长几乎不需要氧气而且会产生毒素。在生活中，这些毒素很罕见。现在并不清楚这些霉菌的生长条件。该种霉菌导致青贮适口性差，营养价值低。因此一旦发现干草中有这种蓝绿色的小球茎，应立即丢弃该部分苜蓿干草，而不要饲喂动物。

红曲霉是紫红色的球茎。该霉菌与蓝绿色的霉菌在相同的条件下生长。红曲霉菌中几乎不产生毒素，因此无害。我们还是建议把霉菌球茎取出弃用即可，霉菌会产生霉菌毒素。田间霉菌和贮存霉菌是有区别的。霉菌的存在会受环境的影响：田间霉菌受到气候（湿度和温度）、土壤功能、肥力和庄稼轮作的影响，贮存霉菌受到温度、湿度、时间和保存的影响。许多霉菌毒素是已知的。与奶牛有关的霉菌，主要是呕吐毒素(DON)、玉米烯酮(ZEA)和酪青霉毒素。DON 主要存在于颗粒料和玉米中。关于霉菌毒素在奶牛体内的代谢和毒性的报道较少。DON 在瘤胃中会被广泛降解，因此，对奶牛健康、采食和奶产量是没有影响的。ZEA 基本不或很少在瘤胃中被降解，当饲料中有很高的 ZEA 时，其对生殖力可能有负面影响。关于奶牛中酪青霉毒素的作用并没有充分的报道。在耕作管理时期，可以控制 DON 和 ZEA（以及一些其他的田间霉菌）的量，比如犁地或清除留茬剩余。但是并无证据显示含有很高镰刀菌素的玉米会导致饲料中 DON 和 ZEA 的降低。控制酪青霉毒素是可以实现的，比如不同的青贮方式、饲喂管理方式等。

### 3.2.2　农作物加工副产物

农作物加工副产品包括玉米秸秆、稻草、麦秸等，将这类副产品饲料化不仅能够通过利用秸秆减少焚烧污染问题，还能够有效缓解人畜争地和人畜争粮的矛盾，节省的种草土地可以用来缓解粮食耕地不足问题，是发展节粮型农业的有效途径。农作物秸秆含有丰富的氮、磷、钾等微量元素，是一种可供开发与综合利用的资源。据研究报道，全世界每年秸秆产量约为 29 亿吨，其中小麦秸占 21%，稻草占 19%，大麦秸占 10%，玉米秸占 35%，其余为其他类型秸秆。全世界农作物秸秆有 69% 直接还田或作为生活能源而被烧掉，作为房屋建筑材料或蔬菜生产覆盖材料等，仅 28% 作为草食家畜的粗饲料。

随着人们对环境保护和再生资源有效利用的重视，作物秸秆资源的利用越来越受到世界各国的关注，秸秆综合利用不仅会带动传统农业向现代农业转变，促进农业生产的可持续发展，而且还可以为畜牧、食用菌、能源及加工业等提供大量的廉价原料，促使其向规模化、商品化、产业化方向发展，从而带动农业结构乃至整个农村结构的变革，形成农村经济的新的增长点。近年来，我国对秸秆类饲料的高效利用高度重视，自 2015 年以来，国家先后出台若干政策和通知来推进秸秆的综合利用，目标是力争到十三五结束时，秸秆综合利用率达到 85% 以上。因此，探索可用于实际生产和推广的提高饲用秸秆利用率的加工处理模式，不仅可以实现秸秆过腹还田，还可以增加动物产品产量、降低生产成本，实现资源的持续利用和良性循环。

#### 3.2.2.1　影响作物秸秆类饲料营养价值的因素

一般来说，影响作物秸秆类饲料营养价值的因素很多，除遗传因素影响最大外，秸秆的不同部位和收获期等对营养价值也影响较大。

不同种类间作物秸秆的营养价值有很大差异性。据报道，稻草秸秆的粗蛋白、中性洗涤纤维、木质素含量和干物质消化率分别为 5.1%、61.9%、4.6%和 55.4%，而小麦秸则分别为 4.1%、73%、8.4%和 47.3%，玉米秸秆为 9.8%、70.4%、4.9%和 49.1%。同一种作物秸秆，不同品种间的营养价值也有很大的差异。朱顺国等研究表明，品种不同，玉米秸秆 NDF 含量有一定差异，所选 10 个品种四期 NDF 变化范围在 62.4%～70.62%，ADF 变化范围在 38.31%～41.93%。我国不同水稻品种秸秆的 CP、NDF、木质素和 IVOMD 的变化范围分别是 3.8%～5.9%、61.9%～74.4%、3.7%～6.1%和 35.7%～55.4%。

秸秆不同形态部分的营养价值也不同。作物秸秆的主要形态学部分有叶片、叶鞘和茎秆。许多研究证明，不同形态学部分营养成分含量不同。根据试验测定，麦秸的籽实、颖壳、花序、花序轴、茎秆、节、叶片和叶鞘七个部分，有机物体外消化率值有很大的差别，叶片最高，其次是颖壳，最低的为茎秆。秸秆不同部位的营养价值不同。植株的茎秆一般较青嫩，木质化程度低，营养价值较高；基部则较老，木质化程度高，营养价值也较低。麦秸从上到下，CP 和细胞可溶性物质含量逐渐减少，而 NDF 和木质素却逐渐增加。与基部比，植株上部的叶鞘、节、节间茎秆具有较高的可消化性。小麦植株上部通常比下部枯萎衰老较迟，从而具有较高的消化率。

不同收获时期的秸秆营养价值不同。同一秸秆成熟度越高，木质化程度也越高，秸秆的消化率就越低。这是由于随着植物的逐渐成熟，NDF、纤维素和木质素的含量有所增加，而 NDS 和半纤维素则有所下降。植株开花期是秸秆营养物质变化的关键临界期，此时植株营养物质从茎秆迅速转运到籽实中去。

另外，环境因素也是影响秸秆营养品质的重要原因之一，如在正常生长发育条件下，作物需要特定的环境条件以满足不同发育阶段的需要，土壤营养状况、水分、周围环境温度及其变化范围、光照的长短与强弱、病虫害的发生率和危害程度，以及管理因素，即与作物籽实收获、脱粒和储藏有关的管理措施，它们对秸秆的营养价值也都有很大的影响。

### 3.2.2.2 改善秸秆类饲料营养价值的方法

#### 3.2.2.2.1 选育籽实和秸秆双优的作物品种

各类作物籽实的产量和品质与秸秆的饲喂价值之间并无相关性，因此，就有可能选育出籽实产量高、质量好而秸秆饲喂价值也高的粮草兼用新品种。这种作物秸秆无须处理便是优质饲草，可以直接用来饲喂家畜。要实现这一点，关键是把秸秆的饲喂价值和产量列为作物育种的重要指标，从作物育种入手，培育粮草兼用新品种，从而提高秸秆的饲用价值和产量。

#### 3.2.2.2.2　及时收割，赶早处理

由于秸秆植株细胞壁成分(影响消化利用的主要因素)随时间的不同而有差异，故不同的收获期收获的秸秆营养质量不同。玉米植株在成熟期中，全植株、茎叶轴芯的体外消化率每周递减 15%~20%。因此，玉米在不影响籽实产量的前提下，适当提前收割，或者至少在收获籽实后尽快收割秸秆，这样有利于改善玉米秸的营养价值。

#### 3.2.2.2.3　合理的加工处理方法

任何能提高纤维素、半纤维素的利用价值及破坏木质结构的方法，均能提高秸秆作饲料的利用率。目前，常用的秸秆饲料加工处理的方法可分为三大类，即物理法、化学法和生物法，每类方法又分为若干种加工方法。

#### 3.2.2.2.3.1　物理法

物理法是利用机械的方法改变玉米秸秆物理性状的一种方法。主要的方法包括秸秆颗粒饲料加工技术、秸秆压块加工技术和秸秆草粉加工技术等。

秸秆颗粒饲料加工技术将玉米秸秆晒干后先进行粉碎，然后加入添加剂，最后在制粒机中加工成颗粒饲料，或使用颗粒饲料成套设备自动完成秸秆的粉碎、搅拌和制粒功能，可以根据饲喂畜禽的需求来调整颗粒料的直径，所加工的颗粒料表面光滑、大小一致、软硬适中，在加工过程中添加了各种添加剂，增加秸秆的营养价值。

秸秆压块加工技术是利用饲料压块机将玉米秸秆制成高密度的饼块，通过压缩的饲料可减少运输和贮藏的空间。如果将其与烘干机配合使用，可将新鲜玉米秸秆压块，不但可保持其营养价值不变，还可以防止其发生霉变。

玉米秸秆草粉加工技术是将玉米秸秆加工成草的技术，可作为饲料代替青干草，调剂青草淡季的缺乏，并可达到良好的饲喂效果。一般含水量不超过 15%的秸秆均可制作草粉，在制作时利用饲料粉碎机将秸秆粉碎。另外，可将草粉经过发酵再饲喂反刍动物，饲喂效果良好。

### 3.2.2.2.3.2 化学法

玉米秸秆的化学处理方法主要有氨化、碱化和酸化，其中氨化是最为常用的一种化学处理方法。方法是先将秸秆切成 2~3 cm 长，将含水量调整到 30% 左右，然后使用尿素或者碳酸氢铵来处理，使用量为每 100 kg 秸秆使用尿素 5~6 kg，或者每 100 kg 使用碳酸氢铵 25~30 kg，用水溶解后均匀地喷洒在秸秆上，分层压实，逐层喷洒，最后进行密封。一般如果温度适宜，7 d 即可完成氨化的过程。但是要注意在使用前要先将饲料取出晒晾，使氨气挥发干净后再饲喂。经过氨化处理的秸秆粗纤维的消化率和粗蛋白的含量增加，利用氨化的秸秆饲喂牛羊不但可以降低精饲料的消耗量，还可以提高牛羊的生长速度。常见的物理处理法还包括蒸汽爆破预处理，其主要原理是在高温高压的条件下，水蒸气进入到木质纤维素的内部，因发生水解反应，使 $\alpha$- 和 $\beta$- 烯丙醚键断裂，经压力的变化，木质纤维素被强大的爆破力破碎。但是该方法要采用高压设备，设备造价较高，目前工业化利用程度不高。

碱化处理是利用碱性化合物来处理秸秆，其目的是利用秸秆细胞分子中的酯键对碱的不稳定性来增加牛羊胃液的浸入，从而提高其对饲料的消化率和采食量。碱化处理时使用的碱常为氢氧化钠、液氮、尿素等。

20 世纪 90 年代起，有牧场应用氨化处理秸秆，以期达到提高秸秆利用率的目的，但氨化处理后气味不佳，牛采食的适口性较差。近年来，有学者采用氧化钙处理玉米秸秆的方式饲喂奶牛，结果得出，氧化钙浓度与秸秆湿度二因素互相作用显著影响玉米秸秆粗蛋白、有机物、aNDF（淀粉酶处理过的中性洗涤纤维含量）含量（$p<0.05$），CaO 浓度从 3% 升至 7%，aNDF/OM 从 0.74 降至 0.68（$p<0.01$），进一步验证 CaO 处理可以破坏秸秆细胞壁结构，并且溶解其中的半纤维素这一理论。

### 3.2.2.2.3.3 生物法

生物处理法是调制秸秆饲料的常用方法，主要有青贮和微贮。如，玉米秸秆的青贮加工技术是将青绿的玉米秸秆切碎成 3~5 cm 长，并将含水量调成 67%~75%，将其置于窖、池或者塑料袋内进行压实密封贮藏，利用乳酸菌的发酵，抑制其他微生物的繁殖，将玉米秸秆调制成具有酸香气味、适口性良好、营养价值丰富的青贮料。值得注意的是在调制青贮料的装料过程中要边装边压实，并在装填完成后进行密封，一般经过 15~20 d 即可发酵完成。

秸秆的微贮加工技术是利用微生物分解玉米秸秆中的纤维素、蛋白质等，提高饲料的利用率和适口性。目前自然条件下已知白腐真菌在营养生长早期阶段可有效利用木质素，但尚未发现可将木质素 100% 的转化为可用糖的方法，但是植物中木质素通过生物学方法是可被优化的。

### 3.2.2.3 玉米小麦秸秆资源利用

我国的秸秆资源丰富，其中玉米秸秆年产量就高达 2.5 亿吨，但是大部分秸秆被当作废弃物烧掉或丢弃，造成资源浪费和环境污染，只有一小部分被用作饲料来饲喂反刍动物，主要原因是秸秆作为饲料资源时品质较差。玉米秸秆等秸秆饲料的结构较为复杂，主要由纤维素、半纤维素和木质素构成，木质素和半纤维素以共价键形式结合形成复杂的网络结构，木质素是由苯基丙烷结构单元聚合而成的高分子聚合物，而纤维素被包埋在此结构中，导致反刍动物瘤胃内细菌或酶对纤维素的降解难度增加。长期以来，国内外专家一直在积极探索各种秸秆加工技术以提高其饲用价值，以期达到提高秸秆利用率，供反刍动物采食的目的。利用秸秆作为奶牛日粮的组成部分，既能解决秸秆浪费、造成环境污染问题，又能够合理控制日粮成本，向节能环保型绿色畜牧业发展。黄贮是目前生产中应用比较广泛的秸秆厌氧发酵处理方法，能较好地保存秸秆的营养价值并改善其适口性和消化率，但其对秸秆木质纤维素结构的破坏作用有限。麦秸是我国北方的主要农作物秸秆，粗蛋白含量较低，粗纤维含量较高，一般 NDF 大于 70%，ADF 大于 40%。适当处理和利用秸秆资源不仅有利于农业经济的健康持续发展，提高农民收入，还有利于人们生活环境的改善。生产中常采用切断、切碎、揉搓，或与其他优质粗饲料混合的方法，以提高麦秸的利用价值。

### 3.2.2.3.1 青贮加工技术

属于生物处理技术，是将蜡熟期玉米通过青贮收获机械一次性完成秸秆切碎、收集或人工收获后，将青玉米秸秆铡碎至 1～2 cm 长，使其含水量为 67%～75%，装贮于窖、缸、塔、池及塑料袋中压实密封储藏，人为造就一个厌氧的环境，自然利用乳酸菌厌氧发酵，产生乳酸，使大部分微生物停止繁殖，而乳酸菌由于乳酸的不断积累，最后被自身产生的乳酸所抑制而停止生长，以保持青秸秆的营养，并使得青贮饲料带有轻微的果香味，牲畜比较喜食。

3.2.2.3.2　微贮加工技术

这也是生物处理方法，把玉米秸秆切短，长度以饲牛 5 ~ 8 cm、饲羊 3 ~ 5 cm 为宜，而喂猪需粉碎，这样易于压实和提高微贮窖的利用率及保证贮料的制作质量。容器可选用类似青贮或氨化的水泥窖或土窖，底部和周围铺一层塑料薄膜，小批量制作可用缸或塑料袋、大桶等。秸秆含水量控制在 60% ~ 70%，在秸秆中加入微生物活性菌种，使玉米秸秆发酵后变成带有酸、香、酒味的家畜喜食的饲料。微贮就是利用微生物将玉米秸秆中的纤维素、半纤维素降解并转化为菌体蛋白的方法，也是今后粗纤维利用的趋势。

3.2.2.3.3　黄贮加工技术

这是利用微生物处理玉米干秸秆的方法。将玉米秸铡碎至 2 ~ 4 cm，装入缸中，加适量温水焖 2 天即可。干秸秆牲畜不爱吃，利用率不高，经黄贮后，变得酸、甜、酥、软，牲畜爱吃，利用率可提高到 80%~95%。

3.2.2.3.4　氨化加工技术

氨化是最为实用的化学处理方法，先将秸秆切成 2 ~ 3 cm 长，秸秆含水量调整在 30% 左右，按 100 kg 秸秆用 5 ~ 6 kg 尿素或 10 ~ 15 kg 碳酸氢铵，兑 25 ~ 30 kg 水溶化搅拌均匀，配制尿素或碳酸铵水溶液，或按每 100 kg 粗饲料加上 15% 的氨水 12 ~ 15 kg，分层压实，逐层喷洒氨化剂，最后封严，在 25℃ ~ 30℃ 下经 7 天氨化即可开封，使氨气挥发干净后饲喂。氨化秸秆饲料常用堆垛法和氨化炉法制取。氨化处理的玉米秸秆可提高粗纤维消化率，增加粗蛋白，且含有大量的铵盐，铵盐是牛羊等反刍动物瘤胃微生物的良好营养源。氨本身又是一种碱化剂，可以提高粗纤维的利用率，增加氮素。玉米秸秆氨化后喂牛羊等不仅可以降低精饲料的消耗，还可使牛羊的增重速度加快。

3.2.2.3.5　酸贮加工技术

酸贮，也是化学处理方法，在贮料上喷洒某种酸性物质，或用适量磷酸拌入青饲料储藏后，再补充少许芒硝，可使饲料增加含硫化合物，有助于增加乳酸菌的生命力，提高饲料营养，并抵抗杂菌侵害。该方式简单易行，能有效抵御"二次发酵"，取料较为容易。此法较适宜黄贮，可使干秸秆适当软化，增加口感和提高消化率。

3.2.2.3.6　草粉加工技术

玉米秸秆粉碎成草粉，经发酵后饲喂牛羊，作为饲料代替青干草，调剂淡旺季余缺，且喂饲效果较好。凡不发霉、含水率不超过15%的玉米秸秆均可为粉碎原料，制作时用锤式粉碎机将秸秆粉碎，草粉不宜过细，一般长10～20 mm，宽1～3 mm，过细不易反刍。将粉碎好的玉米秸秆草粉和豆科草粉按3:1的比例混合，整个发酵时间为1～1.5 d，发酵好的草粉每100 L加入0.5～1 kg骨粉，并配入25～30 kg的玉米面、麦麸等，充分混合后，便制成草粉发酵混合饲料。

### 3.2.2.3.7　膨化加工技术

这是一种物理生化复合处理方法，其机理是利用螺杆挤压方式把玉米秸秆送入膨化机中，螺杆螺旋推动物料形成轴向流动，同时由于螺旋与物料、物料与机筒以及物料内部的机械摩擦，物料被强烈挤压、搅拌、剪切，使物料被细化、均化。随着压力的增大，温度相应升高，在高温、高压、高剪切作用力的条件下，物料的物理特性发生变化，由粉状变成糊状。当糊状物料从模孔喷出的瞬间，在强大压力差作用下，物料被膨化、失水、降温，产生出结构疏松、多孔、酥脆的膨化物，其较好的适口性和风味受到牲畜喜爱。

从生化过程看，挤压膨化时最高温度可达130℃～160℃，不但可以杀灭病菌、微生物、虫卵，提高卫生指标，还可使各种有害因子失活，提高了饲料品质，排除了促成物料变质的各种有害因素，延长了保质期。

玉米秸秆热喷饲料加工技术是一种类似的复合处理方法，不同的是将秸秆装入热喷装置中，向内通入饱和水蒸气，经一定时间后使秸秆受到高温高压处理，然后对其突然降压，使处理后的秸秆喷出到大气中，从而改变其结构和某些化学成分，提高秸秆饲料的营养价值。经过膨化和热喷处理的秸秆可直接喂养家畜，也可进行压块处理。

### 3.2.2.3.8　颗粒饲料加工技术

将玉米秸秆晒干后粉碎，随后加入添加剂拌匀，在颗粒饲料机中由磨板与压轮挤压加工成颗粒饲料。由于在加工过程中摩擦加温，秸秆内部熟化程度深透，加工的饲料颗粒表面光洁，硬度适中，大小一致，其粒体直径可以根据需要在3~12 mm调整。还可以应用颗粒饲料成套设备，自动完成秸秆粉碎、提升、搅拌和进料功能，随时添加各种添加剂，全封闭生产，自动化程度较高，中小规模的玉米秸秆颗粒饲料加工企业宜用这种技术。另外还有适合大规模饲料生产企业的秸秆精饲料成套加工生产技术，其自动化控制水平更高。

#### 3.2.2.4 稻草资源利用

稻草是我国南方的主要农作物秸秆，由于其自身营养素的缺乏及硅、木质素等抗营养因子含量较高，不仅使得饲喂单一稻草的反刍动物过瘤胃蛋白与生葡萄糖物质水平低，而且使得稻草在瘤胃内不能很好地被微生物发酵而导致消化率降低，从而不能有效地利用日粮的能量。提供纤维分解菌的生长所需的氮源，优化秸秆在瘤胃的发酵，是提高反刍动物生长的重要措施。可是，常规蛋白资源如饼粕类短缺价高，限制了其在像我国这样的发展中国家的普及使用。因此可提供氮源补充料，来改善我国反刍动物的稻草利用率的营养状况。有学者指出，豆科牧草在瘤胃降解缓慢释放出氮、硫及其他营养物质，可为瘤胃微生物提供能被纤维分解菌同步利用的可降解氮与可发酵能。对低质秸秆基础日粮补饲豆科牧草必能促进纤维分解菌的生长，从而提高秸秆的消化及利用率。利用饲料间的组合效应来改善进入反刍动物体内的营养平衡，促进瘤胃发酵，是提高稻草等秸秆饲料利用率的重要举措。

# 4 青贮饲料资源

## 4.1 青贮饲料的基本知识

青贮主要是玉米青贮，青贮饲料是指将切碎的新鲜玉米秸秆，通过微生物厌氧发酵和化学作用，在密闭无氧条件下制成的一种具有特殊芳香气味、营养丰富的多汁饲料。它能够长期保存青绿多汁饲料的特性，扩大饲料资源，保证家畜均衡获得青绿多汁饲料。青贮饲料具有气味酸香、柔软多汁、颜色黄绿、适口性好等优点。

用青贮方法将秋收后尚保持青绿或部分青绿的玉米秸秆较长期保存下来，可以很好地保存其养分，而且其质地变软，具有香味，能增进牛、羊食欲，解决冬春季节饲草的不足。同时，制作青贮料比堆垛同量干草要节省一半占地面积，还有利于防火、防雨、防霉烂及消灭秸秆上的农作物害虫等。青贮饲料已在世界各国畜牧生产中普遍推广应用，是饲喂草食家畜的重要的青绿多汁饲料。目前，青贮调制技术同以往相比有较大改进，在青贮方法上推广采用低水分青贮，添加添加剂、糖蜜、谷物等特种青贮法，提高了青贮效果，改进了青贮饲料的品质。青贮原料由农作物的秸秆发展到专门建立饲料地、种植青贮原料，特别是种植青贮玉米，使青贮饲料的数量和质量有较大提高。

### 4.1.1 青贮玉米品种

兼用型：籽粒产量有明显优势，全株生物产量较低，种植目的是收籽粒，但秸秆有一定的饲料价值，可兼作饲料。

专用型：植株高大、叶片茂盛，适口性好，生物产量优势明显，籽粒产量相对较低，以收青贮饲料或牧草为种植目的。

通用型：兼有以上两种类型的优势，不仅植株高大，叶片茂盛，而且果穗也大，生物产量、籽粒产量都有明显优势，种植目的既可以收全株青贮，也可以收籽粒，两者通用。

### 4.1.2　熟期

#### 4.1.2.1　熟期划分

早熟：从出苗到收获(蜡熟期)90～105 d。

中熟：从出苗到收获(蜡熟期)110～120 d。

晚熟：从出苗到收获(蜡熟期)125～140 d。

#### 4.1.2.2　熟期选择

品种熟期选择，直接影响青贮玉米的生物产量和干物质淀粉含量。正常情况下，青贮玉米的生物产量与熟期成正比，在积温条件相同的情况下，熟期长，产量相对高，干物质含量偏低；相反熟期短，干物质含量高，生物产量降低。具备中熟品种种植条件的区域，如果选择了早熟品种，生物产量低，浪费了积温资源，提高了饲料成本；如果选择晚熟品种，将导致干物质及淀粉含量低，饲料的品质下降，饲料回报率也会降低。全株青贮玉米品种不一定选择专用青贮玉米品种，但要选择与当地气候特点相匹配的玉米品种，以玉米穗大、成熟期短、产量高为宜。

### 4.1.3　青贮原理

青贮主要是利用青贮原料上附着的"乳酸菌"等微生物的生命活动，以糖原、水分、厌氧环境、温度、避光等为条件，通过乳酸菌发酵作用，将青贮原料中的糖类等碳水化合物变成乳酸等有机酸，增加青贮料的酸度(pH 4～4.2)，从而抑制了有害菌的生长（加之厌氧环境抑制了霉菌的活动），使青贮料得以长期保存，并达到减少营养损失的目的。

### 4.1.4　青贮的发酵过程

#### 4.1.4.1　预备发酵期(也叫耗氧发酵期)

由于青贮饲料颗粒间或多或少地存在空气，各种好氧性和兼性厌氧微生物得以旺盛地繁殖，包括腐败菌、酵母菌、肠道细菌和霉菌等，而以大肠杆菌、产气杆菌群细菌占优势。这期间青贮料温度会有所升高，如果密封不好或不及时，还会发生青贮料发黏、发黑现象，甚至造成青贮失败。预备发酵期通常在青贮封窖前后两天内结束，耗氧发酵过程是不可避免的，但时间越短越好，时间越短证明青贮料压得越实，封窖的时间越及时，青贮的效果越好。

#### 4.1.4.2 酸化成熟期(也叫厌氧发酵期)

随着耗氧发酵的进行，青贮料间残留的氧气很快被耗尽，形成了厌氧环境。这样就逐渐地变成了有利于乳酸菌生长的环境，乳酸菌则旺盛地繁殖，初期是乳酸链球菌占优势，其后是更耐酸的乳酸杆菌占优势。乳酸菌的繁殖过程就是产生乳酸的过程。当青贮料中的有机酸积累到湿重的 0.65% ~ 1.3%、pH 值小于 4.5 时，绝大多数微生物的活动便被抑制，使饲料进一步酸化成熟，青贮料逐渐进入保存期。厌氧发酵期一般需要 20 d 左右，温度低时发酵时间延长。

#### 4.1.4.3 保存期

当乳酸菌产生的乳酸积累到一定程度时，乳酸菌本身也受到抑制，并开始逐渐死亡。当乳酸菌积累到青贮料湿重的 1.5% ~ 2.0%、pH 值约为 4 ~ 4.2 时，青贮料在厌氧和酸性的环境中成熟，并长期保存下来。

### 4.1.5 建青贮窖的基本要求

①长方形，宜长不宜宽，减少表面积，有利于贮存质量。

②窖壁和窖底要具备足够的强度，墙壁平均厚度应不小于 70 cm。

③窖底要高出历年最高地下水位 0.5 m 以上，并要内高外低，这样有利于排出多余的水分，因此周围要挖排水沟。

④高度与宽度的比要大于 1.5:1，以便于青贮料能借助自身的重量压实。

⑤窖壁的密封性能要好，防止漏气、渗水。

⑥根据容重 500 ~ 550 kg/m³ 和需要量设计青贮窖。

⑦根据青贮季节的风向确定建窖的走向，目的是减少风力损失。

### 4.1.6 使用方法

①开窖。清理封压物，预计用多少就开多大。

②检验、目测。黄绿色的青贮为上品，土绿色为中品，土色为下品，褐

黑色为废品。用试纸测量，用力将青贮料挤出水分，用 pH 试纸测定，pH<4.2
为上品，pH=4.2～5 为下品，pH>5 为废品。

③取料要取齐。取料时要上下一起取，不能只取中间或下方，也不能坑
坑凹凸随意取，尽量减少可与空气接触的表面积。

④防雨、防冻、连续使用，注意安全。

⑤及时清理粗、大、老料和霉变料。

⑥使用青贮料要逐步换料，预防换料应激（换料期不少于 10 d）。

## 4.1.7 其他青贮方式

①袋贮（质量好，成本高）。

②坑贮（适用于小户，取料不方便）。

③沟贮（要注意防鼠、防水）。

④酸贮（甲酸，适用于豆科青贮，成本高，有腐蚀性）。

⑤混合贮，两种以上大宗原料混合贮。

⑥加尿素青贮（去毒青贮）。

⑦加盐、加菌青贮。

⑧半干贮、干贮。

⑨塔贮、垛贮。

⑩菌贮。

## 4.1.8 青贮的营养特点

①能有效地保存青绿饲料的营养成分，一般青绿植物在晒干之后营养价
值降低 30%～50%，但青贮仅降低 3%～10%。青贮饲料中还含有大量乳酸、
微生物菌群蛋白，这些都是必需的营养物质。

②青贮提高了青绿饲料的适口性，不但可以很好地保持饲料的鲜嫩多汁，
还可以产生酸、甜、酒味及特殊清香味，适口性好，消化吸收率较高。

③可以扩大饲料来源，青粗饲料可以通过青贮，改变其适口性。

④为家畜在干草季节提供多汁饲料。

⑤保存时间长，解决了市场短缺应急问题。

⑥青贮饲料中的粗纤维是家畜不可或缺的营养物质。粗纤维的营养是酸

代谢的基础物质，是部分能量的来源，是刺激肠胃蠕动的加速器，也是肠胃蠕动动力的传递物质，肠胃蠕动越快，动物就能在单位时间内增加采食量，就会提高生长速度。肠胃蠕动慢或因缺乏粗纤维就会造成肠积粪，发生便秘。巧妙地利用粗纤维，是草食动物提高生产水平的有力手段，或者说家畜饲料的精、粗比例是关系到家畜营养平衡的最基础、最重要的环节之一，这也是青贮饲料的价值所在。

⑦青贮原料的性价比。一般情况下，青贮原料单价 0.15 元/千克的就要考虑选择其他原料。青贮从地头到青贮窖，原料的水分损失很快，重量会减轻，重量损耗很大，成本 0.15 元/千克的青贮原料，真正吃到家畜嘴里有可能已变成 0.20 元/千克，还有铡草时随风飞扬和运输环节抛洒的浪费，都会无形中加大原料成本。

## 4.2 青贮玉米的制作及质量控制

### 4.2.1 青贮准备

在收割之前，必须清理青贮窖，并保持干燥，侧壁应使用塑料膜，在装填完毕后可以展开覆盖青贮窖，避免雨水顺着侧壁流入窖内，引起饲料腐败；避免氧气顺着水泥墙面渗入；确保青贮收割机的刀片锋利，从而能很好地收获切割。

### 4.2.2 原料的收割时机的掌握

良好青贮原料是调制优良青贮料的物质基础。适期收割，不但可以在单位面积上获得最大营养物质产量，而且水分和可溶性碳水化合物含量适当，有利于乳酸发酵，易于制成优质青贮料。合适的收割时机是青贮玉米制作的关键点之一，达到生理成熟期的青贮玉米其营养含量最高，在制作青贮过程中营养成分损失也最少。

通常判断青贮玉米是否成熟的一种简单有效的办法是观察玉米乳线（乳线是玉米籽粒成熟灌浆过程中乳状部分和蜡状部分的分界线），乳线是玉米胚乳内液态和固态内容物的交接处。通过指掐、牙咬可以更准确判断乳线位置。

玉米成熟出现黑层时谷物比例最高，但当乳线位置从玉米颗粒顶部起往下达1/2～2/3处时（图4-1），整株玉米的能值和产量达最高，此时全株青贮干物质通常在30%～35%，所含水分也更易被压实。如果收获更早，干物质在24%～27%时，谷物比例下降，贮藏汁液易渗出损失营养；如果收获更晚，叶子掉落影响产量，且木质素化程度更高，消化率下降，也难以压实，易引起好氧发酵。实际青贮工作常因天气或设备限制而提前收割，但干物质不宜低于25%，因为乳酸菌繁殖需要适宜的含水量在65%～75%，如果乳酸菌发酵受影响，将促进丁酸发酵。

乳线 1/3　　　　　　乳线 1/3-1/2　　　　　　乳线 1/2

图 4-1　玉米乳线示意图

检查玉米乳线是一个非常重要的方法，同时也要结合干物质测定决定收割时机。植株干物质测定可使用实践法以及微波加热法，微波加热法判断收割时间更加快捷精确。

#### 4.2.2.1　实践法

实践中可采用手握法判断青贮水分，将全株玉米切碎到1～2 cm长度作为样品，成年男子单手抓握适量样品，尽全力握手。松手后，样品球缓慢散开，手掌上仅有少量水分附着，此时干物质超过30%，适宜制作青贮；当样品成球状，水分容易从指尖流出时，干物质含量低于25%；样品刚好能维持球状，手上有少量水分，干物质含量在25%～30%；样品球状缓慢散开，手上几乎没有水，干物质含量在30%～40%。

#### 4.2.2.2　微波法

①从玉米地中选取10株样本，注意水分含量方面的差异，尽量选择有代表性的样本。

②称取微波炉底盘的重量，并做好记录(记录重量A)。

③将10株样本截成2.5 cm长短，均匀混合后称取青贮样品100～200 g

（记录重量 B）。注意，样品越大，测定数值越准确。

④将微波功率设置为最大功率的 80% ~ 90%，加热样品 4 min，取出样品，混合、称重。

⑤按照上一步再设置一回，称重，直到两次误差小于 5 g。

⑥把微波炉调到中档，加热样品 1 min，称取重量，并做好计数。

⑦重复上一步，直到两次的误差小于 1 g（记录重量 C）。

计算公式如下：干物质=[（C–A）/（B–A）]×100%

### 4.2.3 青贮的收割过程

全株玉米青贮在收获时要注意留茬高度、切割长度及籽粒破碎程度。

#### 4.2.3.1 留茬高度

青贮玉米收割时需注意保持足够的留茬高度，在 15 ~ 25 cm，留茬高度每增加 1 cm，每亩青贮鲜重减少约 9 kg。由于 15 ~ 25 cm 这部分茎秆消化率很低，较高的留茬高度虽降低了干物质收获量，但提高了营养和消化率，同时也可减少由此增加的各种成本及携带杂菌、泥土等风险。青贮玉米留茬高度推荐 25 cm，最短不要低于 15 cm。

#### 4.2.3.2 切割长度

切割长度关系到青贮入窖后的压实程度，主要受设备制约，并与刀片数量、锋利程度、与切割点之间的距离有关。国外推荐青贮玉米理论切割长度（TLC）1.0 ~ 2.0 cm（含谷粒破碎过程），此时 90% 以上谷粒被破碎。切割长度取决于青贮玉米干物质含量，干物质含量越高切割长度越短，干物质含量越低切割长度越长，但是任何时候切割长度不应大于 2 cm。需要注意的是，由于切割刀具保养不及时，导致机器设定值和实际切割长度有偏差。切割效果可使用 TMR 分级筛评估，四层筛比例推荐值分别为上层 3% ~ 8%，第二层45% ~ 65%，第三层 30% ~ 40%，底层<5%（Kononoff 等，2003）。

#### 4.2.3.3 籽粒破碎

籽粒破碎可以提高玉米籽粒淀粉的利用率，未破碎的籽粒很难被奶牛吸收，白白损失大量营养物质。机械制作青贮时，优良的破碎设备可通过控制上下两个滚轴（有凹槽）的间距及滚轴的不同速度而达到破碎玉米颗粒的作用，优秀的设备可破碎 90% 以上的玉米颗粒及玉米棒，同时撕裂玉米茎秆，又不会进一步切短秸秆而保持一定的纤维长度。经过破碎的青贮玉米，有利于贮藏发酵，也利于压制，其淀粉消化率可有效提高。

籽粒破碎度的检测方法一：用烧杯取 1 L(不是 1 千克)青贮饲料，放入水桶内，注满水，搅拌，待青贮中玉米完全沉淀后，捞去上浮的玉米秸秆，滤去水，检查桶底的玉米。破碎良好的玉米青贮饲料中，整粒玉米数量不应超过 2 个，一般的不超过 4 个，较差的超过 5 个。

籽粒破碎度的检测方法二：选取代表性的青贮样点，装满烧杯(1 L，平杯、勿压)，倒出青贮，摊开后筛选出其中大于一半的籽粒，破碎良好的玉米青贮饲料中，整粒玉米数量不应超过 2 个，一般的不超过 4 个，较差的超过 5 个。

籽粒破碎度的检测方法三：选取代表性的青贮样点，装满烧杯（1 L，平杯、勿压），倒出青贮，摊开后将破碎的玉米粒进行籽粒破碎评分，将籽粒过筛（4.75 mm 孔径），70%以上的破碎玉米粒能过筛就算合格。

### 4.2.4　青贮的装填压实

适时收割和合理的切割长度是青贮玉米制作过程的关键点，一旦确定收割时间就需以最快的速度收割和运输入窖，避免养分损失。通过压实和密封，将青贮中空气排出窖体，创造厌氧发酵环境，缩短微生物竞争期。没有压实的青贮开窖后会继续发生好氧性发酵，破坏青贮质量。

#### 4.2.4.1　机械选择

配合青贮的运输和入窖，压实工作需配套开展。压实车辆宜用橡胶轮胎的车辆，牧场进行压窖时，建议不要使用链轨式工程机械，因为链轨车与青贮接触面积大、压强小，不易压实、压平青贮，而且速度慢、压窖效率低，另外，容易破坏窖面，使青贮中混入石块，影响奶牛采食。

#### 4.2.4.2　进料速度

进料速度受收割、运输、过磅、卸料、推料、压窖、天气等因素影响。一般情况下，压窖速度是影响进料速度最短的那块木板，因此压窖速度决定进料快慢，而压窖速度取决于压窖车辆装配重量，二者之间有 3 倍关系，即压窖车辆每小时能压好的青贮料的重量是它自身重量的 3 倍。根据窖宽决定压实车辆大小，根据公式推算进料速度。例如，牧场有 2 台装配重量各为 15 t

的压窖机械，那么每小时能压好的青贮=总装配重量×3=30 t×3=90 t。

### 4.2.4.3 压实处理方法

牧场进行压窖时，建议从一端窖口开始堆放青贮，以楔形向另一端平移，并保证青贮斜面与地面的夹角稳定在30°～40°。每一层压实的理论厚度控制在20～40 cm(不宜超过50 cm)，斜面坡度过大、过陡，影响铲车爬坡，不易压实；斜面坡度过小，青贮接触空气概率增大，有氧呼吸损失增加。实际操作要注意按层推卸玉米和压实，而不是直接移动整铲斗的玉米。为了保证压窖效果，铲车压窖车速不要过快，匀速在5 km/h以内。

### 4.2.4.4 压实密度监控

压实密度与青贮质量有密切关系，一般来说密度越大，空气排出的越多，青贮干物质损失越少；压实密度越低，其干物质损失越多。压实密度与青贮原料干物质含量、切割长度、压层厚度、压车重、压制时长都有关。入窖26%干物质的青贮玉米压实后密度应达到干物质重量190 kg/m³左右，入窖34%干物质的青贮玉米压实后密度应达到干物质230～250 kg/m³，不同干物质含量玉米压实密度不同。可用密度仪每天多次多点测定青贮密度，以便及时调整进料速度，确保青贮密度。但需要注意的是，设备压不到的地方就不要堆料，压好的青贮不要重复铲压。

### 4.2.5 青贮的密封

青贮窖密封工作随青贮制作开始就应作准备，在青贮制作前先在两侧窖壁铺上薄膜，随着青贮进行及时封顶。注意青贮窖顶部和边缘高度不宜过高，一方面是考虑压制车辆安全，另一方面边缘高于窖壁，难以对两侧青贮进行压实。

封窖时将两侧薄膜分别逐层覆盖，再使用足够厚度的黑白膜(0.1～0.3 mm厚)覆盖，以抵抗氧气的渗透和紫外线长时间对膜的破坏作用，也可降低外力引起的破损。最后压上轮胎或其他不宜随时间而风化的材料，沿窖壁处单独压制密封(如沙袋)，黑白膜交接处重叠距离足够以及压上轮胎。窖顶压上足够的轮胎数，可使其不被大风甚至台风刮起。制作过程如果入窖停顿延迟时间超过24 h，也需及时密封已压制好的青贮窖顶部。

### 4.2.6 管理

随着青贮的成熟及土层压力，窖内青贮料会慢慢下沉，出现裂缝、漏气，如遇雨天，雨水会从缝隙渗入，使青贮料败坏。有的因装窖时踩踏不实，时间稍长，青贮窖会出现窖面低于地面，雨天会积水。因此，要随时观察青贮窖，发现裂缝或下沉，要及时覆土，以保证青贮成功。

### 4.2.7 取用

#### 4.2.7.1 塑料膜的取开控制

塑料膜揭开的深度不要超出当天的取料深度。暴露的面积越多，渗入的氧气越多，有可能出现饲料腐败，从而削弱对整个青贮窖的保护。因为开窖后，当青贮重新暴露于空气中，好氧菌（如霉菌、酵母菌）大量繁殖引起青贮温度上升，尤以深度在 15 cm 左右的青贮温度最高，导致二次发酵。

#### 4.2.7.2 青贮取料面的管理

每天根据用量取用，使用干净、锋利的抓斗或者取料机；取用时不要造成表面碎裂；每天截取整个表面的取料深度至少达到 20~30 cm；冬季每周表层深度不超过 1~2 m，夏季加倍。要实现这个目标，青贮窖不能太宽，且需尽快取用散落的青贮饲料。

如果青贮窖有氧气进入，那么表层可以看到发霉或者饲料颜色变深。深色的青贮饲料含有丁酸，气味难闻，奶牛的嗅觉比人类灵敏得多，不会吃这种饲料。每次刮取青贮饲料后，应该及时挑出深色或发霉的部分。

# 5 饲料添加剂资源

## 5.1 矿物质添加剂

矿物质元素是对奶牛生长、繁殖、泌乳等各生理阶段均具有重要影响的日粮营养因素之一。奶牛在不同的生理阶段具有不同的生理特点和营养需求，分别给予适当的营养，是提高奶牛产奶和繁殖性能及延长奶牛使用寿命的基本条件。为确保奶牛有良好的生理状况及生产性能，就营养方面来讲，除给予适宜的蛋白质和能量外，还必须注意矿物元素的合理供给。有科学依据证实的奶牛必需矿物质元素有 20 多种，分为常量元素和微量元素两类：体内含量大于 0.01% 的为常量元素，包括钙、磷、钠、钾、氯、镁、硫；体内含量不足 0.01% 的为微量元素，包括铜、铁、锌、锰、硒、碘、钴、铬、钼、氟。

### 5.1.1 常量元素添加剂

#### 5.1.1.1 钙源、磷源添加剂

##### 5.1.1.1.1 钙磷的生物学功能

动物机体内钙的分布有细胞外钙和细胞内钙两种形式。细胞外钙是骨骼形成、神经冲动传递、骨骼肌兴奋及心肌收缩、血液凝固所必需的，是牛乳的成分。体内总钙量的 98% 以上存在于骨骼和牙齿中，以维持骨骼和牙齿的正常的硬度。对于泌乳奶牛而言，钙除具有上述生物学功能外，还是奶牛乳汁的重要组成成分，机体中钙的含量会导致其瘫痪、胎衣不下及真胃变位等疾病的发生，因此，奶牛日粮中必须补充钙。适当补充矿物质元素，可以提高瘤胃的消化功能。奶牛日粮中钙过量会抑制瘤胃微生物作用而使日粮消化

率降低，使体内 P、Mn、Fe、Mg、I 等矿物质元素代谢紊乱。青年母牛缺乏日粮钙会阻碍新骨的矿化，造成生长停滞，最终会导致佝偻病的发生。泌乳奶牛在缺乏日粮钙时，会被迫调用骨钙来维持细胞外液的稳态。这样会引起骨质疏松和骨软化症，容易产生自发性骨折。由于在日粮钙严重缺乏时，牛乳中的钙浓度也不会发生变化，所以高产奶牛围产期日粮缺钙则极易引起产后瘫痪等症状。

动物机体内总磷量存在于骨骼和牙齿中，以维持骨骼和牙齿的正常硬度，骨骼内的磷主要存在形式为羟基磷灰石和磷酸钙。磷是身体软组织和神经磷脂的组成成分，参与体内广泛的酶反应，尤其是与能量代谢及转移有关的反应，磷也是传递遗传信息所必需的，且磷是机体内缓冲体系的重要组成部分，另外磷还能够维持细胞壁的结构和完整性。

国外一些对反刍动物唾液调节体内磷的研究表明，唾液磷对于维持瘤胃内磷浓度水平具有重要意义。瘤胃微生物消化纤维，合成微生物蛋白质需要磷，要想瘤胃微生物可以充分降解饲料原料，瘤胃内每千克可消化有机物的可利用磷含量不得少于 5 g。相比于猪、禽等单胃动物，草食动物最容易出现磷缺乏。当奶牛缺乏磷时，首先会引起机体钙磷比失调，随后便可引起一系列的机体代谢紊乱，进而出现奶牛的异嗜癖、软骨症、乳质下降、饲料利用率降低、产后瘫痪等。

### 5.1.1.1.2　钙源、磷源添加剂

#### 5.1.1.1.2.1　碳酸钙

分子式 $CaCO_3$，分子量 100.09，含钙 40%。白色结晶或粉末，无臭、无味。不溶于水，可溶于稀酸。饲用碳酸钙有两种类型：重质碳酸钙是将天然的石灰石经粉碎、研细、淘选而得，其利用率略低；重质碳酸钙又称沉淀碳酸钙，是将石灰石锻炼，用水消化再与二氧化碳生成的沉淀制成，利用率略高。

中国饲料级轻质碳酸钙的国家标准技术要求为：$CaCO_3$ 含量（干基计）≥98.0%，Ca 含量（干基计）≥39.2%，水分≤1.0%，盐酸不溶物≤0.2%，重金属（以 Pb 计）≤0.003%，砷（As）≤0.0002%，钡盐（Ba）≤0.005%。

#### 5.1.1.1.2.2　磷酸二氢钙

又名磷酸一钙，一般含 1 个结晶水，分子式 $Ca(H_2PO_4)_2 \cdot H_2O$，分子量 252.08，含钙 15.90%，含磷 24.58%。市售产品中常含有少量碳酸钙或游离磷酸，

具吸湿性且呈酸性。纯品呈白色结晶粉末，微溶于水，可溶于酸，但无吸潮性。

### 5.1.1.1.2.3 磷酸氢钙

有无水磷酸氢钙（$CaHPO_4$）及二水磷酸氢钙（$CaHPO_4 \cdot 2H_2O$）两种。分子量分别为 136.06 和 172.09，无水化合物及二水化合物中含钙量分别为 29.6% 和 23.29%；含磷量则分别为 22.77% 和 18.0%。磷酸氢钙又称沉淀磷酸钙，一般是用盐酸萃取磷矿或脱胶骨块再用石灰乳中和，使其生成磷酸氢钙沉淀后，经洗涤脱水、脱氟干燥而成。磷酸氢钙可补充饲料中磷和钙元素。自然界中的磷矿多伴生有氟元素，因此，需严格控制磷酸氢钙产品中的氟含量。

中华人民共和国化工行业标准《饲料级磷酸氢钙》规定：磷含量（P）≥16.0%，钙含量（Ca）≥21.0%，砷含量（As）≤0.003%，重金属含量（以 Pb 计）≤0.002%，氟化物含量（F）≤0.18%。

中华人民共和国国家标准《饲料卫生标准》（GB–13078–1991）规定各种磷酸盐中有害物质的允许量是：砷≤10 mg/kg，铅≤30 mg/kg，氟≤2000 mg/kg。

### 5.1.1.1.2.4 石粉、石灰石

均系天然碳酸钙，还含有少量其他矿物质元素，经过饲料卫生质量标准检验，均可作为石粉原料，是价格低廉的钙质补充饲料，也可列为矿物饲料，不列入添加剂。以化合物状态饲喂钙，可依其比例换算：$Ca:CaO:CaCO_3 =$ 1:1.4:2.5。

中华人民共和国国家标准饲料卫生标准规定，对石粉中有毒有害元素的限量（以 88% 干物质为基础计算）是：砷≤2 mg/kg，铅≤10 mg/kg，汞≤0.1 mg/kg，氟≤2000 mg/kg，镉≤0.75 mg/kg。

### 5.1.1.1.2.5 贝壳粉

含钙量为 32% ~ 35%，是资源丰富的钙补充饲料。贝壳粉因质地坚硬，加工过程中可分级碾碎用于不同用途，对细度的要求应适当搭配，既要满足饲料搅拌均匀，又要采取措施，满足其钙的需求特点。

### 5.1.1.1.2.6 磷酸氢二钠

又称磷酸钠二代盐，有无水与十二水化合物两种形式。无水化合物分子式 $Na_2HPO_4$，分子量 141.98，含磷 21.82%；十二水化合物分子式 $Na_2HPO_4 \cdot 12H_2O$，分子量 358.17，含磷 8.7%。

结晶的无水物为白色易吸湿的粉末，放置在空气中，由于湿度和温度的

关系，可形成 2~7 个晶水的水化合物，易溶于水，更易溶于热水。十二水化合物在密闭的容器中是稳定的，在空气中常温下也会失去部分结晶水而成七水化合物。可溶于水，不溶于乙醇。其水溶液为弱碱性，pH 值约为 9.5。它可补充磷，亦有轻泻作用。

### 5.1.1.1.2.7　磷酸二氢钠

又称磷酸钠，有无水物、一水物和二水物等形态。无水物分子式 $NaH_2PO_4$，分子量 119.98，含磷 25.81%，含钠 19.17%；一水物分子式 $NaH_2PO_4·H_2O$，分子量 138.01，含磷 22.44%，含钠 16.67%；二水物分子式 $NaH_2PO_4·2H_2O$，分子量 156.01，含磷 19.85%，含钠 14.74%。

白色或无色结晶，无臭，无味，易溶于水，不溶于乙醇。其水溶液呈弱酸性，可补充磷。

### 5.1.1.2　钠源、氯源添加剂

### 5.1.1.2.1　钠、氯的生物学功能

钠和氯主要分布于细胞外液，在保持体液的酸碱平衡和渗透压方面起重要作用，此外，钠和其他离子协同参与维持骨肉神经的正常兴奋性。以重碳酸盐形式存在的钠可抑制奶牛瘤胃中产生过量的酸，从而为瘤胃微生物创造适宜的生存环境（徐峰，2008）。氯是胃液中主要的阴离子，它与氢离子结合形成盐酸，激活胃蛋白酶，并使胃液呈酸性，具有杀菌作用。

奶牛缺钠和氯可表现出食欲减退、生长受阻、饲料利用率降低等缺乏症。而食盐中毒后，病牛则会表现为精神沉郁，头低、耳聋、鼻镜干燥、眼窝下陷，结膜潮红、肌肉震颤，食欲不振，渴欲增强；腹泻，尿液减少，瘤胃蠕动减弱，蠕动次数减少乃至废绝；心动过速、收缩力量减弱。此外，日粮高含量的盐可使奶牛产后乳房水肿加剧。

### 5.1.1.2.2　钠源、氯源添加剂

### 5.1.1.2.2.1　氯化钠

白色晶体状，其来源主要是在海水中，是食盐的主要成分。易溶于水，在空气中微有潮解性，稳定性比较好。

中华人民共和国国家标准（GB/T 23880–2009 饲料添加剂　氯化钠）规定，砷≤0.5 mg/kg，铅≤2 mg/kg，汞≤0.1 mg/kg，氟≤2.5 mg/kg，钡≤15 mg/kg，镉≤0.5 mg/kg。亚铁氰化钾≤10 mg/kg，亚硝酸盐≤2 mg/kg。

#### 5.1.1.2.2.2　碳酸氢钠

碳酸氢钠为白色晶体，或不透明单斜晶系细微结晶。比重 2.15，无臭、无毒、味咸，可溶于水，微溶于乙醇，25℃时溶于 10 份水，约 18℃时溶于 12 份水。其水溶液因水解而呈微碱性，常温中性质稳定，受热易分解，在 50℃以上逐渐分解，在干燥空气中无变化，在潮湿空气中缓慢潮解。奶牛生产中作为瘤胃缓冲剂。

#### 5.1.1.2.2.3　碳酸钠

化学式为 $Na_2CO_3$。它的名字颇多，学名叫碳酸钠，俗名除叫苏打外，又称纯碱或苏打粉。带有结晶水的叫水合碳酸钠，有一水碳酸钠（$Na_2CO_3 \cdot H_2O$）、七水碳酸钠（$Na_2CO_3 \cdot 7H_2O$）和十水碳酸钠（$Na_2CO_3 \cdot 10H_2O$）三种。

#### 5.1.1.3　钾源添加剂

#### 5.1.1.3.1　钾的生物学功能

钾是动物机体中仅少于钙和磷的第三大矿物元素，也是细胞内浓度最高的元素。钾还是肌肉中最多的矿物质，是非常重要的矿物元素。钠主要存在于血浆和细胞外液，而钾主要存在于细胞内液。钾参与细胞内的酸碱平衡、离子平衡、水平衡，并且作为机体最重要的电解质参与渗透压的形成。钾也在神经和肌肉细胞的电生理活动中发挥重要的作用。除玉米外，各种饲料每千克干物质中的含钾量均在 5 g 以上，青饲料每千克干物质含钾量超过 15 g。所以，常用饲料均能满足奶牛对钾的需要，尤其是日粮中饲草比例大时，钾的摄入量远远超过需要量，一般情况下不需要额外补充钾。但是，在夏季天气炎热，而且防暑降温措施又不够理想的情况下，在补钠的同时适当补充钾离子对维持奶牛体内电解质平衡、缓解热应激具有积极作用。

#### 5.1.1.3.2　钾源添加剂

氯化钾、碳酸钾。

#### 5.1.1.4　镁源添加剂

#### 5.1.1.4.1　镁的生物学功能

镁是动物体内含量仅次于钙、钠、钾，而在细胞内仅次于钾的阳离子，是调节细胞内外钙、钠、钾平衡的重要离子。镁参与体内所有的能量代谢，催化或激化 300 多种酶体系，特别是一系列的 ATP 酶所必需的辅助因子。

镁是奶牛机体内必需的矿物元素，是构成机体的重要无机成分之一，体内绝大多数的镁存在于骨骼之中，少部分存在于体液和其他软组织中。镁还可以影响奶牛机体对钙磷等元素的吸收和利用；成骨细胞的活性可以影响到骨的钙化速度，镁又能够影响成骨细胞的活性，因此，镁可以间接影响骨钙化。此外，钙盐在骨中的沉积过程也需要镁的参与。碱性磷酸酶可以水解软骨细胞和骨细胞中的磷酸葡萄糖产生磷酸根（$PO_4^{3-}$）离子，Ca 与磷酸根结合生成 $Ca_3(PO_4)_2$，在骨中沉积，促进骨钙化，$Mg^{2+}$能够激活碱性磷酸酶，因而镁能够影响骨的正常钙化。

#### 5.1.1.4.2　镁源添加剂

镁普遍存在于各种饲料中，尤其是糠麸、饼粕和青饲料含镁丰富，谷实、块根块茎等也含较多的镁。奶牛配合日粮中最常用的镁源是氧化镁，不仅提供镁，而且还可用为瘤胃碱化剂。不同来源的镁离子对反刍动物的生物学效价变化很大。在奶牛日粮配合中，一般认为镁离子如氧化镁的溶解度很低，而硫酸镁和氯化镁中的镁离子溶解度高，因此在瘤胃中的吸收率也高。日粮中高浓度钾会降低镁在瘤胃和网胃的吸收。由于许多饲料特别是粗饲料中存在大量的钾，所以对于泌乳期奶牛来说，日粮中应包含高浓度的镁。瘤胃可降解蛋白食入量过多，增加瘤胃中 $NH_4^+$ 的浓度，而瘤胃中 $NH_4^+$ 浓度突然增加会降低镁在瘤胃内的吸收。日粮中可发酵的非纤维碳水化合物的含量过高会提高瘤胃中镁的消化能力和代谢能力。

#### 5.1.1.5　硫源添加剂

#### 5.1.1.5.1　硫的生物学功能

对于反刍动物，硫在构成蛋白质和影响酶活性中发挥着重要作用，它几乎参与反刍动物体内所有的代谢过程。硫还作为维生素—硫胺素和生物素的组分参与许多代谢过程。如果日粮硫的水平太低，奶牛就会利用其他硫源——主要是含硫氨基酸去合成软骨素，因此硫是奶牛不可缺少的营养物质。添加硫对奶牛消化吸收营养物质特别是粗纤维的消化吸收和促进瘤胃内细菌蛋白合成有着重要的作用，硫离子及其在日粮中的含量直接影响到纤维素的消化率，而提高纤维素消化率有利于提高产奶量、饲料利用率和反刍动物的生长，对改善氨基酸的利用有良好的作用。

#### 5.1.1.5.2　硫源添加剂

反刍动物消化道中微生物能将一切外源硫转变成有机硫。吸收进入体内的有机硫、无机硫分别参与各自的代谢。吸收入体内的无机硫基本上不能转变成有机硫，更不能转变成含硫氨基酸。动物利用无机硫合成体蛋白质，实质上是微生物的作用。因此，反刍动物利用无机硫的能力较强。一般情况下，乳用家畜饲料能够满足奶牛对硫的需要。

### 5.1.2 微量元素添加剂

微量矿物元素在奶牛的许多生理生化过程中起作用。如维生素的合成，最适激素生产，酶的活性，胶原蛋白的形成，组织的合成，氧的传递，化学能的产生及许多其他与生长、泌乳、繁殖和健康有关的生理过程都需要微量元素。某些元素的不足或一些元素的过量将会导致奶牛生长发育受阻、生产性能下降、繁殖机能紊乱，严重者还会导致各种疾病的发生，从而损害奶牛场的经济效益。目前查明的微量元素有 20 种，其中在奶牛生产中研究较多的有铜、铁、锌、锰、硒、碘、钴、铬、钼、氟等 10 种。

微量元素是动物生存必需的营养素，包括铜、铁、锌、锰、硒、碘、钴、铬、钼、氟，在动物体内及饲料中含量虽少，但对于奶牛的生长发育和健康却关系重大。到目前为止，微量元素营养经历了无机盐、简单有机化合物和微量元素氨基酸螯合物及缓释微量元素四个发展阶段。与前面两者相比，微量元素氨基酸螯合物更容易被机体吸收利用，具有更高的生物利用率，并且在防治疾病、抗应激、提高养分利用率和改善畜禽的繁殖性能方面有着特殊作用，只是价格较贵，使用受到了限制。而缓释微量元素效果好，用量少，成本低，将是以后微量元素添加剂的一个重要发展方向。微量元素添加剂可以分为以下几类：

①无机微量元素添加剂：硫酸盐类、碳酸盐类、氧化物、氯化物等。

②有机微量元素及微量元素氨基酸螯合物，这一类效果好，但是成本使用较高，只在特定条件下使用。

③缓释微量元素添加剂：对微量元素采用包被等技术达到缓释效果，可提高微量元素利用率，掩盖金属味道，降低对饲料中维生素、酶制剂和脂肪的破坏作用。

为了引起广大奶牛养殖者对奶牛微量元素的需要及其功能以及缺乏与过量的危害，下面主要针对几种重要微量元素进行阐述。

5.1.2.1 奶牛对铜的需要

5.1.2.1.1 铜的生物学功能

铜对奶牛的繁殖、生长和产乳性能有重要作用，奶牛缺铜会引发营养性贫血、被毛粗糙、毛色变浅。严重缺铜还会导致病理性腹泻、骨骼异常，母牛则表现为发情率低或延迟、难产、胎盘恢复困难等繁殖问题。也有研究表明，铜的缺失能够引起奶牛蹄病的发生。

5.1.2.1.2 奶牛铜的需要量

NRC（2001）对奶牛铜的需要量定为 10 mg/kg 日粮干物质。但在实际生产中，奶牛日粮中铜的供给应该与其年龄、生理阶段、生产性能及饲料中锌、铬、铁的水平，特别是钼和硫的水平有关。研究表明：奶牛对铜的需要量很大程度上取决于日粮中钼和硫的含量，其变异幅度可以是 4～15 mg/kg。一般奶牛铜的需要量为每千克饲料干物质中含铜 8～12 mg，对于体重 550 kg、日产奶 20 kg 的奶牛推荐量为 10 mg，而对于 6 月龄以前的犊牛日粮，可提高其含铜量到 18 mg/kg。

5.1.2.1.3 奶牛铜的缺乏与过量

奶牛对铜的耐受量比单胃动物低。根据现有的资料表明，奶牛饲料中铜的最大允许量为 100 mg/kg。铜过量多发生于补饲过量的情况以及铜污染较严重的地区，中毒症状主要表现为溶血性疾病以及组织坏死等。

5.1.2.2 奶牛对铁的需要

5.1.2.2.1 铁的生物学功能

铁对于犊牛生长、奶牛健康及泌乳牛产奶性能都有重要作用，铁的缺乏将导致犊牛生长速度下降，奶牛产奶水平降低，严重者还会出现铁代谢负平衡，使代谢机能紊乱。目前关于奶牛缺铁的病例报道不多，而在试验条件下，犊牛缺铁主要表现为贫血、皮肤和黏膜苍白、呼吸困难、嗜睡、腹泻、生长受阻、舌乳头明显萎缩等。铁无论缺乏或过量都会影响奶牛免疫系统的功能。

5.1.2.2.2 奶牛铁的需要量

奶牛对铁的需要量与铁的化合形式、有效利用率以及奶牛的生产水平等因素有关。铁的需要量建议为 50 mg/kg。从现实角度来看，奶牛日粮中并不缺铁，并且常常是过量的。日粮中的铁含量超过 100 mg/kg 也是常见的。过量的铁（> 100 mg/kg）会对其他矿物质元素的生物利用率产生不利影响，如降低铜、锌的吸收。据报道，铁、铜、锰有协同作用，铁的利用必须有铜的存在。NRC（2001）推荐量为：犊牛 150×10⁻⁶ mg/kg。一般情况下，每千克饲料干物质中铁含量在 50～120 mg/kg 就能满足奶牛的营养需要。对于体重 550 kg、日产奶 20 kg 的奶牛，推荐量为每千克饲料干物质中含铁 80 mg。

#### 5.1.2.2.3　奶牛铁的缺乏与过量

奶牛缺铁的症状主要表现为贫血、虚弱、免疫功能降低等，临床表现为发病率升高。通过添加铁盐（硫酸亚铁、氯化亚铁、硫酸铁等）可满足奶牛对铁的需求，奶牛对铁的最大耐受水平为 1000×10⁻⁶ mg/kg。关于奶牛铁中毒现象的研究不多，也很少发现奶牛铁中毒现象。近几年一些研究资料表明，奶牛铁过量时会出现腹泻、体温过高、代谢性酸中毒、采食量和增重下降等症状。

### 5.1.2.3　奶牛对锌的需要

#### 5.1.2.3.1　锌的生物学功能

锌对生物体的生长、发育、免疫和繁殖有重要的影响，也能通过影响性腺活动和性激素的分泌而对奶牛的性器官正常发育、性机能的正常发挥产生作用。长期缺锌可使卵巢萎缩，发情周期紊乱，受胎率及产仔率降低，重者可导致不孕。母牛缺锌常使受精卵不能着床、胚胎早期死亡，表现为屡配不孕。缺锌还可使母牛难产的发生率增加。

#### 5.1.2.3.2　奶牛对锌的需要量

奶牛对锌的需要量受饲料中钙、钾、铜含量的影响，当这些元素含量高时，容易出现锌缺乏，也有人认为锌与铁、硒的竞争作用明显。同时还受饲料利用率、牛的产奶水平及不同生理阶段的影响。高钙、植酸、纤维素均不利于锌的吸收，高蛋白饲料、各种螯合剂、玉米油、高压蒸煮饲料、维生素 A、维生素 D、维生素 E 等都有利于锌的吸收利用；不饱和脂肪酸能抑制锌的吸收；当日粮中钙、铜、镉含量高时就会增加奶牛对锌的需要。

一般认为每千克饲料含锌 30～80 mg 即能满足奶牛的营养需要量。奶牛对锌的需要量因日粮类型、动物体型、体重、性别、增重速度等因素的不同而有所差异。NRC（2001）推荐需要量为 40 mg/kg（干物质基础），最大耐受量为 500 mg/kg。

#### 5.1.2.3.3　奶牛锌的缺乏与过量

奶牛缺锌首先会表现为产奶量和乳质下降，犊牛生长发育受阻，饲料采食量下降，皮肤角质化，被毛易脱落等。缺锌还会导致骨生长缓慢、骨龄迟缓，甚至出现骨畸形。奶牛对锌的耐受力较强，很少发现中毒现象。在严重锌中毒的情况下肝脏和奶中锌的含量增高，这时动物变得呆滞、食欲丧失，且由于铜代谢紊乱而引起腹泻。此时若除去日粮中的锌，并加入铜和铁盐等补充剂，则中毒症状迅速消失。

#### 5.1.2.4 奶牛对硒的需要

##### 5.1.2.4.1 硒的生物学功能

硒在畜禽的生长发育、生产性能、抗氧化、免疫和繁殖中发挥着重要作用。硒与维生素协同提高机体的抗氧化能力。硒可以提高机体免疫系统的功能，增强动物的抗病能力。硒对奶牛的繁殖机能、奶牛乳房炎的发生及乳的成分都有影响。许多研究表明，硒和维生素 E 可以减少胎衣不下和子宫炎的发生，促进子宫的收缩和恢复，提高繁殖率，减少组织损伤，使组织保持正常作用。补硒亦与免疫有关，还可增加小牛出生重、增重、乳产量及乳脂率。给奶牛补硒后，仅少部分转入牛奶中，补硒不会使牛奶硒水平上升到有害于消费者的程度。

##### 5.1.2.4.2 奶牛对硒的需要量

奶牛对硒的真实需要量还不明确，大多数营养学家认为合适的添加量为 0.1~0.3 mg/kg。尽管有时日粮中硒的量达到要求，但是仍不能满足需要，尤其在泌乳期。日粮中不饱和脂肪酸、维生素 E、硫和砷的含量以及钙、铜、锌均会影响硒的吸收强度和利用效率。

饲喂生长于酸性土壤中的植物时，奶牛易发生缺硒症，因为酸性土壤中的硒常与铁等形成一种不易被植物利用的化合物。维生素 E 和硒具有协同作用，奶牛觅食多汁幼嫩含维生素 E 丰富的牧草，可减少硒的需要量。

##### 5.1.2.4.3 奶牛硒的缺乏与过量

奶牛缺硒主要是因为采食了由缺硒土壤中种植的粮食或饲草。因此，奶牛缺硒症的发生具有明显的地区性。缺硒时犊牛易患白肌病，生长迟缓，成年牛繁殖力低，并有早产、死胎等现象。

硒的毒性很强，奶牛长期摄入 5~10 mg/kg(干物质基础)硒可产生慢性中毒，其表现是消瘦、贫血、关节强直、脱蹄、脱毛和影响繁殖等。摄入 500~1000 mg/kg(干物质基础)硒可出现急性或亚急性中毒，轻者盲目蹒跚，重者死亡。

#### 5.1.2.5 奶牛对钴的需要

##### 5.1.2.5.1 钴的生物学功能

钴是维生素 $B_{12}$ 的组成成分，并以 $Co^{2+}$ 的形式参与造血，在代谢作用中是某些酶的激活剂。钴是瘤胃微生物繁育和合成维生素 $B_{12}$ 的必需元素，日粮中钴不足会导致瘤胃中的微生物群落合成维生素 $B_{12}$ 受阻，维生素 $B_{12}$ 缺乏将首先减弱瘤胃的功能，继而使生长缓慢，产奶效率降低。

##### 5.1.2.5.2 奶牛对钴的需要量

奶牛体内不能贮存钴，因此钴的添加是十分必要的。日粮中添加钴能促进发情表现，提高受孕率。

关于奶牛对钴的需要量，不同国家的研究结果不尽相同。苏联建议年产奶6000 kg 的奶牛钴的给量应为 1.25 mg/kg（干物质基础），而 NRC 仅为 0.1 mg/kg（干物质基础）。我国的相关研究表明，通常日粮中钴的含量达到 0.1 mg/kg（干物质基础）即可合成足够的维生素 $B_{12}$，饲料中含钴低于 0.07 mg/kg（干物质基础）时会出现钴缺乏症。

##### 5.1.2.5.3 奶牛钴的缺乏与过量

奶牛缺钴会表现出牛毛倒立，皮肤脱屑，母牛乏情、流产、食欲不振、消瘦等症。缺钴还会导致奶牛瘤胃维生素 $B_{12}$ 合成大大减少，不能满足奶牛需要，体重、乳量随之下降，犊牛死亡率高。此外，缺钴与奶牛贫血和生长发育有关，而后者导致母畜不育，受胎率降低。采食过量的钴会对奶牛产生毒性，主要表现为肝钴含量增高，采食量和体重下降，消瘦和贫血。

#### 5.1.2.6 奶牛对铬的需要

##### 5.1.2.6.1 铬的生物学功能

铬主要以 $Cr^{2+}$ 的形式作为葡萄糖耐受因子的构成成分协助胰岛素作用，影响糖类、脂类、蛋白质和核酸的代谢。由于铬参与糖类、脂类、蛋白质和核酸的代谢过程和具有抗应激、提高免疫力的作用，因而对促进奶牛生产性能的发挥有明显的作用。高温季节奶牛日粮中补加有机铬能提高奶牛的采食量和产奶量，改善料奶转化率，有缓解奶牛热应激的作用。

##### 5.1.2.6.2 奶牛对铬的需要量

奶牛对铬的需要量较低，日粮中一般能满足奶牛的需要。铬的需要量受日粮成分、生产水平及不同铬源等因素的影响。关于需要量没有准确的依据，一般在 0.50 mg/kg（干物质基础）左右。铬与其他物质的相互作用会影响铬生物可利用率和最终的铬状态。

### 5.1.2.6.3 奶牛铬的缺乏与过量

奶牛缺铬会表现出对葡萄糖耐受力降低，血中循环胰岛素水平升高，生长受阻，繁殖性能下降，甚至表现出神经症状。采食过量的铬会对奶牛产生毒性，急性中毒主要表现为瘤胃或皱胃产生溃疡。

## 5.2 维生素添加剂

维生素是奶牛维持正常生理功能必不可少的一大类有机物质。维生素并不能为机体提供能量，也不属于机体的构成物质，但具有多种生物学功能，在代谢中起调节和控制作用。有 16 种维生素在奶牛营养中有重要作用，分脂溶性和水溶性两大类。脂溶性维生素有维生素 A、维生素 D、维生素 E、维生素 K，水溶性维生素有维生素 $B_1$、维生素 $B_2$、泛酸(维生素 $B_3$)、维生素 $B_6$、维生素 $B_{12}$、烟酸(pp)、生物素(H)、叶酸(BC)、胆碱、维生素 C。

维生素是维持奶牛正常生理机能所必需的低分子化合物，对奶牛的生长发育、繁殖及泌乳都起着重要的作用，是维持生命的必需营养物质。饲料中缺乏某一种或多种维生素时会导致奶牛生理机能失调，出现维生素缺乏症。如缺乏维生素 A 时，犊牛的生长发育受到限制，出现生长停滞的现象，被毛粗糙、无光泽；母牛则表现为受胎率低，产后易患子宫炎等疾病，严重影响了奶牛的生产性能。缺乏维生素 D 时，犊牛易患佝偻病，成年牛则表现为骨质疏松。缺乏维生素 E 会导致犊牛出现运动障碍，成年牛的繁殖率下降。一般情况下，除了犊牛外，其他生理阶段的奶牛不需要额外添加维生素 C、维生素 K 和 B 族维生素，这是因为奶牛的瘤胃微生物可以合成 B 族维生素和维生素 K，肝脏和肾脏可以合成维生素 C。一般饲喂奶牛的粗饲料以农作物秸秆为主时，就会导致维生素 A 缺乏，影响奶牛的繁殖性能，因此要额外补充维生素 A。此外，为了满足奶牛不同生理时期对维生素的需求量，要适当补充其他维生素，如维生素 D 和维生素 E 等。

维生素的添加量要视奶牛的品种以及所处的不同生理时期对维生素的需

求量来确定，维生素的添加不能过量，过量不但会造成浪费，还会给奶牛的健康和生产性能带来不利的影响，如维生素 A 过量会导致奶牛的食欲下降，关节肿痛，骨质增生，体重下降；维生素 D 过量，可引起血钙增高等。下面对几种重要的维生素的饲料来源以及在奶牛上的应用做一阐述。

### 5.2.1 水溶性维生素

水溶性维生素均溶于水，在体内贮存量不大，当机体饱和时，多余部分可随尿排出体外，一般不会引起中毒。

#### 5.2.1.1 维生素 $B_1$(硫胺素)

##### 5.2.1.1.1 来源

饲料中硫胺素含量较丰富的有谷物、谷物副产品、豆粕及啤酒酵母等，多叶青绿饲料中硫胺素含量也较丰富。

##### 5.2.1.1.2 在奶牛上的应用

一直以来人们都认为反刍动物瘤胃微生物合成的硫胺素足以满足其营养需要。但是在生产中发现，在一些特殊生理状况下，如反刍动物在高精料的饲养条件或泌乳期及妊娠期等也需要在日粮中添加硫胺素等水溶性维生素，当机体缺乏维生素 $B_1$ 时，碳水化合物代谢就会受阻，致使中间代谢产物乳酸积累及挥发性脂肪酸比例的失衡而诱发瘤胃酸中毒。反刍动物的瘤胃及后肠发达动物可合成大量的维生素 $B_1$。高碳水化合物增加维生素 $B_1$ 需要量，脂肪具有"节约"维生素 $B_1$ 的效应，高剂量维生素 C 也有节约维生素 $B_1$ 的效应。代谢率增强时(泌乳)维生素 $B_1$ 需要量增加。

#### 5.2.1.2 维生素 $B_2$(核黄素)

##### 5.2.1.2.1 来源

绿色植物、酵母和某些细菌能合成核黄素，快速生长的绿色植物、牧草(特别是苜蓿)中富含维生素 $B_2$，叶片中最丰富，动物性饲料含量较高，饼粕饲料中等，禾谷籽实及副产物含量低。

##### 5.2.1.2.2 在奶牛上的应用

维生素 $B_2$ 可提高瘤胃微生物的数量及与其他水溶性维生素的合成和转换。研究结果表明，瘤胃微生物在生长代谢过程中需要核黄素，它有助于瘤胃微生物数量的增多。日粮中提高核黄素的浓度有提高维生素 $B_{12}$ 合成的趋势。核黄素与色氨酸转化为烟酸有关，烟酸的辅酶形式 NAD（辅酶Ⅰ）和 NADP(辅酶Ⅱ)的循环需要依赖核黄素黄素蛋白的参与。

### 5.2.1.3 VPP 或维生素 B₃（烟酸）

#### 5.2.1.3.1 来源

广泛分布于谷类籽实及其副产品和蛋白质饲料中，植物中主要以烟酸形式存在，动物中主要以烟酸胺形式存在。谷物饲料中的烟酸大部分以结合型存在，利用率低，如玉米烟酸利用率为 30% ~ 35%。

#### 5.2.1.3.2 在奶牛上应用

传统上认为反刍动物能在瘤胃内合成足够多的烟酸来满足需要。但随着奶牛产奶量的提高，日粮中精料比例增加及饲料加工过程中烟酸和体内可以合成烟酸的色氨酸的破坏等因素的影响，可导致奶牛烟酸缺乏。因此，有必要在奶牛日粮中添加一定数量的烟酸来满足需要。而且有些瘤胃微生物也需要烟酸。实际上，大量的研究表明，补饲烟酰胺/烟酸后产生了积极的影响，这主要归于最近几年奶牛遗传潜力的改进，烟酰胺/烟酸的需要趋于超过瘤胃微生物合成的能力。烟酸还具有降低血液中酮体水平的作用。高产奶牛在泌乳早期时，经常会因为产奶量高、代谢率强等因素造成机体能量处于负平衡状态。此时奶牛就需要分解自身储存的体脂来为机体提供能量，而大量脂肪的分解使肝脏内的生酮作用大大提高。当生成的酮体水平超过肝脏外组织可氧化利用酮体的最高水平时，就会引起酮体的大量蓄积，从而引发酮血症。

### 5.2.1.4 维生素 B₇（生物素）

#### 5.2.1.4.1 来源

广泛存在于动植物组织中，饲料中一般不缺乏，但利用率不等，苜蓿、油粕及干酵母中生物素利用率最好，谷物一般都较差，其中小麦、大麦最差，大多数绿叶植物中均含有较多生物素。

#### 5.2.1.4.2 奶牛上的应用

生物素属 B 族维生素，一般认为瘤胃微生物合成的生物素已能满足反刍动物的基本需要，然而这一观点并不完全正确。研究表明，由于瘤胃的酸性环境，可能限制了高产奶牛和肉牛对生物素的吸收，所以这些动物可能处于生理性生物素缺乏状态，不利于充分发挥奶牛的生产力和维持良好的健康水平。高产奶牛为了维持其生产性能，精料与粗料的比例较高，当奶牛大量采食易于发酵的碳水化合物饲料后，会导致瘤胃内异常发酵，生成大量乳酸，造成瘤胃内的 pH 值降低，此时，微生物合成的生物素会被瘤胃中的酸性环境破坏。另外，随着畜牧业的迅猛发展，妨碍瘤胃和肠道合成生物素的因素也逐渐增多。如饲料中使用抗菌性药物，抑制了瘤胃和肠道中细菌的活动，造成生物素合成的障碍。这些均可能造成高产奶牛的生物素缺乏。犊牛因瘤胃发育尚未完全，合成机能不全，也易出现生物素的缺乏现象。研究发现，在日粮中添加生物素能提高奶牛的蹄的健康程度和奶牛生产性能。这表明，目前高产奶牛日粮中的生物素可能不足，使得奶牛不能达到其最佳生产性能和健康状况。另外，生物素还能预防奶牛的蹄病，因此研究奶牛对生物素的需要具有重要的意义。

### 5.2.1.5　维生素 $B_{11}$（叶酸）

#### 5.2.1.5.1　来源

广泛分布于自然界，存在于动物、植物和微生物中，绿色植物富含叶酸，豆类和一些动物产品是叶酸的良好来源，谷物中含叶酸较少。常规日粮一般不需要添加叶酸，但畜禽大量使用抗生素，饲喂霉变饲料、在不良环境贮存过久饲料，以及种畜禽均需提高叶酸添加量。

#### 5.2.1.5.2　在奶牛上应用

在组织代谢过程中叶酸对细胞分裂和蛋白代谢起着十分重要的作用。在新组织生成、胎儿和胎膜生长、乳腺发育和乳蛋白合成时动物对叶酸需要将大大提高。这也是研究维持高产奶牛最佳生产水平时，把叶酸作为 B 族维生素中首要考虑的原因。叶酸能以 5-甲基-四氢叶酸形式为高半胱氨酸甲基化提供甲基生成蛋氨酸。在这个过程中提高了蛋氨酸利用率，这可能也是叶酸提高产奶量和乳蛋白的原因。很多有关维生素 $B_{11}$ 对高产奶牛生产性能的研究发现，饲喂高精料日粮出现的低脂综合征是与叶酸相关的。高精料日粮发酵产生丙酸量提高，相应甲基丙二酸的量也得到升高，维生素 $B_{11}$ 的需要量也增加，而产奶初期的维生素 $B_{11}$ 浓度较低，造成甲基丙二酸聚集。低脂综合征出现的原因也许是因为甲基丙二酸抑制脂肪酸的合成，但具体机理还不清楚。

### 5.2.1.6　维生素 $B_{12}$（钴胺素）

#### 5.2.1.6.1　来源

天然维生素 $B_{12}$ 只有微生物才能合成，这些微生物广泛分布于土壤、淤泥、粪便及动物消化道中，植物性饲料不含维生素 $B_{12}$，动物饲料中以肝脏含量最高，集约化饲养动物维生素 $B_{12}$ 来源是动物性饲料和人工合成维生素 $B_{12}$。反刍动物维生素 $B_{12}$ 的主要来源是瘤胃微生物合成。

#### 5.2.1.6.2　在奶牛上的应用

钴是形成维生素 $B_{12}$ 结构的重要活性组成部分，奶牛瘤胃微生物能利用钴合成维生素 $B_{12}$，研究证实反刍动物的维生素 $B_{12}$ 缺乏经常是由于钴的缺乏间接引起的。奶牛饲料中钴的缺乏会造成奶牛全身被毛缺乏光泽，黑色变为棕黄色，产犊后出现厌食，迅速消瘦，产奶量急剧下降，流浆液性眼泪，结膜苍白等，发生蹄冠红肿，蹄底腐烂等多种症状。NRC（2001）显示，成年奶牛每天需要钴约 0.1 mg/kg（日粮干物质），而饲草干物质只能提供 0.02~0.08 mg/kg（日粮干物质），因此奶牛日粮中钴的添加显得尤为重要。

### 5.2.1.7　胆碱

#### 5.2.1.7.1　来源

天然脂肪都含有胆碱，含脂肪的饲料都可提供一定数量的胆碱，蛋黄（1.7%）、腺体组织粉（0.6%）、脑髓和血（0.2%）是最丰富的来源，绿色植物、酵母、谷实幼芽、豆科植物籽实、油料作物籽实、饼粕含量丰富，玉米含胆碱少，麦类比玉米高一倍。反刍动物可在肝脏合成胆碱，丝氨酸在吡啶醛的作用下脱羧成为乙醇胺并逐步甲基化为胆碱，合成胆碱的甲基由 S-腺苷蛋氨酸转移而来。天然胆碱和日粮中补充胆碱在瘤胃中均能被大量水解，瘤胃微生物降解胆碱生成乙醛和三甲胺，并最终生成甲烷，因此在反刍动物肠道中几乎没有可吸收的胆碱。

#### 5.2.1.7.2　奶牛上的应用

胆碱缺乏在泌乳奶牛上的症状主要有脂肪肝和酮病两类，其原因有两种。一种是由于脂类不溶于水，因此不能以游离的形式被运输，而必须以某种方式与脂蛋白结合起来才能在血浆中转运。胆碱是磷脂的组成成分，在肝脏中，磷脂和蛋白质环绕着胆固醇和甘油三酯可形成脂蛋白，从而参与肝脏中脂类物质的转运。反刍动物处于泌乳初期时，产奶量不断增加，需要动员体内大量的脂肪来满足泌乳的需要，导致大量游离脂肪酸的产生。若此时体内胆碱不足，肝脏中脂蛋白合成量减少，产生的游离脂肪酸不能被及时转运出去，就会在肝脏中蓄积，引起肝脏被脂肪浸渗，形成脂肪肝。另一种是当糖类供能不足时，奶牛就会动员体内的脂肪组织来提供能量。脂肪代谢产生的游离脂肪酸进入血液并转移至肝脏，在肝脏线粒体中被降解为乙酰 CoA，乙酰 CoA 存在四种代谢方式：一是进入柠檬酸循环，最终被完全氧化分解生成 $CO_2$ 和 $H_2O$，为机体提供能量；二是生成胆固醇；三是转化成脂肪酸前体物质逆向生成脂肪酸；四是转化为乙酰乙酸、β-羟丁酸和丙酮，这三种统称为酮体。泌乳高峰期的奶牛其体内的脂肪组织被大量分解，产生大量的乙酰 CoA，同时酮体的生成量也不断增加。由于肝中不存在乙酰乙酸-琥珀酸 CoA 转移酶，所以肝脏不能利用自身产生的酮体，只能供给组织利用。

肝外组织则与之相反，在脂肪酸氧化过程中不产生酮体，但能氧化由肝脏生成的酮体。正常情况下，肝脏产生酮体的速度和肝外组织分解利用酮体的速度处于动态平衡状态，血液中酮体含量是很少的。但有些情况下，肝中产生的酮体多于肝外组织的消耗量，超过了肝外组织所能利用的限度，就会造成体内酮体的积存。血液中的乙酰乙酸和 β-羟丁酸等酸性物质大量增加，致使血液 pH 降低，易导致动物体内酸碱平衡失调，发生酸中毒，引发酮病。

### 5.2.2 脂溶性维生素

#### 5.2.2.1 维生素 A

##### 5.2.2.1.1 来源

天然存在的维生素 A 有两种：$A_1$ 即视黄醇和 $A_2$ 即脱氢视黄醇。绿色蔬菜如菠菜、卷心菜和豆科植物也含有能促进动物生长的物质，且这种物质具有黄绿色。维生素 A 有两个不同来源，即植物性饲料中的 β-胡萝卜素和动植物性饲料中的维生素 A。青绿饲料中含量较高的胡萝卜素为 β-胡萝卜素，谷物及其副产品(黄玉米除外)均缺乏 β-胡萝卜素。β-胡萝卜素易被氧化破坏，因此青贮、干草晒制及贮存过程中可使维生素 A 前体物大量损失。

##### 5.2.2.1.2 在奶牛上应用

###### 5.2.2.1.2.1 维生素 A 对奶牛繁殖性能的影响

维生素 A 对反刍动物繁殖性能具有重要作用已被许多试验所证实，β-胡萝卜素在动物繁殖方面也起着独特的作用。有关研究指出：β-胡萝卜素可减少胎盘滞留的发生，缩短子宫复原时间；同时还发现血浆中 β-胡萝卜

素低于 100 μg/dL 会引起奶牛繁殖严重障碍；而血浆中维生素 A 含量在
40 μg/dL 以上时，乳牛繁殖障碍发生率低，受胎率提高。过去人们认为 β–胡
萝卜素的繁殖功能是因为它是维生素 A 的前体物，而较新的研究认为 β–胡萝
卜素是一种生理抗氧化剂，可以保护卵泡和子宫细胞免受氧化反应的破坏，
有助于卵巢内类固醇的合成，改善子宫内环境。

### 5.2.2.1.2.2 维生素 A 和 β–胡萝卜素对奶牛免疫机能的影响

维生素 A 和 β–胡萝卜素与动物免疫反应有着密切的关系。适量的维生素
A 具有免疫促进作用，过量和不足都会引起免疫抑制。维生素 A 和 β–胡萝卜
素通过细胞免疫、体液免疫和非特异性免疫反应维持机体健康。向妊娠青年
母牛分离的血淋巴细胞培养液中添加 β–胡萝卜素或视黄醇或视黄酸，均明显
增强由刀豆素 A（Cona）刺激引起的增殖反应，而对于脂多糖（LPS）刺激引起的
增殖反应无改善。在体液免疫方面，维生素 A 和 β–胡萝卜素缺乏时会引起抗
体应答反应下降。

在奶牛生产中，乳房炎是造成巨大经济损失的一个主要方面，有许多试
验证明感染乳房炎的奶牛（乳中体细胞计数大于 $500 \times 10^3$ 个/毫升），其血浆 β–
胡萝卜素浓度明显低于健康奶牛（乳中体细胞计数小于 $100 \times 10^3$ 个/毫升），奶
牛患乳房炎的程度与血浆 β–胡萝卜素浓度呈负相关。另有试验表明，在围产
期维生素 A 和 β–胡萝卜素的添加量分别为 120000 IU/d 和 600 mg/d 时，产后
中性白细胞功能增强，乳房炎和子宫炎发生率下降。

目前对于维生素 A 和 β–胡萝卜素能够促进免疫机能已有共识，但对其作
用机理尚不完全清楚。较新的观点认为维生素 A 刺激前列腺素（PGE1）的产
生，进而使 3，5 环–一磷酸腺苷（cAMP）的活性受到调节，导致免疫效应的提
高。研究认为，维生素 A 可以作为一种免疫佐剂，促进体内 T、B 细胞的协
同，同时也得出血浆 cAMP 的含量随维生素 A 的添加量而上升。从以上研究
中可以看出，维生素 A 在多个方面影响着畜禽的健康和免疫性能，但作用机
理还有待进一步的研究。

### 5.2.2.1.2.3 维生素 A 和 β–胡萝卜素对奶牛生产性能的影响

在干奶期和泌乳早期增加奶牛日粮中的维生素 A 含量可以提高奶牛产奶
量，增强乳腺健康。2001 版的 NRC 标准将泌乳期和干奶期的维生素 A 的需

要量均定为 110 IU/kgBW。新的 NRC 标准还指出干奶期增加维生素 A 的饲喂量可以改善乳腺健康，并且有关数据表明如果干奶期添加维生素 A 超过NRC(1989)的推荐量可提高产乳量，因此建议干奶期奶牛对维生素 A 的需要量同泌乳期奶牛一样为 110 IU/kgBW。在泌乳早期的奶牛饲粮中提供大约280 IU/kgBW 的维生素 A，与饲喂 75 IU/kgBW 的维生素 A 相比，产奶量从大约 35 kg/d 提高到 40 kg/d。

#### 5.2.2.2 维生素 D

##### 5.2.2.2.1 来源

维生素 D 是胆固醇的一种衍生物，它可以从饲料中摄取或经皮肤合成。大多数青绿植物中存在着麦角固醇，经紫外线照射后产生由麦角固醇生成的维生素 $D_2$ (麦角钙化醇)，通常在波长为 290～315 nm 紫外线照射下进行的活化效率比较高。晒制的干草是反刍动物维生素 $D_2$ 的重要来源。按风干基础、阳光晒制的干草中的维生素 $D_2$ 含量变动于 150～312 IU/kg。哺乳动物皮肤中的维生素 D 前体 7-脱氢胆固醇可经光化学转化成维生素 $D_3$。紫外线对地球表面的辐射量与地球的纬度和大气状况有关，因此，低纬度、高海拔、夏季及天气晴朗时皮肤中生成的维生素 $D_3$ 效率最高。放牧条件下，牛每天可在皮肤中合成 3000～10000 IU 维生素 $D_2$。北半球夏季放牧奶牛每日约可合成4500 IU 维生素 $D_2$。

##### 5.2.2.2.2 在奶牛上的应用

研究报道，奶牛产前每天饲喂过瘤胃维生素 D1.5 g 能明显降低奶牛围产期低血钙发生率和改善钙负平衡，这可能与适量的过瘤胃维生素 D 促进奶牛肠道中钙的吸收有关。日粮中添加维生素 $D_3$ 可以缓解奶牛围产期免疫球蛋白和免疫细胞下降的现象。

#### 5.2.2.3 维生素 E

##### 5.2.2.3.1 来源

在反刍动物体内并不能合成 α-生育酚，因此必须要依赖饲料对动物补给。饲料的来源可以分为天然植物饲料和动物加工副产品。在各种饲料中均含有维生素 E，但含量会因原料的不同而出现较大差别。在作为奶牛饲料来源的植物性饲料中，以苜蓿草粉、玉米、大豆、大麦、米糠、葵花子等所含维生素 E 较高。但是由于维生素 E 的不稳定性，使得饲料中维生素 E 含量变异很大，比如在大多数的新鲜牧草中，维生素 E 含量在 80～200 IU/kg DM 之间，但是当牧草晒干以后维生素 E 将会降低 20%～80%。通常精料中维生素 E 含量普遍较低，而且随着贮存期的延长其含量还将继续下降。

#### 5.2.2.3.2  在奶牛上应用

##### 5.2.2.3.2.1  乳腺免疫

嗜中性白细胞是哺乳动物防御乳房感染的第一道免疫防线。母牛乳腺内感染的发病率及严重程度依赖于嗜中性白细胞的反应性。血浆 α-生育酚浓度和中性粒细胞的杀伤能力呈正相关。许多新的乳腺内感染就发生在分娩前后，从而导致奶牛乳房炎的发生和奶质量的下降，维生素 E 具有抗奶牛乳房炎的作用，奶牛乳房炎的发生率和严重程度与维生素 E 的摄入量有关。Hogan 等报道在整个干乳期，奶牛日粮添加维生素 E740 IU/(天·头)，在下一个泌乳期内，奶牛临床乳房炎与乳腺内感染的发生率分别较未添加组降低 37%和 42%，发生临床乳房炎的奶牛血浆和奶中 α-生育酚均低于健康牛的血浆和奶，α-生育酚浓度降低导致机体抵抗力减弱，增加奶牛临床乳房炎的发病率。

##### 5.2.2.3.2.2  繁殖机能

α-生育酚被认为是哺乳动物生殖所必需的。α-生育酚对精液品质有直接影响，一旦缺乏则精子活力降低、数量减少、睾丸变形。母畜缺乏 α-生育酚则表现为卵巢机能下降、胎盘萎缩，常导致死胎、流产、性周期异常等。

##### 5.2.2.3.2.3  牛奶品质

加拿大的农业专家用几头泌乳中期的荷斯坦奶牛做添加和不加的对比试验，结果显示，添加维生素 E 的奶牛所产的牛奶品质最好，并可增加牛奶风味的稳定性。

## 5.3  青贮添加剂

青贮过程中常加入一些添加剂以提高青贮的质量和适口性。青贮饲料添加剂可分为四类：①发酵促进剂，可促进乳酸发酵，如乳酸菌接种剂等；②发酵抑制剂，它可抑制微生物的生长，如有机酸及其盐类、无机酸等；③防腐添加剂，抑制好气性腐败菌；④营养性添加剂，如尿素、氨、磷酸、食盐和石灰石等。在青贮过程中，正确合理地利用青贮饲料添加剂可以改变原料含糖量及含水量的不同对品质的影响，增加青贮料中有益微生物的含量，以便进行良好青贮。使用青贮添加剂，也可防止青贮料的霉烂，提高营养价值。

### 5.3.1 发酵促进剂

在青贮过程中增加乳酸菌，可以有效降低青贮中 pH 值，增加乳酸的产量，以取得早期乳酸发酵的优势，有效抑制有害微生物的繁殖。依发酵糖生产乳酸的能力可将乳酸菌分为两类：一类是同质型发酵乳酸菌，如植物乳杆菌、戊糖片球菌等；另一类是异质型发酵乳酸菌。研究结果表明，乳酸菌能减少酵母菌和霉菌的产生，有效抑制肠球菌和肺炎克雷伯菌等有害细菌及其他微生物的生长，显著增加青贮中乙酸和丙酸的含量，并有效提高青贮需氧稳定性。如果青贮原料中的干物质>25%，则加入足量的乳酸菌（要求每克原料中含乳酸菌 100 万个）可迅速地产生大量乳酸，使 pH 值降低，从而有效地抑制其他微生物的生长，保证青贮饲料的安全和质量。添加细菌接种剂的青贮料由于产乳酸较多，而发酵的终产物中醋酸和乙醇较少，故而干物质损失可以减少 3%。为了使细菌在青贮料中接种均匀，接种剂应以液体形式使用，一般是先复活，用水悬浮制成菌液，再洒在青贮料中，边装填边洒，原料每30 cm 一层洒一次。

### 5.3.2 发酵抑制剂

青贮饲料可通过添加发酵抑制剂，抑制青贮中的不良发酵，减少青贮过程中营养物质的损失。发酵抑制剂的作用，一是对青贮发酵过程中各种不良微生物的活性起抑制作用，抑制不良微生物的发酵；二是抑制青贮发酵过程中好氧微生物的活动，促进乳酸菌的发酵，从而迅速降低 pH 值，进一步抑制有害微生物的活动，达到保存饲料营养价值的目的。

#### 5.3.2.1 甲酸及甲酸盐

甲酸为无色液体，有刺鼻酸味。甲酸在有机酸中属最强酸，并具有较强的还原能力，在自然界中多存在于蚁、蜂等的毒腺中，有些植物的叶子及刺毛中也含有甲酸。甲酸经氧化后即分解成二氧化碳和水。甲酸在瘤胃中还可作为能源参与代谢。在配制青贮用的甲酸之前需将 85% 的甲酸稀释。浓甲酸刺激皮肤，有痛痒感，有时会引起烧泡，在无机械喷洒装置使用时应有保护措施。甲酸一般用量是：鲜草 100 kg，稀甲酸(85%甲酸稀释 20 倍)8 L。从 20 世纪六七十年代起世界各国学者都曾对甲酸青贮的效果进行过研究，试验证明甲酸处理青贮的干物质消化率、采食量均比不加甲酸的高，并可提高产奶量。甲酸产品的浓度为 850 g/kg，这种甲酸通常不必稀释便能以 2.3 L/t (2.8 kg/t)的比例直接施放在牧草上，这个浓度相当于 2 L/t (2.4 kg/t)纯甲酸，对于豆科牧草使用量可以高一些。近几年甲酸的铵盐(四甲酸铵)已发展为商品青贮添加剂，这种添加剂几乎和甲酸一样有效，并具有安全易行、腐蚀性低的优点。

### 5.3.2.2 乙酸和丙酸

乙酸作为青贮添加剂可使家畜的采食量降低，因此目前基本不用。丙酸有控制发酵的功能，可以减少氨氮的产生和控制青贮禾本科牧草、豆科牧草及半干青贮料的温度，还可以刺激乳酸菌的生长，提高玉米青贮干物质的采食量。但是作为青贮添加剂使用，丙酸制止发酵的作用不如甲酸，从经济角度上考虑，用它代替强酸也不合算。用量为每立方米青贮加 1 L 丙酸，直接喷洒。

### 5.3.3 防腐添加剂

这是一类可防腐抑菌和改善饲料风味、提高饲料营养价值、减少有害微生物活动的多种用途的添加剂。苯甲酸及其钠盐在酸性饲料中，对霉菌的抑菌作用也很好，用量不超过 0.1%。在美国、英国等地，还有用甲酸钙加亚硫酸钠用于青贮的，也可以酌情选用其他一些防霉抑菌剂，如山梨酸及其钾盐，但价格较高。

### 5.3.4 营养性添加剂

在制作青贮时，加入营养性青贮饲料添加剂，用来补充和改善青贮饲料营养价值，同时改善发酵过程。常用的这类添加剂有含氮物质，如尿素、氨等；碳水化合物，如葡萄糖、蔗糖、糖蜜、谷类、乳清、淀粉等；矿物质类，如食盐、石粉等。

## 5.4 瘤胃缓冲剂

对维持动物体内的渗透压、酸碱平衡、水盐代谢等生理机能具有重要的调节作用，尤其是在反刍动物上已成为养殖过程中必不可少的常见饲料添加剂。

### 5.4.1　瘤胃缓冲剂的作用

#### 5.4.1.1　具有健胃、抑酸、增进食欲和促进消化等作用

碳酸氢钠具有中和胃酸、溶解黏液、降低消化液的黏度、提高消化酶活性等作用，同时，还可加强胃肠收缩，加速胃肠内容物向十二指肠的运送，促进营养物质及时消化吸收，从而提高饲料的利用率，促进动物生产性能的发挥。

#### 5.4.1.2　具有调节体内酸碱平衡，增强机体免疫机能和抗应激能力等作用

碳酸氢钠可通过离子平衡反应调节机体的酸碱度，使机体内酸碱环境保持动态平衡，以利于内分泌系统的正常活动，从而增强动物机体的免疫机能和抗应激能力，促进动物生长发育，还能够改善体液的酸碱度，弱碱化体液，可有效预防如药物或其他原因造成的结石。

### 5.4.2　瘤胃缓冲剂添加条件

牛进食精饲料较多时，易造成瘤胃内酸度增加，瘤胃微生物活动受到抑制，引起消化紊乱并引发与此相关的一些疾病。为了预防此类疾病的发生，在下列情况下应考虑添加缓冲剂：

①日粮中精料占 50%以上；

②粗饲料几乎全部为青贮或酒糟；

③精料和粗料分开单独饲喂时。

### 5.4.3　瘤胃缓冲剂种类及使用

缓冲剂的种类较多，一般以碳酸氢钠（小苏打）为主，碳酸钠（食用碱）也可，有时还要另加氧化镁等。

各种缓冲剂的添加量为：

①碳酸氢钠：占日粮干物质进食量的 0.7% ~ 1%，或占精饲料的 1.4% ~ 2%；

②氧化镁：占日粮干物质进食量的 0.3% ~ 0.4%，或占精饲料的 0.6% ~ 0.8%；

③小苏打和氧化镁混合使用效果更好，两者之间比例以 2:1 为宜。

## 5.5 饲用酶制剂

酶是由活化细胞产生的、催化特定生物化学反应的一种生物催化剂。酶制剂是酶经过提纯、加工后的具有催化功能的生物制品。饲用酶制剂是指添加到动物日粮中，以提高营养消化利用、降低抗营养因子或产生对动物有特殊作用的功能成分的酶制剂。

饲料酶制剂是为了提高动物对饲料的消化、利用或改善动物体内的代谢效能而加入饲料中的酶类物质。

### 5.5.1 酶制剂分类

#### 5.5.1.1 单酶制剂

其中又分为消化酶(淀粉酶、糖化酶、蛋白酶、脂肪酶)制剂和非消化酶(纤维素酶、半纤维素酶、果胶酶)制剂。

#### 5.5.1.2 复合酶制剂

当前，利用酶制剂提高饲料原料的消化利用率，对解决我国饲料原料资源严重匮乏问题及减少环境污染有重要意义。

### 5.5.2 主要饲用酶制剂

#### 5.5.2.1 非淀粉多糖(NSP)酶

非淀粉多糖酶类包括木聚糖酶、β-葡聚糖酶、β-甘露聚糖酶、纤维素酶、α-半乳糖苷酶、果胶酶等，作用于饲料中相应的 NSP。畜禽体内并不分泌本类酶，必须由饲料中外源添加，是主要的饲用酶制剂。

#### 5.5.2.2 植酸酶

植酸酶具有特殊的空间结构，能够依次分离植酸分子中的磷，将植酸(盐)降解为肌醇和无机磷，同时释放出与植酸(盐)结合的其他营养物质。

#### 5.5.2.3 内源消化酶

内源消化酶是可以由动物消化道自身分泌的酶，主要指蛋白酶、淀粉酶和脂肪酶。在某些特殊情况下，内源酶也需要由饲料中补加。

#### 5.5.2.4 纤维素酶

纤维素酶(β-1,4-葡聚糖-4-葡聚糖水解酶)是降解纤维素生成葡萄糖的一组酶的总称，它不是单体酶，而是起协同作用的多组分酶系，是一种复合酶，主要由外切 β−葡聚糖酶、内切 β−葡聚糖酶和 β−葡萄糖苷酶等组成，还有很高活力的木聚糖酶，其作用是降解纤维素以及由纤维素衍生出来的产物。

### 5.5.3 生产中的应用

#### 5.5.3.1 消除饲料中的抗营养因子

木聚糖、β−葡聚糖、纤维素等非淀粉多糖难以被动物（特别是单胃动物）消化吸收，它们是植物细胞壁的组成成分，并且能使消化道食糜黏度增加，导致日粮养分消化率和饲养效果降低，限制了谷物在饲料中的应用。木聚糖酶、β−葡聚糖酶等非淀粉多糖酶可以分解非淀粉多糖，消除其抗营养作用。植酸酶可以消除植酸抗营养作用，提高磷的利用率。

#### 5.5.3.2 补充内源酶的不足

动物自身分泌的蛋白酶、淀粉酶等内源酶不足的现象在幼龄动物及处于应激、疾病等亚健康状态的动物中表现非常明显：消化不良及由此引起的一系列生产性能表现下降，针对性添加外源酶将有效解决如上现象。如在犊牛日粮中添加酶制剂，可显著提高日粮中淀粉、粗蛋白的消化率，添加复合酶制剂可显著提高日增重、降低腹泻率。奶牛显著增加产奶量，产牛体质恢复快，产奶高峰维持时间长。

#### 5.5.3.3 降低环境污染

添加复合酶可减少畜禽粪便排放量。酶制剂提高饲料中氮、磷的利用率，使粪、尿中的氮、磷含量下降，最直接的效果是降低了畜舍内有害气体的浓度，减少了畜禽呼吸道疾病的发病率和因不良环境诱发的其他疾病。

## 5.6 微生态制剂

益生菌是指通过改善机体微生物和酶的平衡，刺激特异性或非特异性免疫机制，对人和动物机体有医疗和保健效果的微生物。

随着畜禽业的快速发展，抗生素作为饲料添加剂被广泛应用于饲料中，其种种弊端也逐渐显现出来。如导致畜禽类胃肠道正常菌群失调、产生耐药性、药物残留和降低畜禽产品品质等。由于益生菌在进入动物消化道后可改善消化道菌群及酶的平衡，提高机体的抗病能力、代谢能力和对食物的消化吸收能力，从而达到防治消化道疾病和促进生长的双重作用，同时又具有无污染、无抗药性和无残留等优点，可克服抗生素和化学药物在饲料中长期大量使用造成的微生态失调、畜禽抗病力和生产性能下降、抗药性及产品药物残留等副作用。另外，一些益生菌种类还可作为单细胞蛋白来给畜禽提供营养物质。因此益生菌作为绿色饲料添加剂受到了前所未有的关注。

### 5.6.1 益生菌种类及生产工艺

#### 5.6.1.1 益生菌种类

美国食品药物管理局认为安全的益生菌有 40 种。目前已被中国农业部批准使用的益生菌有芽孢杆菌、乳酸杆菌、粪链球菌、酵母菌、黑曲菌、米曲菌等。用于饲料微生物添加剂的益生菌菌种主要是乳酸菌类、芽孢杆菌类、酵母菌类、光合细菌类等。

#### 5.6.1.2 益生菌的生产工艺

目前益生菌的生产工艺主要有两种：固体表面发酵法和大罐液体发酵法。

##### 5.6.1.2.1 固体表面发酵法

该法是把固体表面培养的菌泥与载体按比例混合经干燥制成的。该法管理相对比较粗放，具有生产工艺简单、投资少的特点，但同时具易受杂菌污染、菌体含量不易控制、产品质量不稳定的缺点。目前我国大多数益生菌产品都采用该方法生产。

##### 5.6.1.2.2 大罐液体发酵法

大罐液体发酵法是采用现代发酵技术，将益生菌菌种接种到生物反应器中进行通风培养，对整个发酵过程都可以进行精细的过程控制，具有便于无菌操作、容易控制菌体含量、产品质量稳定的特点。但大罐液体发酵法要求技术水平较高，而相对固体发酵投资要高，适合工业化生产。大罐液体发酵法一般生产工艺流程为：菌种接种培养→种子罐培养→生产罐培养→排放培养液加入适量载体→干燥→粉碎→过筛→质量检验→益生菌产品。

### 5.6.2 奶牛生产中常用的益生菌及其代谢产物的营养特性

奶牛生产中常用的益生菌包括酵母菌及其培养物、乳酸菌等，其营养特性如下所述。

### 5.6.2.1 酵母菌的营养特性

在培养基中接种一定的酵母菌，通过培养获得富含酵母菌的高蛋白质含量的干菌体，将其作为一种蛋白质饲料应用在饲料中，称为饲料酵母或单细胞蛋白饲料。按照来源和生产工艺可分为石油酵母、糖蜜酵母、纸浆酵母、酒精酵母和啤酒酵母等。

饲料酵母不同于酵母饲料，它是以碳水化合物(淀粉、糖蜜以及造纸、酿酒、味精等工业产生的高浓度有机废液)为主要原料，在适宜温度和 pH 值下培养一段时间，并最后从发酵罐中分离出酵母菌，干燥制成。而酵母饲料也叫酵母培养物，是一种酵母培养的产品，是严格控制条件经发酵后连同培养基一起加工制得的产品。可以用作饲料的酵母菌种很多，但不是所有的酵母菌都能用于家畜饲料添加，生产上应用时应注意菌种类型的选择。根据农业部 2003 年 12 月公布的饲料添加剂品种目录，目前可直接作为微生物饲料添加剂的酵母菌有产阮假丝酵母、酿酒酵母等。每克饲料酵母中酵母菌的菌体数应在 150 亿个以上，但这类产品中酵母菌在干燥过程中基本失去了活性。

生产饲料酵母具有特殊的优越性：一方面，酵母菌生长繁殖快，代谢周期短，产蛋白速率为植物合成蛋白质的几百到几万倍，是动物合成蛋白质的几十倍，可以进行工业化生产；另一方面，我国饲料酵母的生产基本上是利用食品加工过程中的副产物或废弃物，采用生物工程技术发酵法生产的，而酒精工业的蒸馏废液、味精生产的废液、柠檬酸生产的废液、淀粉加工和食品工业的各种下脚料等食品加工的副产品产量大，适于生产饲料酵母，还能缓解环境污染。因此，开发饲料酵母作为新的饲料资源前景广阔。

酵母菌作为饲料，其营养特性如下：

### 5.6.2.1.1 蛋白质含量高，生物效价高

酵母的组成与菌种、培养条件有关。一般含蛋白质 40%～65%，主要为菌体蛋白，生物效价较高，介于动物性蛋白质饲料和植物性蛋白质饲料之间，必需氨基酸含量较高，其中赖氨酸和色氨酸含量最高。

表 5-1 酵母的养分含量(%)

| 品种 | 粗蛋白 | 粗脂肪 | 粗纤维 | 无氮浸出物 | 灰分 | 钙 | 磷 |
|---|---|---|---|---|---|---|---|
| 脱核酵母 | 52.5 | 0.73 | 0.52 | – | 5.48 | 0.17 | 0.41 |
| 啤酒酵母 | 63.0 | 3.48 | – | 24.34 | 9.13 | 1.38 | 9.46 |
| BE 酵母 | 51.0 | – | – | – | 9.9 | 0.64 | 6.87 |

#### 5.6.2.1.2　维生素、微量元素丰富

富含 B 族维生素，并且种类较全、含量相对较高，矿物质约占酵母细胞干重的 3%~10%，磷含量最高，其次有钾、钙、硫、钠等。此外，某些酵母菌还有富集微量元素的作用，使之由无机态变成有机态，利于动物机体吸收利用。已列入我国饲料添加剂目录中的有酵母铜、酵母铁、酵母锰及酵母硒等。

#### 5.6.2.1.3　具有多种酶类

酵母菌本身含有丰富的酶类，如胃蛋白酶、淀粉酶、纤维素酶及植酸酶等。这些酶类可以将淀粉、纤维素水解成小分子糖、氨基酸、醇类等易被消化和吸收的低分子物质。植酸酶能使饲料中的植物有机磷得到有效的利用，降低粪便中有机磷的含量，减少对环境的污染；并且还能有效减少植酸的抗营养作用，释放许多有益的金属离子，促进动物对蛋白质、氨基酸和碳水化合物的消化吸收。

#### 5.6.2.1.4　具有多种活性物质

酵母菌细胞壁约占酵母重量的 20%，成分主要有内壁的 β–葡聚糖（57%）、外壁的甘露寡糖（6.6%）、糖蛋白（22%），此外，还有几丁质、蛋白质、脂类和灰分等。甘露寡糖和 β–葡聚糖具有免疫促进剂的功能，能够激发或增强机体免疫功能。甘露寡糖还可作为生长代谢的营养物质，促进双歧杆菌和乳酸杆菌等有益菌的增殖，可作为益生菌的碳源而被利用，从而促进益生菌增殖。根据胃肠道优势种群理论和生物夺氧理论可推断出饲料中添加酵母菌或其制剂有利于竞争性抑制有害菌的定植。酵母中还含有"未知生长因子"，可促进动物生长。

#### 5.6.2.1.5　其他

酵母菌虽然具有许多优点，但其含硫氨基酸及钙相对较低，所以在添加中注意合理补充以上不足的成分。

#### 5.6.2.2　酵母培养物的营养特性

酵母培养物通常是指固体或液体培养基经接种一定酵母菌发酵后，含有培养物和酵母菌的混合物，也称作酵母饲料，其营养价值及特性与酵母菌存在一些不同。

①酵母培养物营养丰富，除含有大量的 B 族维生素、矿物质、消化酶、有机酸、寡糖、促生长因子和较齐全的氨基酸之外，还含有许多人们所不熟

悉的"未知生长因子"。它能通过促进动物胃肠道有益微生物的生长，调整胃肠道微生态平衡来提高动物对饲料的消化能力，保持动物机体的健康，提高机体免疫力，促进动物生长。

②酵母培养物里面的活酵母菌不如活性干酵母多，但它们是复杂的发酵产品，包括酵母发酵的代谢产物、酵母以及酵母赖以繁殖的载体。其营养特性除与酵母相同之外还有独特之处(见表5-2)。

表5-2　酵母培养物与活性干酵母营养特性的比较

| 项目 | 酵母培养物 | 活性干酵母 |
| --- | --- | --- |
| 发酵代谢物 | 有 | 无 |
| 酵母 | 有 | 有 |
| 效应因子 | 发酵代谢物和活酵母细胞 | 活酵母细胞 |

### 5.6.2.3　乳酸菌的营养特性

乳酸菌是指以糖为原料，发酵产生大量乳酸的一类单细胞微生物。这些微生物都和乳酸发酵有密切关系，其中乳酸杆菌和双歧杆菌与人畜机体保健较为密切，在畜禽生产中具有重要的应用价值。

#### 5.6.2.3.1　产生特殊酶系

乳酸菌不仅具有一般微生物所产生的有关酶系，而且还可以产生一些特殊的酶系，赋予它特殊的生理功能，如可以产生有机酸的酶系、合成多糖的酶系、分解乳酸菌生长因子的酶系、分解亚硝胺的酶系、控制内毒素的酶系、合成各种维生素的酶系等。这些酶不仅能加速乳酸菌的生长、维持肠道微生态平衡、促进机体健康，还可以改善产品的风味，促进乳制品、发酵香肠等食品的成熟。

#### 5.6.2.3.2　具有黏附性和定植能力

乳酸菌通过黏附素与肠黏膜细胞紧密结合，在肠黏膜表面定植占位，是形成生理屏障的主要组成部分。如果这个屏障一旦遭到抗生素或其他因素的破坏，宿主丧失了对外来菌的抵抗力，就不再能抵御外来菌的入侵，或者会使具有耐药性的肠内菌异常增殖而取代优势菌的位置，造成肠道内微生态平衡的失调。使用乳酸菌可以达到恢复宿主抵抗力、修复肠道菌群屏障、治愈肠道疾病的作用。其作用机理是：①直接参与构成肠道定植抗力，阻止病原菌的定植和入侵；②对肠道有营养作用，有利于肠道屏障的修复；③能增强宿主吞噬细胞的活力，从而提高机体特异性和非特异性抗感染能力；④可间接抑制肠道革兰阴性菌的过度繁殖，调节菌群失调。

#### 5.6.2.3.3　产生抑菌活性的代谢产物

乳酸菌代谢可以产生有机酸、双乙酰、过氧化氢和细菌素等多种代谢产物，不仅可以改善产品的风味和组织状态，而且可以抑制食品中的腐败菌和病原菌。乳酸菌对一些腐败菌和低温细菌有较好的抑制作用，其抗菌机制主要表现在以下几个方面：①产生的乳酸等有机酸能显著降低环境 pH 值，使肠内处于酸性环境，低 pH 值能促进肠道蠕动，维持正常生理功能，防止致病菌的定植；②产生类似细菌素的细小蛋白质或肽类，如各种乳酸杆菌素和双歧菌素，对葡萄球菌、梭状芽孢杆菌以及沙门氏菌和志贺氏菌有拮抗作用。因此，乳酸菌可用于防治腹泻、下痢、肠炎、便秘和由于肠道功能紊乱引起的多种疾病以及皮肤炎症等。

### 5.6.3　益生菌制剂在奶牛生产上的应用

#### 5.6.3.1　酵母和酵母培养物在奶牛生产中的应用

酵母可作为单细胞蛋白饲料用于奶牛生产，以补充奶牛日粮中的蛋白质不足，同时通过强化氨基酸、矿物质、维生素等来提高日粮品质。酵母培养物可以刺激瘤胃微生物特定区系生长及活性，还可以在胃肠道中竞争性抑制病原微生物生长，改善肠壁结构与形态，抑制霉菌毒素的危害。培养物中的代谢产物可以作为营养物质吸收利用，还可以作为益生元发挥抗菌作用。

#### 5.6.3.1.1　对奶牛产奶量和奶质的影响

单纯的饲料酵母单细胞蛋白在奶牛日粮中的应用还比较少，但酵母培养物用于奶牛生产已有 60 多年的历史，在奶牛日粮中添加一定量的活性酵母培养物可使其标准乳产量提高。有报道显示饲喂酵母培养物奶牛平均产奶量提高 7.8%。在饲料中添加酵母菌或其制剂，增加了泌乳期奶牛干物质采食量，提高了奶产量和乳脂率，说明添加酵母和培养物对奶牛生产性能有良好的促进作用。

#### 5.6.3.1.2　对奶牛瘤胃调控的作用

许多学者认为奶牛生产性能的提高是由于酵母或酵母培养物促进了奶牛瘤胃中微生物菌群的生长和增加了有益微生物菌群的数量。酵母或酵母培养物可以增加瘤胃厌氧菌和纤维分解菌的数量，促进乳酸利用菌的生长，提高消化纤维的真菌的活力。有益瘤胃微生物数量的增加以及活力的提高可以改善瘤胃发酵功能，酵母或酵母培养物还具有降低瘤胃中的乳酸浓度、稳定瘤胃发酵、防止瘤胃功能紊乱、改善瘤胃的氮代谢、增加十二指肠微生物氮的产量等功能。

### 5.6.3.2　影响酵母及酵母培养物使用效果的因素

#### 5.6.3.2.1　奶牛泌乳阶段的影响

在产奶牛日粮中添加酵母，产奶牛的体重下降较小而且产后一个到两个月的体况评分较高。酵母培养物对早期泌乳牛比晚期泌乳牛作用效果更显著。

#### 5.6.3.2.2　日粮的影响

当奶牛日粮精料为 60%、秸秆为 40% 时，添加酵母培养物产奶量提高 17.5%；而当用青干草代替秸秆，产奶量只增加 14%。也有报道显示，当奶牛饲喂苜蓿干草加小麦时，酵母培养物能刺激产奶量增加；当小麦被玉米代替时，则效果不明显。说明日粮营养水平和动物所处的生理状态影响酵母的使用效果。一般而言，当奶牛日粮营养非常平衡时作用较小，而在日粮和环境不太好的情况下作用较大。因而在生产中使用应注意酵母与奶牛所需要营养的变化关系。此外，日常管理和应激也会影响酵母及酵母培养物的使用效果。

### 5.6.3.3　乳酸菌在奶牛生产上的应用

大量的研究显示，乳酸菌通过提供营养物质、改善消化道微生态环境、调节免疫系统功能等作用机制，对动物起到促生长、维持肠道菌群平衡、增强免疫等作用。

乳酸菌制剂常常用作新生反刍动物的饲料微生物添加剂，达到促进其瘤胃发育、提早断奶和调节瘤胃的 pH 值等效果。犊牛开食料中添加乳酸菌会促进瘤胃功能的正常发育。日粮乳酸菌能够显著提高奶产量、乳品质以及降低奶牛乳腺炎发生，可考虑作为奶牛养殖中的微生态饲料添加剂。

但是，乳酸菌类饲用微生物添加剂作为一种有活性的饲料添加剂，其质量及使用效果必然受到多种因素影响，应用效果还不够稳定。在实际的生产应用过程中，可以考虑根据不同菌株的生物学作用及其特性，将乳酸菌与其他菌株（如酵母菌等）合理搭配，优化组合，生产出具有多方面生物学作用的复合剂，从而获得最好的效果。

# 5.7 过瘤胃营养素

过瘤胃技术，又叫瘤胃保护性技术，就是将营养物质经过特殊的技术处理（如微胶囊化、包被等），使其被保护起来，减少在反刍动物瘤胃内发酵降解，而直接进入小肠后再被消化吸收，从而达到提高饲料利用率的目的。使用过瘤胃技术能降低营养物质在反刍动物瘤胃中的降解率，增加在小肠的消化和吸收，从而提高这些营养物质的总的利用率。目前，在奶牛生产中研究和应用较多的过瘤胃营养素主要有过瘤胃脂肪、过瘤胃氨基酸及过瘤胃胆碱等。

## 5.7.1 过瘤胃脂肪

### 5.7.1.1 添加过瘤胃脂肪的意义

过瘤胃脂肪是一种不影响奶牛瘤胃发酵，且易被瘤胃后消化系统消化吸收的能量来源，主要应用于奶牛的能量负平衡时期（如泌乳早期、长期热应激等）。脂肪是一种高能量的物质，具有热增耗低、能量利用率高的特点，但在奶牛日粮中直接添加脂肪不仅会造成能量损失，也会对瘤胃微生物、发酵类型及营养物质消化率产生负面影响。

因此，通过将添加到日粮中的脂肪采用物理或化学等手段保护起来，使其在瘤胃液中不易分解，能通过瘤胃而不影响瘤胃微生物菌群，但在真胃和十二指肠中经酶及化学的作用，变成能被吸收的形式，最终在小肠中吸收。

### 5.7.1.2 过瘤胃脂肪的分类及特点

根据保护机制不同，可将过瘤胃脂肪产品分为以下几类：包被油脂类（甲醛-蛋白复合包被油脂）、脂肪酸化合物（主要是脂肪酸钙盐）以及棕榈油或棕榈油脂肪酸等。

#### 5.7.1.2.1 包被油脂类

主要指甲醛-蛋白质复合包被，根据甲醛-蛋白质复合物保护膜在酸性环境中可逆的原理。其保护膜在瘤胃 pH 值 5 ~ 7 的环境中不会分解，脂肪不会溶出；而在真胃（pH 值 2 ~ 3）的酸性环境中，保护膜被破坏，溶出被包被的脂肪，在小肠内被消化、吸收。研究表明，该方法对脂肪的保护程度可达85%。应用该方法时要注意甲醛在畜产品中的残留问题。

### 5.7.1.2.2 脂肪酸化合物

此类包被技术主要有脂肪酸氢化和脂肪酸钙化两种类型。

脂肪酸氢化是通过化学加氢反应，将不饱和脂肪酸转化为饱和脂肪酸，简称为氢化脂肪。它主要利用饱和脂肪酸熔点比不饱和脂肪酸熔点高的原理，从而提高脂肪的熔点，其在瘤胃38℃～39℃条件下不溶于瘤胃液，对瘤胃微生物活动没有影响，只有在小肠内消化液作用下才溶解。但这种过瘤胃脂肪产品含过瘤胃饱和脂肪酸很高，使其消化率低于含不饱和脂肪酸的产品。脂肪酸钙化是通过皂化反应，由长链脂肪酸合成脂肪酸钙盐，简称脂肪酸钙。这种钙盐在瘤胃pH值5～7的环境中不溶解，不干扰瘤胃微生物的正常活动，可以顺利通过瘤胃，但在真胃pH值2～3的酸性环境中立即分解成钙离子和游离脂肪酸而被真胃和小肠吸收。此外，脂肪酸钙盐中饱和脂肪酸和单个不饱和脂肪酸所占的比例几乎是相等的，总的熔点接近于38℃，能在皱胃内有效地溶解释放，其中的脂肪酸吸收率约为95%。

脂肪酸钙是目前在奶牛生物研究和应用做过较多的过瘤胃脂肪产品，其产品种类较多，可分为短链脂肪酸钙、中链脂肪酸钙和长链脂肪酸钙，市场上见到的有异丁酸钙、辛酸钙、癸酸钙、棕榈酸钙、硬脂酸钙等。脂肪酸钙与其他过瘤胃脂肪产品相比存在着以下缺点：①脂肪酸钙由于含有钙，其脂肪含量受到限制，有效能值低；②由于其加工过程受到多种因素的干扰使得它易皂化不全，生产出的产品质量不稳定；③脂肪酸钙品种众多，各产品脂肪含量及脂肪酸的组成相差较大，因而其消化吸收效率差异明显，使用者不易掌控；④产品中含有一定量的短链脂肪酸，这将影响过瘤胃效果；⑤产品有肥皂气味，适口性较差。

### 5.7.1.3 过瘤胃脂肪在奶牛生产上的应用

### 5.7.1.3.1 对奶牛能量负平衡的影响

高产奶牛泌乳早期和热应激的奶牛经常会出现能量负平衡，高产牛由于泌乳量大，代谢旺盛，对能量需求较大。泌乳早期由于采食量的增加与泌乳量的增长不同步（一般情况下，奶牛的产奶高峰通常出现在产后4～8周，而最大干物质采食量通常出现在产后10～14周），采食量的增加滞后于产奶量的增加，此时奶牛摄入日粮能量不足，出现能量负平衡。处于热应激状态的奶牛，受到高温的影响，采食量降低，能量摄入不足，同时奶牛还需要维持一定的泌乳量及自身的生理需要，从而导致能量缺乏，出现负平衡。当奶牛机体处于能量负平衡状态时会产生下列影响：①体脂分解加快，体重迅速下降，往往出现体脂代谢障碍，导致奶牛发生酮病和脂肪肝及一系列代谢疾病（如产乳热、奶牛真胃移位、胎衣不下等）；②由于营养失衡，限制了产奶遗传性状的发挥而影响奶牛的产奶量；③奶牛产后首次排卵间隔延长，繁殖性能下降。

#### 5.7.1.3.2　对奶牛生产性能的影响

过瘤胃脂肪作为一种高能饲料，可以提高奶牛日粮能量，增加能量进食水平，提高产奶量和改善牛奶品质。

添加过瘤胃脂肪确实有提高产奶量及乳脂率的作用，但过量添加会造成乳蛋白率下降。

#### 5.7.1.3.3　对奶牛繁殖机能的影响

添加过瘤胃脂肪可改善奶牛(特别是高产奶牛)的体况和发情状况。它可以提供合成孕激素的前体物——胆固醇，从而增加孕激素的浓度，促进卵泡和子宫内膜的发育和成熟，有利于母牛的正常排卵妊娠，从而提高了奶牛的繁殖性能。另外，脂肪中的亚油酸、亚麻酸、二十碳五烯酸和二十二碳六烯酸也可提高奶牛的繁殖性能。

#### 5.7.1.3.4　对奶牛热应激的影响

炎热天气时给泌乳奶牛添加过瘤胃脂肪既可弥补干物质摄入量(DMI)下降引起的能量摄入不足，同时由于脂肪热增耗低，可减少奶牛消化产热，炎热夏季在奶牛日粮中添加脂肪酸钙，可以在一定程度上缓解奶牛热应激，使其呼吸频率和脉搏次数下降，血糖浓度升高，产奶量明显升高。脂肪酸钙可以减缓热应激条件下奶牛产奶量的下降，提高产奶量，并增加乳脂率。

### 5.7.1.4　使用过瘤胃脂肪注意事项

#### 5.7.1.4.1　过瘤胃脂肪产品的类型

不同产品的脂肪含量和消化率不同，所含有的产奶净能值存在差异。过瘤胃脂肪的加工工艺不同，产品在瘤胃的保护性和稳定性不同，瘤胃的环境条件变化，如瘤胃 pH 值变化，有可能影响产品的过瘤胃效果。过瘤胃脂肪产品中碳链越短的脂肪酸越容易被吸收，不饱和脂肪酸较饱和脂肪酸容易吸收。

脂肪酸钙、氢化脂肪的适口性差，应用时应注意逐渐添加。

**5.7.1.4.2　添加量与经济效益**

　　过瘤胃脂肪虽然对奶牛有很多好处，如果添加过量会造成浪费，还会降低奶牛的干物质采食量从而影响经济效益。至于到底加多少过瘤胃脂肪最为合适，现在还没有一个统一的标准，一般添加量为日粮干物质量的 2% ~ 5%。另外，奶牛是否添加过瘤胃脂肪，要结合过瘤胃脂肪产品价格和奶牛的生产反应（如产奶量、乳脂率、体况、代谢疾病和受胎率）来综合评价其经济效益。

**5.7.1.4.3　添加时间**

　　不宜在奶牛产后立即添加过瘤胃脂肪（奶牛产犊后，体力支出比较大，此时任何应激都会影响其产奶性能），一般在产后 3 ~ 5 周开始添加效果较好，添加后产奶量会有暂时的下降，但随后产奶量会增加，并且产奶高峰期会延长，因此整个泌乳期的产奶量会增加。也有报道在泌乳盛期和炎热夏季使用效果较好，在泌乳后期添加，效果往往不明显。

**5.7.1.4.4　日粮组成**

　　添加过瘤胃脂肪时，日粮中要提供充足的纤维水平。研究表明，奶牛日粮干物质中粗纤维应在 17% 的水平， NDF 和 ADF 应保持在 25% 和 21% 左右。另外，添加过瘤胃脂肪后，有降低乳蛋白率的可能性，因此需要增加日粮中粗蛋白质的含量，但如果与过瘤胃蛋白质合用可缓解这一问题。

**5.7.1.4.5　奶牛状况**

　　过瘤胃脂肪适用于高、中产奶牛，对低产奶牛添加效果不明显。对乳脂率低于 3.5% 的奶牛使用，效果明显；当乳脂率高于 3.5% 时，添加效果往往不明显。

**5.7.2　过瘤胃氨基酸（瘤胃保护性氨基酸，RPAA）**

**5.7.2.1　添加过瘤胃氨基酸的意义**

　　氨基酸是合成蛋白质的基本单位，小肠吸收的氨基酸对于奶牛进行维持、生长、繁殖和泌乳等生命活动极为重要。微生物蛋白和瘤胃非降解蛋白提供的氨基酸能够满足中低产奶牛的需要，对于高产奶牛需要补充氨基酸，特别是限制性氨基酸。由于瘤胃微生物的作用，如果在奶牛日粮中直接添加氨基酸，会在瘤胃中部分或完全降解，最终到达小肠可被吸收利用的氨基酸量减少。过瘤胃氨基酸则以某种方式被修饰或保护起来以免被瘤胃微生物降解，绝大部分可安全通过瘤胃进入小肠内，进一步被奶牛有效地消化吸收，提高了其利用效率。过瘤胃氨基酸组成平衡，在小肠内能有效吸收，目前主要应用于高产奶牛的限制性氨基酸(蛋氨酸和赖氨酸)补充上，以平衡小肠可吸收氨基酸，提高生产性能。

#### 5.7.2.2　过瘤胃氨基酸的分类及特点

根据加工工艺不同过瘤胃氨基酸分为两大类：第一类通过化学保护法生产，主要包括氨基酸类似物、衍生物、金属螯合物等；第二类通过物理保护法生产，主要为包被氨基酸(聚合物、脂肪包被)、热处理氨基酸等。

##### 5.7.2.2.1　物理保护法生产的过瘤胃氨基酸

原理是利用瘤胃与真胃 pH 值的差别，选择在瘤胃中稳定而在真胃环境中易分解的材料对氨基酸进行包被。包被材料的选择要求具有耐热、无毒、无异味、无吸湿性、与包被物不反应且价格低等优点。常用的材料有高分子聚合物、脂肪、纤维素及其衍生物等。

###### 5.7.2.2.1.1　聚合物包被氨基酸

该方法中最著名的产品是法国 Adisseo 公司生产的 Smar-tamine M，该产品利用 2-乙烯基吡啶苯乙烯为壁材对氨基酸进行包被，过瘤胃效果较好，从目前的研究及使用情况看，其包被的效果要好于其他方法。由于包被层依赖于严格的 pH 值，青贮料 pH 值过低(pH<3.6)会降低其有效性，在瘤胃 pH 值低的饲养条件下(如高精料日粮)，造成这些产品的利用受到限制。

###### 5.7.2.2.1.2　脂肪包被氨基酸

脂肪包被氨基酸多用 C12~C25 的脂肪和脂肪酸(如硬脂酸、棕榈酸、月桂酸)，产品工艺主要采用挤压、冷喷、微胶囊化技术进行包被，其产品中氨基酸含量一般占总重量的 30% 左右，产品的缺点是氨基酸含量低，还容易发生氨基酸过度保护问题。

##### 5.7.2.2.2　化学保护法生产的过瘤胃氨基酸

###### 5.7.2.2.2.1　氨基酸类似物、衍生物

原理是在瘤胃内分解羟基变成氨基，完成从类似物到氨基酸的转化，使其在瘤胃中不被瘤胃微生物所利用，避开了瘤胃的转氨基作用，而在真胃中

被吸收利用，从而达到过瘤胃保护的目的。利用这种方法生产的主要产品有蛋氨酸羟基类似物（MHB）、1,2-N-羟甲基赖氨酸钙盐等。目前在奶牛生产中研究较多的为蛋氨酸羟基类似物，主要有两种形式：蛋氨酸羟基类似物游离酸（MHA-FA）和羟基蛋氨酸钙（MHA-Ca）。其中，MHA-FA以液态游离酸形式存在，注册商品名为Alimet，DL-蛋氨酸有效含量为88%，外观为浅褐色至深褐色液体，带有硫化物的特殊气味，完全溶于水。蛋氨酸羟基类似物钙盐是由美国孟山都公司于1956年开发，由液体蛋氨酸羟基类似物与氢氧化钙或氧化钙中和后，经干燥、粉碎和筛分等工艺制得，商品中含蛋氨酸羟基类似物钙盐为97%，均以单体形式存在。外观呈浅褐色粉末或颗粒，有硫化物的特殊气味，能溶于水。目前已不再生产MHA-Ca，在奶牛养殖中应用的主要为MHA-FA。

#### 5.7.2.2.2.2　氨基酸螯合物

氨基酸螯合物是指来自可溶性金属盐的金属离子与氨基酸按1 mol金属与1~3 mol氨基酸的比例反应形成的配位共价化合物。螯合后的有机物既可以满足机体所需微量元素，又可以补充氨基酸，具有双重功效。微量元素氨基酸螯合物包括单一微量元素氨基酸螯合物和复合微量元素氨基酸螯合物。前者是一种微量元素与一种氨基酸螯合而成的成分明确的单一络合物；后者是指一种微量元素与多个氨基酸水解蛋白质络合而成的复合有机物。

#### 5.7.2.3　过瘤胃氨基酸在奶牛生产上的应用

蛋氨酸和赖氨酸被认为是奶牛合成乳和乳蛋白的主要限制性氨基酸，因此在奶牛生产中过瘤胃氨基酸的研究和应用主要集中于这两种氨基酸。

#### 5.7.2.3.1　对奶牛干物质采食量的影响

不同水平的过瘤胃蛋氨酸添加到泌乳初期的荷斯坦奶牛日粮中，奶牛的干物质采食量未受到影响。

#### 5.7.2.3.2　对奶牛生产性能的影响

许多研究表明，在奶牛日粮中添加过瘤胃氨基酸，可以提高奶牛总产奶量和乳蛋白量，减少奶牛日粮中非降解蛋白的供给量，提高饲料利用率，降低成本，避免蛋白质过剩给奶牛造成的负担。

#### 5.7.2.3.3　对血液氨基酸和氮利用率的影响

添加过瘤胃氨基酸可提高小肠氨基酸的供给量，经吸收转变为血浆游离氨基酸，成为乳蛋白合成的主要原料。过瘤胃蛋氨酸能显著提高奶牛血清蛋氨酸水平。

#### 5.7.2.3.4 氨基酸螯合物对矿物质生物利用率的影响

氨基酸螯合物可以同时作为氨基酸和矿物质来源。如蛋氨酸锌、赖氨酸锌作为瘤胃氨基酸的来源，可以提高奶牛产奶量、免疫机能和降低牛奶中的体细胞数量。

### 5.7.2.4 影响过瘤胃基酸饲用效果的因素

#### 5.7.2.4.1 过瘤氨基酸的加工方法

保护性氨基酸加工过程中易造成过度保护，在小肠内消化率降低，或保护不够，造成在瘤胃的大量降解。如脂肪包被氨基酸产品易出现包被效果不好和过包被现象。因此，必须注意氨基酸包被材料及包被方法的选择，同时兼顾氨基酸的生物利用率。过瘤胃氨基酸制剂要保证有足够比例的氨基酸进入小肠才能被有效地利用。

#### 5.7.2.4.2 日粮

不同的基础日粮，过瘤胃氨基酸饲喂效果不同。以豆粕为基础日粮，添加过瘤胃蛋氨酸提高了产奶量和标准乳中的固形物含量，而以大麦为基础日粮，添加过瘤胃蛋氨酸并没有相应提高。若青贮料的 pH 值过低(低于 3.6)，会使过瘤胃氨基酸的稳定性下降而在瘤胃内被降解，进而影响保护性氨基酸的饲用效果。

#### 5.7.2.4.3 添加量

过瘤胃氨基酸的添加量决定于日粮中蛋氨酸或其他氨基酸缺乏程度和其他蛋白源的可利用性。另外，还要考虑其在实际应用中的成本。通常情况下，泌乳期奶牛日粮添加过瘤胃蛋氨酸 3～15 g/d，对于营养物质的吸收没有不利影响，然而高水平添加会降低饲料适口性从而影响采食，还会造成氨基酸的浪费 。

## 5.7.3 过瘤胃胆碱（RPC）

### 5.7.3.1 添加过瘤胃胆碱的意义

胆碱属 B 族维生素，化学名称是 β-羟乙基-三甲基胺羟化物，是合成两种重要分子——磷脂酰胆碱与乙酰胆碱的关键性化合物。其中，磷脂酰胆碱可与胆固醇和甘油三酯在肝脏中形成脂蛋白，能将肝脏中过多的脂类物质转运出体外。因此，在奶牛围产期、泌乳初期等生理阶段，胆碱对奶牛脂肪代谢和脂肪肝、酮病等的预防具有重要意义。研究表明，奶牛日粮中85%~95%的胆碱或普通氯化胆碱添加剂会被瘤胃微生物迅速降解，只有很少量能通过奶牛瘤胃进入后部消化道，进入小肠被吸收利用的胆碱量很低。尽管奶牛能够利用蛋氨酸、维生素 $B_{12}$ 等原料在体内生物合成胆碱，但是对于高产奶牛也存在合成满足不了体内代谢需要的问题。因此，需要对高产奶牛补充过瘤胃胆碱。过瘤胃胆碱产品在瘤胃中不易降解，而直接进入真胃和小肠中进行消化、吸收和利用。饲料添加剂所用的胆碱形式有氯化胆碱及酒石酸胆碱，前者较为常用，包被方式主要有酪蛋白-甲醛包被、胶囊包封和脂肪包被等。

5.7.3.2  过瘤胃胆碱在奶牛生产上的应用及效果

5.7.3.2.1  对围产期奶牛代谢的影响

围产期奶牛提供过瘤胃胆碱能减少代谢紊乱病的发生。在产前、产后饲喂过瘤胃胆碱减少了临床、亚临床酮病的发生率及酮尿奶牛的比例。整个围产期采食过瘤胃胆碱的奶牛较少发生乳房炎。

5.7.3.2.2  对奶牛产奶量的影响

研究表明，奶牛在分娩前 14 d 到产后 30 d 内饲喂过瘤胃胆碱（20 g/d），产奶量比对照组提高了 3.5 kg/d，对乳脂和乳蛋白含量未产生影响。

5.7.3.2.3  对奶牛脂肪肝的缓解作用

在泌乳早期，奶牛过度动用体脂来维持乳及乳脂的合成。如果肝细胞摄取脂肪酸超过线粒体或过氧化合物酶的氧化和以极低密度脂蛋白转出的速度，肝脏将处于积累脂肪酸的风险。胆碱能影响 VLDL（极低密度脂蛋白）的合成，补充胆碱可能使发生脂肪肝的风险降低。

5.7.3.3  在实际应用中有待进一步解决的问题

目前国内外还没有较成熟的过瘤胃胆碱产品，但其包被率一般不高（约为85%），所以包被方式还待进一步研究。胆碱对奶牛脂肪肝、酮病的预防和治疗作用理论上可行，但研究结果尚未定论，需进一步试验证实。另外，不同胎次、不同泌乳阶段奶牛对过瘤胃胆碱的需要量还没有明确的标准，需要进一步研究以利于其合理地应用。

# 6 饲料原料质量控制

## 6.1 饲料样品的采集与制备

饲料样品是待检饲料原料和产品的一部分。从待检饲料原料或产品中按照规定采集有一定数量、具有代表性样品的过程称为采样。将样品经过干燥、磨碎和混合处理，以便进行理化分析的过程称为样品的制备。饲料的取样至关重要，必须具有代表性。如果样品不具代表性，即使采用先进的分析化验设备，执行严格的分析标准及操作规程，以及聘用熟练的化验分析人员，其分析结果也只能代表所取的样品本身，样品并不能代表整批原料。因此，饲料样品的采集与制备是检验结果能够反映饲料原料或饲料产品质量的前提，是饲料质量检验中极为重要的步骤，必须对其过程进行质量控制，使其具有代表性。

### 6.1.1 样品采集的基本方法

#### 6.1.1.1 采样的目的

样品的采集是饲料分析的第一步，采样的根本目的是通过对样品的理化指标进行分析，客观反映受检饲料原料或产品的品质。样品的分析结果具有多种用途，可为饲料配方的原料选择，原料供应商的选择，某种饲料原料的接收或拒绝，判断产品的质量是否符合规格要求和保证值，以决定产品出厂与否或仲裁买卖双方的争议，判断饲料加工程度和生产工艺控制质量以及分析保管贮存条件对原料和产品质量的影响程度提供依据。采样也可以保留每一批饲料原料或产品的样品，以备急需时用，可比较分析测定方法的准确性和实验室或人员之间操作误差。由权威实验室仔细分析化验的样品可作为标准样品。将标准样品均匀分成若干平行样品，分别送往不同实验室或实验人员进行分析，比较不同实验室或人员测定结果的差异，用于校正或确定某一测定方法或某种仪器的准确性，规范实验分析操作规程，提高分析人员的操作水平。因此，采样对饲料工业的影响非常大，采样比分析更为重要，必须严格把关。

### 6.1.1.2　采样的基本原则

#### 6.1.1.2.1　样品必须具有代表性

受检饲料容积和质量往往都很大，而分析时所用样品仅为其中的很小一部分，所以，样品采集的正确与否主要取决于分析样品的代表性，它直接影响分析结果的准确性。因此，采样时一定要根据分析要求，遵循正确的采样技术，详细注明饲料样品的情况，使采集的样品具有代表性，使样品引起的误差减低至最低程度，使得分析结果能为生产实际所参考和应用。如果样品采集不具有代表性，即使一系列分析工作非常精密、准确，分析的样品数据再多，其意义都不大，甚至会得出错误结论。

#### 6.1.1.2.2　采样方法必须正确

正确的采样应该从具有不同代表性的区域取几个样点，然后将这些样品混合成为整个饲料的代表样品，然后再从中分出一小部分作为分析样品用。采样过程中做到随机、客观，避免人为和主观因素的影响。

#### 6.1.1.2.3　采集的样品必须具有一定数量

不同的饲料原料和产品要求采集的样品数量不同，主要取决于以下几个方面。一是饲料原料和产品的水分含量，水分含量高，采集的样品数量多，以便干燥后的样品数量能够满足各项分析测定要求；反之，水分含量低，采集的样品数量则少。二是饲料原料或产品的颗粒大小和均匀度，颗粒大，均匀度差，采集的样品多；相反则少。三是平行样品的数量，同一样品的平行样品数量越多，采集的样品数量就越多。

#### 6.1.1.2.4　采样人员具有高度的责任心和熟练的采样技能

采样人员应具有高度的责任心，应明白样品的采集是保证饲料厂管理和产品质量的重要手段之一，采样时应认真按照操作过程进行，及时发现和报告一切异常的情况。采样人员应经过专门的培训，具备相应技能，经过考核后方可上岗。

## 6.1.1.2.5 重视和加强管理

主管部门、权威质检部门、机构和饲料企业必须高度重视采样和分析的重要性，加强管理。管理人员应熟悉各种原料、加工工艺和产品，对样品采集方法、采集操作规程和所用工具提供相应规定，对采样人员提供培训和指导。

## 6.1.1.3 采样工具

采样工具种类很多，但必须符合要求。要求采样工具能够采集饲料中的各种粒度的颗粒，无选择性，对饲料样品无污染，不增加样品中微量金属元素的含量，不会引起外来生物或霉菌毒素的污染。目前采用的采样工具主要有以下几种。

### 6.1.1.3.1 探针采样器

也叫探管或探枪，是最常用的干物料采样工具。

### 6.1.1.3.2 锥形袋式取样器

用不锈钢制作，特点是有一个尖头、锥形体和一个开启的进料口。适合于干物料采样。

### 6.1.1.3.3 液体采样器

有空心探针、炸弹式或区层式采样器。空心探针常用做桶和小型容器的采样。炸弹式取样器为密闭的圆柱体，可用做散装罐的液体取样，能从贮存罐的任何指定区域取样。

### 6.1.1.3.4 自动采样器

自动采样器可安装在饲料厂的输送管道、分级筛或打包机等处，种类很多，能够定时、定量采集样品，适合用于大型饲料企业，可根据物料类型和特性、输送设备等进行选择。

### 6.1.1.3.5 其他采样器

剪刀、切草机、刀、取样铲、短柄勺、长柄勺等也是常用的采样工具。

## 6.1.1.4 采样步骤

### 6.1.1.4.1 采样前记录

采样前，必须记录与原料或产品相关的资料，如生产厂家、生产日期、批号、种类、总量、包装堆积形式、运输情况、贮存条件和时间、有关单据和证明、包装是否完整、有无变性、破损、霉变等。

#### 6.1.1.4.2 原始样品采集

原始样品也叫初级样品，是从生产现场如田间、牧地、仓库、青贮窖、试验场等的一批受检的饲料或原料中最初抽取的样品。原始样品应尽量从大批饲料、大数量饲料或大面积牧地上，按照不同深度和广度分别采取一部分样品混合后而成。原始样品一般不少于 2 kg。

#### 6.1.1.4.3 次级样品

次级样品也叫平均样品，是将原始样品按规定混合或简单地剪碎混匀，均匀地分出一部分。平均样品一般不少于 1 kg。

#### 6.1.1.4.4 分析样品

分析样品也叫试验样品。次级样品经过粉碎、混匀等制备处理后，从中取出的一部分称为分析样品，用做实验室样品分析。分析样品的数量根据分析指标和测定方法要求而定。

#### 6.1.1.4.5 采样的基本方法

采样的方法随不同的原料或产品而不同，但一般来说，采样的基本方法有几何法和四分法两种。

##### 6.1.1.4.5.1 几何法

几何法是指把整个一堆物品看成一种有规则的几何形状（立方体、圆柱体、圆锥体等），取样时首先把这个立体分为若干体积相等的部分（虽然不便实际去做，但至少可以在想象中将其分开），这些部分必须在全体中分布均匀，即不止在表面或只是在一面。从这部分中取出体积相等的样品，这部分样品称为支样，再把支样混合，即得原始样品。

##### 6.1.1.4.5.2 四分法

将籽实、粉末及可研碎的饲料原料或产品平铺于一张平坦而光滑的方形纸、塑料布、帆布或漆布上（大小根据样本的多少而定），提起一角，使籽实或粉末等流向对角，随即提起对角使籽实或粉末等再流回，如此，将四角轮流反复提起，使粉末反复移动混合均匀。然后将籽实、粉末等堆成等厚的正四方体或圆锥体，用药铲、刀子或其他适当器具在饲料样品方体上划一"十"字，将样品分成四等份，弃去任意对角的两份，将剩余的两份混合，继续按前述方法混合均匀、缩分，再分成四等份。重复上述过程，直至剩余样品数量与测定所需要的用量相接近时为止。

也可将大量的籽实、粉末等置于洁净的地板上堆成锥形，然后用铲将堆移至另一处，移动时将每一铲饲料倒于前一铲饲料之上，这样使饲料由锥顶向下流动到周围，如此反复移动 3 次以上，即可混合均匀，最后，将锥形饲料堆成圆锥形，将顶部略压成圆台状，再从上部中间分割为十字形的四等份，弃去任意对角的两份，将剩余的两份混合，继续按前述方法混合均匀、缩分，再分成四等份，重复上述过程，直至剩余样品数量与测定所需要的用量相接近时为止。也可采用分样器或四分装置代替上述手工操作，如常用的锥形分配器和具有分类系统的复合槽分配器。

四分法常用于小批量样品和均匀样品的采样或从原始样品中获取次级样品和分析样品。对颗粒大、均匀度不好的饲料如籽实饲料，通过四分法可从原始样品中采集次级样品，数量在 1 kg 左右。对于不均匀的饲料如各种粗饲料、块根块茎类饲料等，则需要将几何法和四分法结合起来反复使用，使用的次数随饲料体积的大小和不均匀性质的情况而定。

### 6.1.2　不同种类饲料样品的采集方法

不同种类的饲料样品因饲料原料或产品的性质、状态、颗粒大小或包装方式而异。

#### 6.1.2.1　粉状和颗粒饲料

##### 6.1.2.1.1　散装

散装的原料应在机械运输过程中的不同场所(如滑运道、传送带等处)取样。如果在机械过程中未取样，则可用探管取样，但需避免因原料不均匀而造成的错误取样。

取样时，用探针从距边缘 0.5 m 的不同部位分别取样，然后混合即得原始样品。取样点的分布和数目取决于装载的数量。也可在卸车时用长柄勺、自动取样器或机器取样器等，间隔相等时间，截断落下的料流取样，然后混合即得原始样品。

##### 6.1.2.1.2　袋装

用抽样锥随意从不同袋中分别取样，然后混合即得原始样品。每批采样的袋数取决于总袋数、颗粒大小和均匀度，取样袋数至少为总袋数的 10%。中小颗粒饲料如玉米、大麦等取样的袋数不少于总袋数的 5%，粉状饲料取样袋数不少于总袋数的 3%。总袋数在 100 袋以下，取样不少于 10 袋，每增加

100 袋需增加 1 袋取样。

取样时，用探针从口袋的上下两个部位采样，或将袋平放，将探针的槽口向下，从袋口的一角按对角线方向插入袋中，然后转动器柄使槽口向上，抽出探针，取出样品。大袋的颗粒饲料在采样时可采取倒袋和拆袋相结合的方法取样，倒袋和拆袋的比例为 1:4。倒袋时，先将取样袋放在洁净的样布或地面上，拆去袋口缝线，缓缓放倒，双手紧握袋底两角，提起约 50 cm 高，边拖边倒，至 1.5 m 远全部倒出，用取样铲从相对于袋的中部和底部取样，每袋各点取样数量应一致，然后混匀。拆袋时，将袋口缝线拆开 3 ~ 5 针，用取样铲从上部取出所需样品，每袋取样数量一致。将倒袋和拆袋采集的样品混合即得原始样品。

### 6.1.2.1.3 仓装

一种方法是在饲料进入包装车间或成品库的流水线或传送带上、贮塔下、料斗下、秤上或工艺设备上采集。具体方法是用长柄勺、自动取样器或机器式取样器，间隔时间相同，截断落下的饲料流。间隔时间应根据产品移动的速度确定，同时要考虑每批收集原始样品的总量。对于饲料级磷酸盐、动物性饲料和鱼粉应不少于 2 kg，其他饲料不少于 4 kg。

另一种方法是针对贮藏在饲料库中的散状产品的原始样品。按照高度分层采样，采样前将层表面划分为 6 等份，在每一部分的四方形对角线的四角和交叉点 5 个不同地方采样。料层厚度在 0.75 m 以上时，从三层中选取，即从距料层表面 10 ~ 15 cm 深处的上层、中层和靠近地面的下层选取，采集时从上而下进行。料堆边缘的点应距边缘 50 cm 处，底层距底部 20 cm。

圆仓可按高度分层，每层分内（中心）、中（半径的一半处）、外（距仓边 30 cm 左右）3 圈，圆仓直径在 8 m 以下时，每层按内、中、外分别采 1、2、4 个点，共 7 个点；直径在 8 m 以上时，每层按内、中、外分别采 1、4、8 个点，共 13 个点。将各点的样品混匀即得原始样品。

### 6.1.2.2 液体或半固体饲料

### 6.1.2.2.1 液体饲料

桶或瓶装的植物油等液体饲料应从不同的包装单位（桶或瓶）中分别取样，然后混合。取样的桶数如下：7 桶以下，取样桶数不少于 5 桶；10 桶以下，取样桶数不少于 7 桶；10 ~ 50 桶，取样桶数不少于 10 桶；51 ~ 100 桶，取样桶数不少于 15 桶；101 桶以上，按不少于总桶数的 15%扦取。

取样时，将桶内饲料搅拌均匀，然后将空心探针缓慢地自桶口插至桶底，堵压上口提出探针，将液体饲料注入样品瓶内混匀。对散装的液体饲料或大桶液体饲料，按散装液体高度分上、中、下三层分层布点取样。上层距液面约 40cm 处，中层设在液体中间，下层距池底 40 cm，三层采样数量的比例为1:3:1（卧式液池或车槽为 1:8:1）。采样时用液体取样器在不同部位取样，并将各部位采集的样品进行混合，即得原始样品。原始样品的数量取决于总量，总量为 500 t 以下，应不少于 1.5 kg；501～1000 t，不少于 2.0 kg；1001 t 以上，不少于 4.0 kg。原始样品混匀后，再采集 1 kg 做次级样品备用。

#### 6.1.2.2.2　固体油脂

对在常温下呈固体的动物性油脂的采样，可参照固体饲料采样方法，但原始样品应通过加热熔化混匀后才能采集次级样品。

#### 6.1.2.2.3　黏性液体

黏性浓稠饲料如糖蜜，可在卸料过程中采用抓取法，即定时用勺等器具随机取样。原始样品数量如总量为 1 t 应至少采集 1 L。原始样品充分混匀后，即可采集次级样品。

#### 6.1.2.3　块饼类

块饼类饲料的采样依块饼的大小而异。大块饲料从不同的堆积部位选取不少于 5 大块，然后从每块中切取对角的小三角形，将全部小三角形块粉碎混合后得原始样品，然后再用四分法取分析样品 200 g 左右。小块的油饼粕，选取具有代表性的 10 片(25～30 片)，粉碎后充分混合得原始样品，再用四分法取分析样品 200 g 左右。

#### 6.1.2.4　副食及酿造加工副产品

酒糟、醋糟、粉渣和豆渣等副食及酿造加工副产品饲料的取样方法是在贮藏池、木桶或贮堆中分上、中、下三层取样。视池、桶或堆的大小每层取5～10个点，每点取 100 g 放入容器内充分混合得原始样品，然后从中随机取分析样品约 1500 g，用 200 g 测定初水分，其余在 60℃～65℃恒温干燥箱干燥制备风干样品。对水分含量高的豆腐渣等样品，在采样过程中需注意汁液的流失。

#### 6.1.2.5　块根、块茎和瓜类

这类饲料的特点是水分含量高，由不均匀的大体积单位组成。采样时，

通过采集多个单独样品来消除每个个体间的差异。样品个数的多少，根据样品的种类和成熟与否以及测定的指标决定。一般块根、块茎饲料采集 10~20个，马铃薯采集 50 个，胡萝卜采集 20 个，南瓜采集 10 个。

采样时从田间或贮藏窖内随机分点采取原始样品 15 kg，按大、中、小分堆称重求出比例，按比例取 5 kg 次级样品。先用水洗干净，注意勿损伤样品的外皮，洗涤后用干布拭去表面的水分。然后从各个块根的顶端至根部纵切具有代表性的对角 1/4、1/8 或 1/16……直至适量的分析样品，迅速切碎后混合均匀，取 300 g 左右测定初水分，其余样品平铺于洁净的瓷盘内或用线串联置于阴凉通风处风干 2~3 d，然后在 60℃~65℃的恒温干燥箱中烘干备用。

### 6.1.2.6 新鲜青绿饲料及水生饲料

新鲜青绿饲料包括天然牧草、蔬菜类、作物的茎叶和藤蔓等。一般取样是在天然牧地或田间，在大面积的牧地上应根据牧地类型划区分点取样。每区取 5 个以上的点，每点为 1 m² 的范围，在此范围内离地面 3~4 cm 处割取牧草，除去不可食草，将各点原始样品剪碎，混合均匀得原始样品。然后按四分法取分析样品 500~1000 g，其中 300~500 g 用于测定初水分，一部分立即用于测定维生素等活性物质，其余在 60℃~65℃的恒温干燥箱中烘干备用。

栽培的青绿饲料应视田块的大小按上述方法等距离分点，每点采 1 至数株，切碎混合后取分析样品。该方法也适用于水生饲料，但注意采样后应晾干样品外表游离水分，然后切碎取分析样品。

### 6.1.2.7 青贮饲料

#### 6.1.2.7.1 原始样品的采集

青贮窖中不同层次、不同部位青贮料的质量受茎叶比例、压实程度、水分含量等的影响，差异较大。但采样量过大，压缩成分析样品时，耗时费工，对有些成分，如在测定胡萝卜素含量过程中还会引起氧化破坏。因此，需要根据实验室条件适度掌握。以专门试验为目的的青贮饲料样品，可在窖贮前用"尼龙网"事先将精心采集切碎的原料装入网中，置入青贮窖内适当位置，启窖时，可迅速将"样品网"送交实验室处理化验。

有的实验室与青贮窖贮存原料的同时，在专门用的青贮罐或青贮塑料袋中制样，在控温室内模拟青贮发酵过程。于青贮窖、塔、壕中取样时，取样前应除去覆盖的泥土、秸秆以及发霉变质的青饲料。原始样品质量为 500~1000 g，

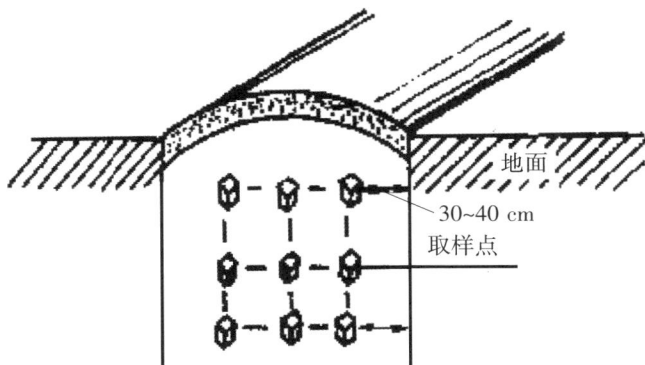

**图 6-1　青贮料取样点示意图**

长形青贮壕的采样点视青贮壕长度大小分为若干段，每段设采样点分层取样，应不少于 15 个点（见图 6-1），取样点距窖壁应至少 30 cm。

### 6.1.2.7.2　分析用样液的制备

将压缩后的青贮料样品在冷暗处切成 2~3 cm 长，拌匀后，取 50~70 g 样品，置于具有盖的广口塑料瓶中（见图 6-2），加蒸馏水 140 ml，置冰箱中浸泡 2 h，中间取出振荡数次。待浸透后在 4000 r/min 大型离心机上离心 5 min，必要时可浸提数次。将提取液合为一处，定容供分析用。

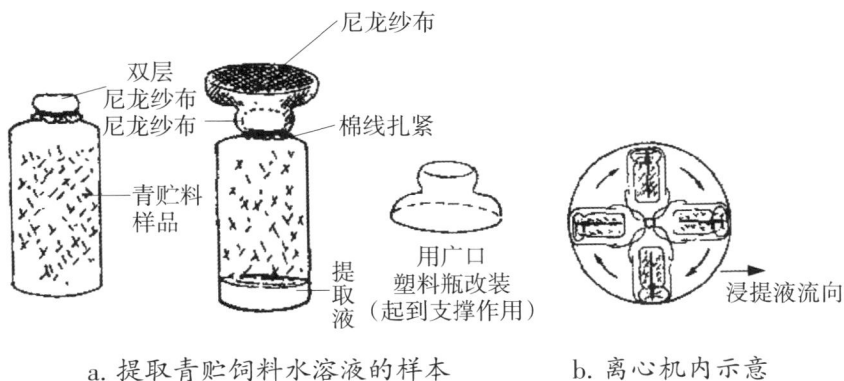

a. 提取青贮饲料水溶液的样本　　　b. 离心机内示意

**图 6-2　青贮料浸出液处理方法示意图**

### 6.1.2.8　粗饲料

秸秆及干草类等粗饲料的取样方法是在存放的堆垛中选取 5 个以上不同部位的点采样（即采用几何法采样），每点采样 200 g 左右，采样时需注意由于干草的叶子极易脱落从而会影响其营养成分的含量，应尽量避免叶子的脱落，采取完整或具有代表性的样品，保持原料中茎叶的比例。然后将采取的原始样品在纸或塑料布上剪成 1～2 cm 长，充分混合后取分析样品约 300 g，粉碎过筛。少量难粉碎的秸秆渣应尽量粉碎弄细，并混入全部分析样品中，充分混合均匀后装入样品瓶中，切记不能丢弃。

### 6.1.3 饲料样品的制备

样品的制备指将原始样品或次级样品经过一定的处理成为分析样品的过程。样品制备方法包括烘干、粉碎和混匀，制备成的样品可分为半干样品和风干样品。

#### 6.1.3.1 风干样品的制备

风干饲料是指自然水分含量在 15% 以下的饲料，如玉米、高粱、糠麸、秸秆、配合饲料等。其制备过程分为以下三步。

**原始样品的采集** 按照几何法或四分法采集。

**次级样品的采集** 对不均匀的原始样品如秸秆、干草等，应经过一定处理如剪碎、捶碎等后混匀，按四分法制备。对均匀的样品如玉米、粉料等，可直接用四分法采集次级样品。

**分析样品的制备** 样品的制备通常用粉碎设备，如植物样本粉碎机、旋风磨、滚筒式样品粉碎机等。注意磨的筛网孔径大小。一般情况下，次级样品用饲料样品粉碎机粉碎，通过孔径为 1.00～0.25 mm 孔筛即得分析样品。不同的测试项目要求不同的粉碎粒度。水分、粗蛋白质、粗灰分、钙、磷、盐的测试一般需要通过 40 目(筛孔直径 0.45 mm)的分析筛；粗纤维、体外胃蛋白质酶消化率需通过 18 目(筛孔直径 1.00 mm)的分析筛；氨基酸、微量元素、维生素、脲酶活性、蛋白质溶解度一般需要通过 60 目(筛孔直径 0.25 mm)的分析筛。不易粉碎的秸秆等粗饲料在粉碎机中会残留少量难以通过筛孔的部分，决不能弃掉，应用剪刀剪碎后一并均匀混入样品中，避免引起分析误差。粉碎后制备的样品 200～500 g 装入磨口广口瓶内保存备用。注明样品名称、制样日期、制样人等信息。

#### 6.1.3.2 半干样品的制备

半干样品是由新鲜的青饲料、青贮饲料等制备而成。去掉饲料的初水分后制成的样品(60℃～65℃烘干)称为半干样品。半干样品的制备包括烘干、回潮和恒重三个过程。半干样品经粉碎机磨细，通过 0.25～1.00 mm 的孔筛筛分，即得分析样品。将分析样品装入磨口广口瓶内保存备用。注明样品名称、制样日期、制样人等信息。

### 6.1.4 不同用途饲料样品采集方法的质量管理

不同的检验目的，饲料样品的采集方法及采样要求不完全相同。

#### 6.1.4.1 配合饲料的采样方法通则（GB/T 14699.1–1993）

##### 6.1.4.1.1 适用范围

本通则适用于粉状和颗粒状配合饲料检验目的的饲料样品采样，不适用于预混料及有特殊要求饲料检验方法的采样。

##### 6.1.4.1.2 采样

###### 6.1.4.1.2.1 散装产品采样方法

根据堆型和体积大小分区设点，按货堆高度分层采样。在货堆的不同方位选若干个采样区。各区设中心、四角 5 个点，货堆边缘的点设在距边缘约 50 cm 处。采样时按区设点，先上后下，逐点采样，各点采样数量一致。散装或罐车在出口处根据采样量的需要，间隔采样。

###### 6.1.4.1.2.2 袋装采样方法

采样包数 5～10 包，逐包采样；10 包以上选取 10 包采样；5 包以下不采。采样包的选取应按区设点，先上后下，逐点采样，各点采样数量一致。采样方法是将取样钎槽口朝下，从包的一角水平斜向插向包的对角，然后转动取样钎至槽口朝上取出，每包采样次数一致；或拆包采取。

###### 6.1.4.1.2.3 成品出料口采样方法

用取样铲在出料口采样，每 10 袋取样 1 份。

##### 6.1.4.1.3 样品的缩分

将样品倒在清洁、光滑、平坦的桌面或光面硬纸上，充分混匀后将样品摊成正方形平面，然后以 2 条对角线为界，分成 4 个三角形，取出其中 2 个对角三角形的样品，剩下的样品再按上述方法反复缩分，直至最后剩下的 2 个对顶三角形的样品接近平均样品所需的重量为止。

##### 6.1.4.1.4 样品的包装与签封

样品应该用内衬有塑料袋外加布袋或牛皮纸袋的包装材料，包装材料不得用与包装内容物发生化学反应的物质。样品装袋后，将印有采样人印章的标签放在样品袋内，扎紧以防松散，再贴上加盖有采样单位和被检单位公章以及采样人印章的封条，最后用塑料袋封好，置冷暗处保存。

#### 6.1.4.1.5　采样记录

采样后要及时记录样品名称、规格型号、批号、产地、采样基数、采样部位、采样人、采样日期、生产厂家名称及详细通讯地址等内容。

#### 6.1.4.1.6　样品交接

采取的样品应由专人妥善保存并尽快送达指定地点。注意防潮、防损和防丢失(参见中华人民共和国国家标准 GB/T 14699.1–1993)。

#### 6.1.4.2　微生物学检验用饲料样品的采样通则

#### 6.1.4.2.1　适用范围

适用于饲料中细菌总数的检验用样品、饲料用霉菌的检验用样品、饲料用沙门氏菌的检验用样品的采样。

#### 6.1.4.2.2　采样步骤

采样时必须特别注意样品的代表性，并避免采样时的污染。首先准备好灭菌容器和采样工具，如灭菌牛皮纸袋或广口瓶、金属勺和刀。在卫生学调查基础上，采取有代表性的样品，样品采集后应尽快检验，否则应将样品放在低温干燥处。

根据饲料仓库、饲料垛的大小和类型，分层定点采样，一般可分三层 5 点或分层随机采样，不同点的样品充分混合后，取 500 g 左右送检。小量存贮的饲料，可使用金属小勺采取上、中、下各部位的样品混合。

海运进口饲料采样。每一船舱采取表层、上层、中层及下层 4 个样品，每层从 5 点取样混合，如船舱盛饲料超过 10000 t，则应加采 1 个样品。必要时采取有疑问的样品送检(参见中华人民共和国国家标准 GB/T13091–1991；GB/T 13092–1991；GB/T19093–1991)。

#### 6.1.4.3　饲料中霉菌毒素检验用样品的采样通则

#### 6.1.4.3.1　适用范围

适用于谷物和配(混)合饲料中的霉菌毒素(含霉菌)检验用样品的采样。

#### 6.1.4.3.2　操作步骤

##### 6.1.4.3.2.1　从受污染区取样

测定霉菌或霉菌毒素污染，需要采用与正常情况不同的样品采集步骤。因为霉菌生长变异性大，所以，必须采集大量样品并取那些最可能受污染区域的样品。

##### 6.1.4.3.2.2　多点采样

样品量依赖于所测定霉菌毒素的水平。霉菌毒素水平越高，样品量越小。由于往往测定的是毒素，因此必须收集几份样品。

##### 6.1.4.3.2.3　做好采样记录

取样者必须熟悉样品加工工艺，采集具有代表性的样品。认识到取样影响测试结果的重要性，记录当时操作步骤，并附报告1份。

##### 6.1.4.3.2.4　注意变异

霉菌和霉菌毒素测定的最大问题之一是其变异性。霉菌孢子不是平均分布在谷物和饲料中，只要条件适合将大量繁殖。例如，谷仓内渗水或漏雨，造成霉变的可能性变大。因此，必要时应多次、多点采样。

##### 6.1.4.3.2.5　留足分析样品

建议采集谷物样品必须使用探子或采样器，收集不同点的样品。样品必须全部通过0.84 mm孔筛。使用沉降分离器或类似仪器来筛选小量样品，用于分析。样品必须保留，以备再次分析。基于上述原因，全价饲料每批必须采集至少1 kg。如果使用采集器收集样品，则必须将各批号样品混合，以便混合成一个具有代表全部批号的样品。

##### 6.1.4.3.2.6　添加防霉剂时的采样

防霉剂在谷物或饲料中的分布非常关键。因为，防霉剂必须与饲料颗粒接触才能发挥效应。所以，必须对每批谷物或饲料从不同位置采样10份，每份不少于0.45 kg。

##### 6.1.4.3.2.7　采样点

采集大量样品的最佳办法是直接在装卸时取样，中间的样品可以用取样器或探子从仓库、进料车直接取样。无论何时，采集样品都应该具有代表性，且探子形状必须随着容器的类型而变化。

### 6.1.5 饲料样本的登记、保存与送检

饲料样品的登记与保管过程是饲料检验结果能够代表饲料原料或饲料产品质量的保证。饲料样品的采集与制备过程再合理，如果登记或保管有误，也将直接影响饲料检验结果的准确性，甚至出现错误的结果，进而影响饲料质量的评判。因此，对饲料样品的登记与保管过程进行严格的质量控制是非常必要的。

#### 6.1.5.1 饲料样品的登记

样品制备好后，应放在磨口广口瓶中，存放于阴凉干燥处。样品瓶应贴上标签，注明样品名称、取样日期和取样人。所有样品取样后要用专用的样品登记本进行登记，系统记录与样品有关的资料，其内容为：

①样品名称和种类。成品饲料要注明编号及包装类型，必要时注明品种、质量等级。

②生长期(成熟程度)、收获期、茬次。

③调制和加工方法及贮存条件。

④外观性状及混杂度。外观描述如颜色、色泽、杂质、水分（粗略）、粒度、霉变和异味等(只登记上述指标是否正常)。

⑤采样地点、采样日期及采集部位。

⑥生产厂家、批次和出厂日期。

⑦质量。

⑧采样和制样人姓名。

#### 6.1.5.2 饲料样品的保管

##### 6.1.5.2.1 保存条件

样品应避光保存，并尽可能低温保存，做好防虫措施。

##### 6.1.5.2.2 保存时间

样品的保存时间长短应有严格规定，主要取决于原料更换的快慢及买卖双方的谈判情况（如水分含量过高，蛋白质含量是否合乎要求）。对某些饲料在饲喂后可能出现问题，应长期保存。一般情况下原料样品应保留2周，成品样品应保留1个月(与客户的保险期相同)。有时为了特殊目的，饲料样品需保存1~2年。对需长期保存的样品可用锡铝纸软包装，经抽真空充氮气(高纯氮气)后密封，在冷库中保存备用。专门从事饲料质量检验监督机构的

样品保存期一般为 3~6 月。饲料样品应由专人采集、登记、制备与保管。

## 6.2 饲料质量的感官检验

饲料感官检验或称感官评定(评价),是指通过人的感觉器官(视觉、嗅觉、味觉、触觉等)而感知到饲料产品的特征与性质,从而对饲料质量特性进行综合性鉴别评价的方法,具有简便、快速、直观、可靠、检验成本低等特点,有时还可省去化学分析或仪器分析等不必要的操作。在各种饲料原料及饲料成品的质量标准中,除了理化指标与卫生指标外,感官性状是决定产品质量的一个重要因素,比如色泽、气味、风味(滋味)、均匀性、质地、有无杂质等。当饲料产品出现感官指标异常变化时,通常可能是饲料产品出现的理化性质异常或者微生物污染等在感官方面的体现,或者说是饲料产品发生不良变化或污染的外在警示。因此,通过感官检验可以判断饲料产品的质量及其变化情况。感官检验不仅能直接发现饲料感官指标在宏观上出现的异常变化,而且当饲料感官性状只发生微小变化,甚至这种变化轻微到一些化学分析或仪器分析都难以准确检出时,通过感官检验也能敏锐地察觉出来。感官检验有着理化分析和微生物检验方法所不能替代的优越性。

### 6.2.1 常用饲料原料的感官检验项目

一般依据色泽、气味、风味(滋味)、组织状况等项目进行综合评价。具体的感官检验项目与指标通常有:是否具有该饲料产品本身应有的正常色泽、气味、风味和形态特征;色泽是否均匀一致;有无霉臭味、酸臭味、腐败味、苦味等异臭异味;有无霉状物、虫蛀或生虫、结块、杂质等。按照饲料原料与产品种类的不同,其感官检验的项目与指标略有差别,偏重点有所不同。例如。谷实类饲料(如玉米、小麦等)要检查籽粒的饱满程度,籽粒是否整齐(大小均匀一致)、完整(有无破损粒),质地的紧密与疏松程度,有无虫蚀粒、生芽粒。要着重检查玉米胚部有无黄色或绿色、黑色的菌丝,小麦胚部是否有粉红色霉状物(赤霉病粒)。糠麸类饲料(如米糠、小麦麸等)要着重检查是否色泽不匀或发暗,要注意因其易吸潮而致霉变、结块或手捏成团。饼粕类饲料(如豆粕、棉籽粕等)要注意其颜色是否过浅(未加热或加热不足)或过深(加热过度），色泽是否一致，有无掺杂物等。各种饲料添加剂产品均应具有该品种应有的色、嗅、味和形态特征。如为固体剂型，应注意检查是否流动性良好，粉末是否色泽一致、粒度均匀。如为液体剂型，应检查是否色泽均匀、液体均一，有无沉淀及异味异臭。配合饲料产品有粉状饲料与颗粒状饲料，应分别要求。如粉料应注意检查是否粒度均匀一致、无结块；颗粒料的颗粒大小是否均匀一致、表面平整光滑等。

### 6.2.2　饲料感官检验的方法

通常采用直接感官检验方法，即以检验者的视、嗅、味、触觉直接检验试样。

#### 6.2.2.1　视觉检验

视觉检验在感官检验中占有重要地位，通常将试样摊放于白纸上，在充足的自然光或灯光下对试样进行观察。可利用放大镜，必要时采用样品在同一光源下对比。观察目的在于识别试样标示物质的特征，如色泽、组织状态、均匀性等，同时要注意检查有无霉变物、掺杂物、热损、虫蚀、活昆虫、结块等。靠视觉评价饲料质量在感观鉴定中是最好的方法，其应用更广泛。一个有经验的人可以准确合理地判断饲料，尤其是谷物、稻糠、油渣饼、鱼粉的质量。检测项目包括是不是本来颜色、有无其他原料、霉菌生长与结块状况、象鼻虫侵害和其他非常态等。预混料中含有被损坏和结块、霉变的饲料会导致家畜生产性能下降、死亡率升高。霉变的谷物会发绿、变灰、变黑，胚种的顶部更是如此。延长保存期或保存不当、水分含量高会导致谷物成堆或结块、霉变。

#### 6.2.2.2　嗅觉检验

嗅觉检验的目的在于辨别被检试样标示物质的固有气味，并检查有无腐败、酸臭、焦煳等不良气味。检验者的嗅觉需十分灵敏，有时用一般方法和仪器不能检测出来的轻微变化，用嗅觉检验可以发现。在嗅觉检验时应注意避免环境中其他气味干扰。

通过嗅觉可以鉴别细米糠含油种子、脂肪、油和其他富含油脂的饲料由于长期贮存或贮存不当而引起的腐臭变质。这些腐败的原料添加到动物饲料中会破坏脂溶性维生素，而且由于饲料气味不佳会导致采食量和生产性能下降。某种饲料或饲料原料有发霉气味说明已经有霉菌生长，这种饲料不能饲喂动物，以防霉菌毒素中毒。

### 6.2.2.3　味觉检验

味觉检验的目的在于判断被检试样标示物质的固有滋味，并检查有无酸味、苦味、辛辣味等不良滋味。检验者在味觉检验前不要吸烟或吃刺激性较强的食物，以免降低感觉器官的灵敏度。若连续检验几种试样样品，应先检查味淡的，后检查味浓的，并且每检查一个样品后都要用温水漱口，以减少相互影响。

通过品尝可以评价饲料和饲料原料的新鲜度。新鲜饲料和饲料原料味道可口，在贮存过程中，它们中的油脂会发生酸败，由于产生了游离脂肪酸而导致异味。陈旧的饲料会产生一种令人生厌的腐败气味。用牙咬和品尝油渣饼可以确认其是新鲜的还是酸败的、发霉的、腐臭的、掺假的。现在，少数油渣饼中掺杂稻壳、蓖麻籽、木棉籽和其他廉价的油料种子。通过显微镜检、咀嚼、品尝和检查颜色、气味可以鉴别出这些掺杂物。当舔食和品尝少许鱼粉样品时，可以知道含盐量的多少。如果盐味和腌菜相当，含盐量为5%；如果和正常菜相当，含盐量为2%~3%。若稻糠和细米糠中掺杂稻壳品尝时会让人感到乏味、喉咙发热，想马上把它吐出来。用牙咬和品尝油渣饼时很容易确定含水量，干饲料脆、硬，容易嚼碎；咀嚼掺杂砂粒、石子的鱼粉、碎米等饲料时会伤害牙齿，引起咀嚼困难。

### 6.2.2.4　触觉检验

触觉检验主要是手捻试样，其目的在于判断试样的硬度、冷热、油腻性、紧密程度，以鉴别其质量。必要时，对谷实类饲料可以抓起一把谷实籽粒，凭手感来初步判断其水分含量。进行感官检验时，通常先进行视觉检验，再依次进行嗅觉、味觉及触觉检验。感官检验对饲料质量进行鉴评时，通常是对构成被检样品感官特征的各个指标进行定性描述。

把手伸入谷物袋的深处，如果谷物很干，则袋子里外的谷物温度相同；如果含水量高，冬天袋子中间的谷物比外边的会凉一些、夏天会热一些。将一小勺细米糠、稻糠或除油稻糠放在左手掌里，捏一小撮在两个手指中摩擦，如果非常粗糙可以推断里面掺杂了稻壳。抓一把细米糠攥紧后轻轻松开，质量好的会保持原来的形状，而掺假的则立即散开。

### 6.2.3 几种饲料原料的感官检验

#### 6.2.3.1 玉米

正常感官特性。籽粒整齐均匀，色泽呈现黄色或白色，无发霉味、酸味、虫、杀虫剂残留，玉米安全水分不超过14%。感官检验是指利用人体感觉器官的功能，依据粮食质量标准，以熟练的检验技术，直接鉴定粮食质量的方法。检验玉米一般采用下列方法。

#### 6.2.3.1.1 视觉检验法

将样品放于盘内或手掌上，水分高的粮食籽粒粒形膨胀，整个籽粒光泽性强。

#### 6.2.3.1.2 触觉鉴定法

将样品放在盘内或手掌上，用手指触摸，通过手对粮食的籽粒捻、压、捏等来感觉软、硬，如籽粒较硬，则水分小，反之水分大。

#### 6.2.3.1.3 齿碎鉴定法

将样品放入口中，用牙齿咬碎，根据破碎程度、牙齿感觉和发出声音高低来判断粮食水分多少。

玉米水分在14%～15%时，脐部收缩明显凹下，基本与胚乳相平，有皱纹，经齿碎时震牙并有清脆的声音；用指甲掐比较费劲，大把握粮食有刺手感。水分在16%～17%时，脐部明显凹下，经齿碎不震牙，但能听到齿碎时发出的响声，用指甲捏脐部，稍费劲。水分在18%～20%时，胚部凹下，很易齿碎，外观有光泽，用手指甲掐不费劲。水分在21%～22%时，脐部不凹下，基本与胚乳相平，牙齿极易破碎，有较强的光泽，用手指甲掐后能自动合拢。水分在23%～24%时，胚部稍凸起，光泽强。水分在25%～30%时，胚部突出明显，光泽特强，用手掐脐部有水渗出。水分超过30%的玉米籽粒呈圆柱形，用手指压脐部有水渗出。水分超过30%的玉米多数是由于成熟度较差，没有进入成熟期，这样的玉米当水分降到14%～15%以内时，就会发生脱皮现象，胚乳组织疏松，角质胚乳很少。因此在配制浓缩料和预混料时，如果所利用的玉米成熟度不好，配制时就应适当增加浓缩料等精料的用量或提高其他蛋白质的用量，以配制出符合畜禽生长的饲料。

### 6.2.3.2　豆粕

豆粕是以大豆为原料，经预压浸提法取油后的剩余产品，其感官性状应呈浅黄色或淡黄色的不规则碎片状，色泽一致，无发酵、霉变、结块、虫咬及异味。新生产的豆粕有豆腥味。豆粕的安全水分不超过14.5%，用手抓散性很好。新生产的热粕不能马上使用，储存时易结块，生产时易堵机。豆粕的色泽如果发白，多数是尿素酶过高，易造成鸡拉稀等症状。如果发红则是尿素酶偏低，过火，蛋白质变性，降低其营养价值。水分超过15.5%以上，则手抓发滞。夏季豆粕一般不能储存，要晾晒等降水至安全水分以内再使用，以免饲料发霉，造成鸡病、猪病等。

浸提法取油时如果使用的大豆杂质多，则其豆粕蛋白含量降低。因此，在检验豆粕时，还要看其感官好不好，是否有黑白粒、沙子等杂质和其他的掺杂物，这样的豆粕蛋白含量一般都低，能导致使用成本提高，也会降低饲料质量。

### 6.2.3.3　麦麸

麦麸是以白色硬质、白色软质、红色硬质、红色软质、混合硬质、混合软质等各种小麦为原料，以常规工艺制粉所得副产品中的一种饲料原料。

感观性状：细碎屑状，色泽新鲜一致。水分小于12.5%，粗蛋白大于15%，粗纤维小于12%。感官检查麦麸，首先嗅其味，是否有酸味、霉味、发酵味，其次看麸皮，不宜太大。水分高，储存时易酸败，会严重影响饲料质量。

### 6.2.3.4　磷酸氢钙、石粉

磷酸氢钙、石粉是饲料生产中主要的钙磷原料。

磷酸氢钙、石粉颜色似白粉。石粉有光泽似白糖，呈现半透明白色，颜色发黑的石粉含镁高。颜色发黑发红的磷酸氢钙含氟高，但磷偏低，不宜使用。

### 6.2.3.5　棉粕、菜粕、葵粕等

棉粕为淡褐色、深褐色或微黑色，棉絮越多，蛋白含量越低。菜粕大多数为黄褐色、红褐色、灰黑色碎片或碎粒，外观越红，蛋白含量越低。葵粕为白色或灰黑色，带有黑色条纹，葵粕皮越多，蛋白含量越低。

# 6.3 饲料原料掺假的快速检验技术

## 6.3.1 饲料原料掺假的含义

指在原料中掺入非原料可饲物质，以次充好，以假乱真，或在原料中掺入非原料不可饲物质，以此增重。

## 6.3.2 饲料原料掺假的形式

掺兑：在原料中掺兑非原料物，出售时冒称原物者。

替代：以他物部分或全部替代原物者。

着色：以染料着色于非原料物，掩饰掺杂真相者。

伪造：出售与商标完全不符的物质。

## 6.3.3 饲料原料掺假识别的基本方略

掺假的原料虽然手段不断更新，但我们只要通过感官判断、镜检、可疑物分离和必要的理化试验或光谱等手段，仔细观察、分辨还是能发现一些破绽，跟踪追击，就能将假货拒之门外。一般饲料原料掺假识别可按如下步骤进行。

### 6.3.3.1 发现疑点

外观性状有明显差异(形状、大小、颜色、气味、手感、溶解度等)；正常检测出现异常现象(滴定终点不清、定量结果过高或过低等)；镜检出现可疑物；红外或紫外光谱扫描与标准物有明显差异。

### 6.3.3.2 可疑物的分离方法

#### 6.3.3.2.1 镜检法

在显微镜下将可疑物逐个夹出来。

#### 6.3.3.2.2 浮选法

利用四氯化碳、三氯甲烷等有机溶剂密度的差异将可疑物分离出来。

#### 6.3.3.2.3 碱消化法

如部分非蛋白氮(NPN)水中不溶解，用浓碱将蛋白、纤维消化后将可疑物分离、暴露出来。

#### 6.3.3.2.4 过筛法

将几个目数不同的样品筛(40~100目)套在一起将样品过筛,再将筛上物或筛下物做镜检或其他定性定量检测,如测 CP 含量等。

#### 6.3.3.3 对可疑物做定性检验

①根据待检物的化学特性,如鱼粉可参照定性方法进行;

②根据光学特性,如旋光性或紫外—可见光吸收光谱;

③多个方法的联检与相互印证。

#### 6.3.3.4 近红外光谱扫描与分析

利用模式识别或主成分分析等。

#### 6.3.3.5 其他确证分析

色谱(GC、LC、离子色谱或氨基酸)分析或质谱分析。

### 6.3.4 常见饲料原料掺假的快速检验实例

#### 6.3.4.1 掺假豆粕(饼)的鉴别

豆粕中常用的掺假原料是玉米、黄土、沙石、尿素等物质。玉米可以用显微镜或放大镜检出,肉眼也能发现一部分。其特征检查对象是淡黄色的淀粉颗粒和黄色透明或半透明的种皮。黄土、沙石可用漂浮法检出,由于加工工艺不同,黄土可以不沉淀,而只是使水变黄浑浊,也是特征之一。

#### 6.3.4.1.1 水浸法

取需要检验的豆粕(饼)25 g,放入盛有 250 ml 蒸馏水的玻璃杯中,浸泡 2~3 h,然后用木棒轻轻搅动,可看出豆粕(碎饼)与泥沙分层,上层为饼粕,下层为泥沙。

#### 6.3.4.1.2 碘酒鉴别法

取少许豆粕(饼)放在干净的瓷盘中,铺薄铺平,在上面滴几滴碘酒,过 1 min,其中若有物质变成蓝黑色,则说明掺有玉米、麸皮、稻壳等。

#### 6.3.4.1.3 生熟豆粕检查法

通常用熟豆饼做原料,而不用生豆饼,因为生豆饼含有抗胰蛋白酶、皂角素等物质,影响畜禽适口性及消化率。

方法是取尿素 0.1 g 置于 250 ml 三角瓶中,加入被测豆粕粉 0.1 g,加蒸馏水至 100 ml,加塞于 45℃水浴 1 h。取红色石蕊试纸一条浸入此溶液,如石蕊试纸变成蓝色,表示豆粕是生的;如试纸不变色,则豆粕是熟的。

#### 6.3.4.1.4　掺入黄土、细沙的鉴别

先取少许豆饼面放入玻璃杯中，然后加水搅拌，待刚出现沉淀时，把混合液慢慢倒出，若杯底有泥沙，说明豆饼面中掺入了土。

#### 6.3.4.1.5　加入尿素鉴别

加入的尿素也可以用检测鱼粉中尿素的方法检出。

### 6.3.4.2　玉米蛋白粉掺假的鉴别

#### 6.3.4.2.1　伪劣玉米蛋白粉的组成及危害

真正玉米蛋白粉为湿法制玉米淀粉或玉米糖浆时，原料玉米除去淀粉、胚芽及玉米外皮后剩下的产品，其外观呈金黄色，带有烤玉米的味道，并具有玉米发酵特殊气味，有蛋白质含量为 60% 及 50% 两种规格，一般常规检测外观、水分、粗蛋白质等三个指标，而氨基酸和叶黄素检测的几率很低。

制假分子就是利用常规检测的不足来制造假玉米蛋白粉。一般假货的组成为蛋白精、玉米粉、小麦粉、色素及少量的真玉米蛋白粉。他们的作假手法是用染成黄色的蛋白精(脲醛聚合物)来冒充粗蛋白质，用小米粉和玉米粉当填充物，再加少量的真玉米蛋白粉，根据饲料厂的质量要求，调整比例，就可以生产出不同规格的劣质玉米蛋白粉，以较低价格卖给饲料厂，以次充好，以假乱真，造成饲料质量大幅下降。

#### 6.3.4.2.2　伪劣玉米蛋白粉的识别方法

假玉米蛋白粉中掺入大量的小米粉、玉米粉及蛋白精，因而氨基酸的组成、总量以及叶黄素含量变化很大，有条件的实验室只需检测一下样品的氨基酸、氨、叶黄素的含量就能很容易鉴别真伪，普通的实验室可以采用以下方法来鉴别真伪。

##### 6.3.4.2.2.1　样品在水中的溶解情况

纯的玉米蛋白粉在水中不溶解，迅速沉淀，其水溶液是无色澄清透明的(叶黄素不溶于水)，伪劣的玉米蛋白粉在水中悬浮，沉淀很慢，其水溶液呈混浊状，甚至呈黄色(掺水溶性色素)。

##### 6.3.4.2.2.2　生大豆粉加热法

可用加生大豆粉加热方法检查是否含有尿素。

### 6.3.4.3　掺假赖氨酸、蛋氨酸的识别方法

生产中常用的是赖氨酸和蛋氨酸。蛋氨酸为白色或淡黄色结晶性粉末，

有反光性，有特殊臭味，手感质地滑腻，口尝略有甜味。赖氨酸为白色或淡褐色小颗粒或粉末，无味或微有特异性酸味，口尝微酸。

市售"进口"蛋氨酸、赖氨酸有些被掺入淀粉、葡萄糖粉、石粉等，而使氨基酸含量仅达50%，大大低于国家标准。

假冒氨基酸一般气味不正，口尝有杂质样涩感，口味不正，赖氨酸、蛋氨酸均完全溶于水，如果水溶有残渣或漂浮物证明为掺假或假冒产品。

蛋氨酸、赖氨酸含量高于98.5%，燃烧后能迅速燃尽，基本无残留。若燃烧不完，有明显残渣则为掺假或假冒。纯正的赖氨酸、蛋氨酸点燃后有一种难闻的特殊臭味，类似于烧羽毛味，而假冒的氨基酸一般不具有这种气味。

#### 6.3.4.3.1 灼烧法

取瓷质坩埚1个加入1 g蛋氨酸或赖氨酸，在电炉上炭化，然后在550℃茂福炉上灼1 h，真蛋氨酸、赖氨酸残渣在0.5%以下，假蛋氨酸、赖氨酸残渣则较多。

#### 6.3.4.3.2 溶解法

取1个250 ml烧杯，加入50 ml蒸馏水，再加入蛋氨酸1 g，轻轻搅拌，假蛋氨酸不溶于水，而真蛋氨酸几乎全溶于水。

#### 6.3.4.4 棉籽饼粕的掺假鉴别

棉籽饼粕是棉籽去掉棉绒提取油后的残渣，棉籽的含油量与大豆大致相同。未脱毒的棉籽含有毒物质，多配合用于牛、羊饲料中。在显微镜下，可以看到棉籽外壳碎片上附有半透明、有光泽、白色的纤维，壳褐色至深褐色，厚而韧，沿边有淡褐色和深褐色类似阶梯状的色层。检验时应注意棉绒的含量。

棉粕因产地不同，加工的工艺流程不一样，导致生产的棉粕颜色、质量也不同，因此其质量控制应根据具体情况具体分析。棉粕中的主要掺假物有红土、膨润土、褐色沸石粉或砂石粉，也有用钙粉、各色土、麸皮、米糠、稻壳经加工制粒、着色制成"棉粕料"的。对于上述的掺假现象，用感观检查配合水浸法鉴别比较容易，也比较准确。

#### 6.3.4.5 菜籽饼粕的掺假鉴别

菜籽饼粕由菜籽榨油残渣加工而成，质脆易碎，颜色较棉籽饼粕稍深，在显微镜下，可见种皮碎片互相分离，种皮薄，硬度较棉籽壳差，表面红褐色或近棕黄色，质地脆，无光泽。其蛋白含量应高于 35%，灰分应小于 14%，若超过此范围，则极有可能掺入砂石、黄土等杂物。其一般鉴别方法如下：

### 6.3.4.5.1 感观检查

正常的菜籽粕为黄色或浅褐色，具有浓厚的油香味和一定的油光性，用手抓时有疏松感觉。掺假菜籽粕油香味淡，颜色也暗淡无油光，用手抓时感觉较沉。

### 6.3.4.5.2 盐酸检查

正常菜籽粕加入适量 10% 的盐酸，没有气泡产生，掺有石粉的菜籽粕则有大量气泡产生。

### 6.3.4.5.3 四氯化碳检查

取一犁形分液漏斗或小烧杯，放入 5~10 g 菜籽粕，加入 100 ml 四氯化碳，用玻璃棒搅拌后静置 10~20 min，菜籽粕比重比四氯化碳小，所以菜籽粕漂浮于四氯化碳表面，而矿砂、泥土等比重较大，会沉于底部。将沉淀物分离开，放入已知重量的称量盒中，将称量盒放入 105 ℃ 烘箱中烘 15 min，取出后置干燥器中冷却称重即可算出掺假物含量，正常的应该在 1% 以下，若有掺假，其含量可达到 5%~15%。

### 6.3.4.6 掺假米糠的识别

先拿一个透明玻璃杯，加水后放入米糠一小把，将其搅拌，看沉淀快慢。如果沉淀快，掺假的可能性就大。发现沉淀快的，把上面的混合液倒出，就会发现杯底有沉下的泥沙。

### 6.3.4.7 磷酸盐的掺假鉴别

饲料用磷酸盐是畜禽饲料中磷的重要来源，可用的有 20 余种，有钙盐、钠盐、钾盐、铵盐等。但目前主要使用的品种只有磷酸钙盐，即磷酸氢钙（磷酸二钙）和脱氟磷酸钙（磷酸三钙），占生产和消费的 98%。磷酸盐最大的问题是氟超标和掺杂造假。氟超标需要化验分析，一般厂家不容易做到，因此应尽量从有信誉的大公司进货。常见的造假及鉴别方法如下。

### 6.3.4.7.1 用磷矿粉或农用过磷酸钙假冒磷酸氢钙

磷矿粉是磷矿石磨成的细粉，呈灰白色、黄棕色或白色，含氟量较高，一般在 2% 左右，不溶于稀酸（稀盐酸或白醋）。农用过磷酸钙呈灰白色或深灰色，与稀酸反应后溶液呈灰色,有部分不溶物。而饲料磷酸氢钙与稀酸反应平稳,无气体,无沉淀。

**6.3.4.7.2 用石粉或轻质碳酸钙假冒磷酸氢钙**

石粉或轻质碳酸钙均可与稀酸反应,且反应时会放出大量气泡,反应越激烈,气泡越多,说明产品中含石粉或轻质碳酸钙越多。

**6.3.4.7.3 用磷酸盐掺骨粉或滑石粉假冒磷酸氢钙**

在磷酸钾盐、钠盐、铵盐、钙盐中掺入骨粉的目的是降低其含氟量,掺入后色泽偏灰暗或偏黄褐色,若掺入骨粉 50% 以上则有骨粉气味。加入稀酸后,会产生大量浑浊的泡沫,反应后,溶液浑黄,底部有不溶性物质存在。

**6.3.4.8 麸皮的掺假识别**

将手插入一堆麸皮中然后抽出,如手指上黏有白色粉末且不易抖落,说明掺有滑石粉,如易抖落则是残余面粉。再用手抓起一把麸皮使劲攥,如果麸皮成团,则为纯正麸皮;而攥时手有涨的感觉,表示掺有稻谷糠;如攥在手掌心有较滑的感觉,说明掺有滑石粉。

# 6.4 饲料常规营养成分化学分析

## 6.4.1 分析用样品的采集与制备

样品采集是饲料营养价值评定工作中最重要的一步,采集的样品必须具有代表性,即代表全部被检物质的平均水平。否则,即使实验室分析的仪器和方法先进、科学,也不能得出科学、公正和实用的结果。

饲料样本的制备在于确保样品十分均匀,在分析时,取任何部分都能代表全部被检测物质的成分。根据被检物质的性质和检测项目要求,可以用摇动、搅拌、切碎、研磨或捣碎等方法进行。互不相溶的液体,分离后分别取样。

## 6.4.2 饲料养分的表示

百分数(%):最为常用的表示方法,即表示某养分在饲料中的重量百分比。主要用以表示概略养分、常量元素、氨基酸的含量。

mg/kg:通常用以表示微量元素、水溶性维生素等养分(有时还用 μg/kg)。

IU（国际单位）：常用以表示脂溶性维生素等在饲料中的含量。

饲料的存在状态不同，其养分含量有很大差异。因此饲料营养价值经常用 3 种存在状态来表示。

原样基础：有时可能是鲜样基础或潮湿基础，有时也可能是风干基础。原样基础的水分变化很大，不便于进行饲料间的比较。

风干基础：指空气中自然存放基础或自然干燥状态，亦称风干状态。该状态下饲料水分含量在 13% 左右。

绝干基础：指完全无水的状态或 100% 干物质状态。绝干基础在自然条件下不存在，在实践中常将 DM 含量不一致的原样基础或风干基础下的养分含量换算成绝干基础，以便于比较。

### 6.4.3  概略养分分析法

1860 年德国 Weende 试验站的 Henneberg 与 Stohmann 二人创建了分析测定水分、粗灰分、粗蛋白质、粗脂肪、粗纤维与无氮浸出物的概略养分分析方法。该法测得的各类物质并非化学上某种确定的化合物，故也有人称之为"粗养分"。尽管这一套分析方案还存在某些不足或缺陷，但长期以来，这套方法在科研和教学中被广泛采用，用该分析方案所获数据在动物营养与饲料的科研与生产中起到了十分重要的作用，因此一直沿用至今。其分析方案见图 6-3。

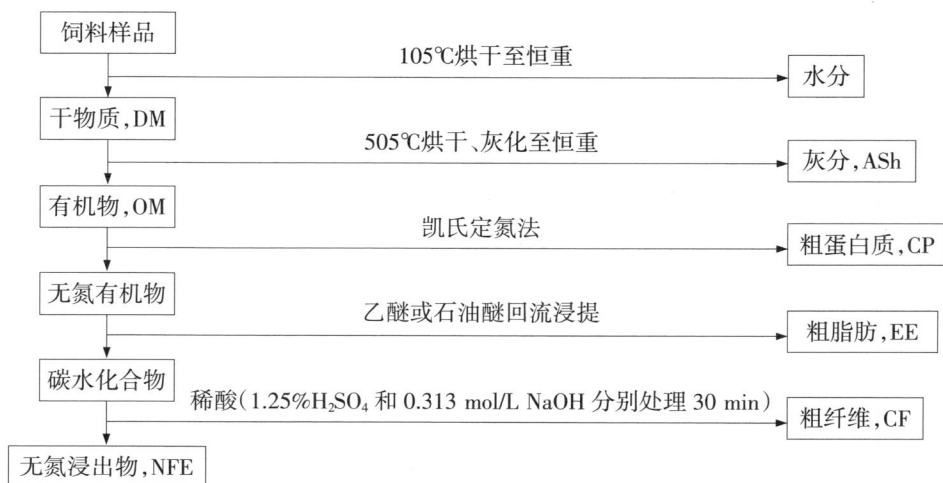

图 6-3  概略养分分析方法

概略养分分析法仅能给出饲料中"粗养分"含量的测定值，而未给出"粗养分"中各种具体营养成分的含量，如灰分中各种元素含量，粗纤维中各种物质含量等，在粗纤维的测定过程中，酸处理会使很大一部分半纤维素被溶解，使饲料中最不能被利用的成分并未完全包括在粗纤维中，从而加大了无氮浸出物的计算误差。粗纤维并非化学上的一种物质，而是几种物质比例不确定的混合物，同时也并未将饲料中的这几种物质全部包括在其中。

### 6.4.4 Van Soest 饲草分析法（粗饲料分析方案）

概略养分分析法虽在饲料营养价值评定中起了十分重要的作用，但它在碳水化合物分析方法上存在不足。为此，Van Soest 在 1964 年首次建立了适于动物营养目的的粗饲料洗涤分析程序（见图 6-4）。

图 6-4 Van Soest 粗饲料分析方法

### 6.4.5 纯养分分析

随着动物营养科学的发展和测试手段的提高，饲料营养价值的评定进一步深入细致，也更趋于自动化和快速化。饲料纯养分分析项目，包括蛋白质中各种氨基酸、各种维生素、各种矿物质元素及必需脂肪酸等。这些项目的分析需要昂贵的精密仪器和先进的分析技术。

### 6.4.6 近红外分析技术（Near Infrared Reflectance Spectroscopy， NIRS）

用传统的化学方法分析饲料营养价值，由于耗时、耗试剂而成本高，近20 年来，在一些营养实验室采用了将分析技术和统计分析技术联合使用的近红外分析技术。这一技术是应用一套光学设备和计算机获得样品的数据谱，将一套已知分析值的饲料样品(通常需要 50 个样品)在近红外仪上测定，然后计算二者之间的回归关系，这一关系被输入计算机，用作样品测定时的经验公式。近红外的波长范围从 730 nm 到 2500 nm，是介于波长更短的可见光和波长更长的红外光之间的，样品分析时只要读取光学数据就可以很快获得分析结果。自 1984 年以来，该方法已经用于测定青草粗蛋白、酸性洗涤纤维和水溶性淀粉，用于测定青贮饲料的粗蛋白和酸性洗涤纤维。目前，国外一些大型企业已经开始将 NIRS 技术用于常规营养成分的快速测定。使用该方法时，样品的制备非常重要，由于样品制备不好，颗粒大小变异而造成的分析误差可以占整个仪器分析误差的 90%。

### 6.4.7 抗营养因子和毒素的分析

在植物性饲料中主要存在的是蛋白酶抑制因子、血凝素、致甲状腺肿物质、氰、巢菜碱、植酸磷、浓缩单宁、黄曲霉毒素和生物碱等抗营养因子，其分析方法一般都很专一，有些还需要精密仪器。

### 6.4.8 饲料概略养分分析方法

饲料概略养分分析见附录二：

饲料水分的测定；

饲料粗蛋白质的测定；

饲料粗脂肪的测定；

饲料中性洗涤纤维(NDF)和酸性洗涤纤维(ADF)的测定；

饲料粗灰分的测定；

饲料钙的测定；

饲料磷的测定。

## 6.5 饲料原料贮藏与保管

饲料保管不善，极易发生吸湿发霉或生虫。饲料发霉，饲用价值不但降低，而且极易发生饲料中毒，从而造成畜禽发病或死亡。饲料贮存过久，虽然不霉变，也会因脂肪变质而使营养成分降低，其中维生素 A、维生素 D、维生素 E 也易氧化从而降低效力，购进的饲料还要注意避光、通风透气和防潮，以免造成霉变损失；还要加强库存饲料的管理，防止生虫或被老鼠偷食，以提高饲料的利用率。

### 6.5.1 常见饲料贮存需注意的问题

#### 6.5.1.1 一些饲料保存时间过长易腐败变质，应提前做好预防

米糠中含有较多的不饱和脂肪酸，容易因氧化而腐败，宜新鲜使用。

玉米中含有较多的不饱和脂肪酸，加工成粉状后容易腐败变质，不能长久贮存。要想长期保存，应尽量以原粮的形式贮藏。

花生饼、蚕蛹、肉粉、肉骨粉、鱼粉等蛋白质饲料因含有较多的脂肪，夏秋季节易腐败变质，也不耐贮藏，必须新鲜使用。尤其是花生饼最容易寄生黄曲霉菌，产生黄曲霉毒素，既能危害动物，又会通过畜产品如牛乳影响人类的健康，有诱发癌症的危险。蚕蛹、肉粉、肉骨粉、鱼粉等动物性饲料，如果保存不当，极易被肉毒梭菌和沙门氏菌污染，动物采食后会引起细菌毒素中毒。

豆腐渣、粉渣含水量很大，在夏、秋季容易发酵变质，应新鲜使用；要想延长保存时间，应将其晒干后贮藏。另外，豆腐渣中含有抗胰蛋白酶、皂素和血凝集素等不良物质，影响其适口性和消化率，不宜生用，必须煮熟后饲喂。

#### 6.5.1.2 一些饲料贮藏后会产生有毒物质，饲喂时必须慎重处理

马铃薯(土豆)保存不当会发芽，在其青绿色的皮上、芽眼和芽苗中都含有较多的龙葵素，这是一种有毒物质，能引起家畜胃肠炎。因此，在使用前一定要将青皮削掉，将芽苗和发绿的芽眼挖掉。将马铃薯进行蒸煮可以降低其毒性，但蒸煮后的残液应该倒掉。

甘薯(地瓜)保存不好会腐烂。一般情况下，因气温过低造成腐烂的可以继续使用；因气温过高而造成腐烂的，常发苦、发涩，不宜再作饲料使用。对因染有黑斑病而造成腐烂的甘薯，应坚决剔除，否则饲喂后会引起动物中毒。

甜菜叶、白菜等饲用青料，如果堆积保存时间过长、方法不当，其中的硝酸盐会转变为亚硝酸盐，动物采食后会发生亚硝酸盐中毒而致死。因此，这类饲料不宜大垛长时间堆积保存，饲喂时用量不宜太多。

三叶草、南瓜秧因保存不当发生霉变或因霜冻枯萎后，其中的氰甙配糖体会转化为有较强毒性的氢氰酸，造成严重毒害。因此，这类饲料也应妥善保存。

阴雨季节，青干草常常因寄生曲霉菌而发霉变质，动物采食时，会因吸入霉菌孢子而致曲霉菌病，出现呼吸困难等症状。因此，在阴雨季节来临之前，要注意翻晒草料、清理料仓，不得使用寄生霉菌的草料。

6.5.1.3　一些饲料贮藏后营养成分丧失、适口性变差，应注意调控

因为稳定性不好，大部分饲料在经过长时间的保存后，都会丧失一部分维生素，因此，饲料保存时间不要太长。同样的道理，一些饲料添加剂也不能长期保存，如在 25℃环境中保存 2 年，维生素 $B_6$ 添加剂会丧失 10%，维生素 $B_{12}$ 添加剂会丧失 5%；在 35℃环境中保存 2 年，维生素 $B_6$ 添加剂会丧失 25%，维生素 $B_{12}$ 添加剂会丧失 60%。所以，这些饲料添加剂要尽量现购现用。

萝卜保存到春季会因为水分丧失或抽薹而空心，适口性变差。因此，春季要加大萝卜保存场所的湿度，对已空心的萝卜要适当切细后饲喂。

### 6.5.2　饲料的贮藏方法

主要有缺氧贮藏、干燥贮藏、通风贮藏、低温贮藏和化学贮藏。

6.5.2.1　缺氧贮藏

饲料在密封条件下，由于机械脱氧或生物呼吸脱氧的结果，造成一定能够缺氧的状态，并伴随着二氧化碳的积累或其他气体(如氧气)置换，从而降低饲料生理活动，抑制微生物和害虫的生长，延缓了品质的劣变，保证了饲料质量的稳定性。

这种贮藏方法具有以下优点:

防治贮藏饲料中的害虫。研究表明，当氧气浓度降低 2%左右或二氧化碳增高到 40%～50%时，害虫也很快因窒息而死亡。

防霉制热作用。大多数霉菌都是好氧菌，在缺氧条件下，生长繁殖受到抑制。即使是耐低氧的霉菌，缺氧时生长也微弱。由于密封，不仅可以防湿、防潮，而且防治了料堆外部微生物的扩大污染。

有利于提高饲料品质及贮藏安全，保障饲料卫生，并降低保管费用，减轻劳动强度，而且方法简便。

#### 6.5.2.2　干燥贮藏

水分是饲料进行生理活动时酶促反应的必要条件。随着水分含量的提高，温度的上升，呼吸作用加强。同时水分也是各种微生物和害虫生存的条件之一。因此，降低贮藏饲料的水分含量，就能提高质量的稳定性。

干燥贮藏包括两方面：一方面是贮藏的饲料要干燥，另一方面贮藏的仓库也要干燥，只有这样，才能实现贮藏期内饲料干燥。一般来讲，谷物饲料含水量在14%以下，温度低于30℃时，不利于微生物的生长繁殖，可以较长期贮存；当水分含量超过17%时，尽管温度较低，也容易霉变。粉状饲料吸附水分的能力较强，贮存时要求安全含水量较低，仓库比较干燥。脂肪含量高的油饼、米糠类，要求安全水分界限也较低。

#### 6.5.2.3　通风贮藏

通风贮藏是以饲料具有空气渗透性和料堆空隙性为基础，将干燥低温的空气通过料堆使其降低料温，散发水分，以利于安全贮藏。这种贮藏与空气湿度密切相关，如空气所含水分大于贮藏饲料所含水分，则贮藏会吸湿而不利于贮藏；反之，则散失水分利于贮藏。此外，通风贮藏的效果还与饲料空隙度、吸附性有关。

通风方法有两种，常见的一种是自然通风，这种方法经济有效，简便易行，但空气交换率小，且受温度和风压的限制；另一种是机械通风，机动性强，效果好，但要消耗一定能源。

#### 6.5.2.4　低温贮藏

低温贮藏是将冷却后的饲料采取密闭保冷的方法，使饲料长期处于低温状况，减弱饲料的生理变化，防止虫、霉危害，保证贮藏品质，达到安全贮藏的一项较好的贮藏措施。

低温可使籽实饲料处于休眠状态，呼吸作用很弱。一些粉状饲料虽然没有呼吸作用，但低温大大限制了微生物和害虫的活动。当含水量较高时，低温对部分种子发芽有一定影响，但对饲料营养价值一般来讲没有不良影响。低温方法有人工降温和自然降温两种，但要注意保温装置。

#### 6.5.2.5　化学贮藏

化学贮藏是在饲料中加入一定量的化学药品，以防治饲料的虫害、霉变和氧化酸败等。

6.5.2.5.1　化学防治害虫

为防止昆虫和螨类对谷物类饲料原料的侵染，常需用熏蒸剂、灭菌剂对其进行化学处理，尤其是熏蒸剂应用效果较好。对谷物类饲料原料进行化学处理，需特别注意农药残留量要符合饲料(或粮食)卫生标准要求。

6.5.2.5.2　防霉剂

在饲料中加入化学药品抑制或杀死微生物来达到安全贮藏。在配合饲料中常用的有丙酸钙(2 kg/t)、丙酸钠(1 kg/t)等。

6.5.2.5.3　抗氧化剂

有些饲料中有较多的脂肪，容易自动氧化分解，一方面变质产生异味，另一方面破坏了溶解于脂肪中的脂溶性维生素 A、维生素 D、维生素 E、维生素 K 等，从而降低饲料的营养价值。为了防止脂肪氧化，常在饲料中添加抗氧化剂。

天然抗氧化剂有丁香、花椒、茴香等。这些天然抗氧化剂使用安全，没有副作用。

合成抗氧化剂是目前使用较多的，如乙氧基喹啉、二丁基羟基甲苯(BHT)、丁基羟基茴香醚(BHA)、没食子酸丙酯以及抗坏血酸等。一般认为乙氧基喹啉的抗氧化剂效果高于 BHA、BHT。

6.5.2.5.4　药剂

使用时要注意安全，严格按照国家或行业规范以及使用说明书操作。

### 6.5.3　主要饲料原料的贮藏方法

6.5.3.1　玉米贮藏方法

玉米称为饲料之王，是主要的能量饲料，也是配合饲料中的主要原料。

6.5.3.1.1　贮藏特性

玉米的胚部所占比例较大，占整粒重量的 10%～14%，占整粒体积的 30%～35%，但组织疏松，上部无透水不良的糊粉层，因此在相对条件下，玉米比其他谷类籽实饲料呼吸作用强。玉米胚部含脂肪高达 35%左右，占整粒玉米所含脂肪总量的 70%以上，因此，在温度高、湿度大的情况下，脂肪易氧化，这时胚部酸度增加，容易变质。

玉米水分在 14%～40%范围内，水分愈高，呼吸作用愈强，微生物和害虫繁殖加快。当玉米水分低于 14%，料温不超过 25℃，或水分在 13%以内而温度不超过 30℃时，可以安全度夏。

#### 6.5.3.1.2 玉米的霉变

玉米的霉变与含水量和温度密切相关。当玉米含水量达到 14.3%时，曲霉（如黄曲霉）即可生长；含水量达 15.6%~20.8%时，青霉可生长。玉米的霉变过程是：开始籽粒表面发生湿润（俗称"出汗"），接着胚部发生变化，胚部菌丝体成绿色（俗称"点翠"）、灰色，最后呈黑色，霉味增加，带有辛辣味，再继续霉烂则丧失使用价值。一般籽粒表面湿润到胚部出现菌丝需 3~4 d，此期发现及时，立即处理，还可以利用，否则再经几天就达到发热严重阶段而失去饲用价值。

#### 6.5.3.1.3 玉米害虫

常见害虫有米象、麦蛾、锯谷盗、印度谷蛾以及地中海螟蛾等，最严重的是米象以及蛾类害虫。对玉米害虫可采用溜筛除虫，用 0.5~0.6 cm 的单层溜筛，除虫效果可达 97.8%。其次，用低温贮藏能有效防治。

#### 6.5.3.1.4 贮藏方法

主要是散装贮藏，一般立筒仓都是散装。立筒仓贮藏时间不长，玉米厚度可高达十几米，因此，水分应控制在 14%以下，可以入低温库贮藏或通风贮藏。

#### 6.5.3.1.5 玉米粉的贮藏

玉米粉空隙小，通气性差，导热性不良，粉碎后温度较高（一般为 30℃~50℃），很难贮藏。如含水量稍高时则易结块，生霉，变苦。因此，刚粉碎的玉米粉需立即通风降温。饲料厂通常采用的是籽实贮藏，现配料现粉碎。其他谷类籽实饲料与玉米贮藏相仿。

### 6.5.3.2 饼粕贮藏方法

#### 6.5.3.2.1 贮藏特性

饼粕包括大豆饼粕、棉籽饼粕、亚麻仁饼等。这类饲料含蛋白质，但由于本身缺乏细胞膜的保护作用，很容易感染虫、菌。如果水分超过标准，相对湿度在 75%以上，则易发生霉变。害虫主要是锯谷盗和蛾类等。此外，热榨饼还容易自燃。如果油籽粕水分低于 5%，在运输或日光照射下，达到一定温度时也容易自燃。

#### 6.5.3.2.2 贮藏方法

仓库要特别注意防虫、防潮、防霉。入库前，可用国家允许使用的防虫剂灭虫。仓库铺垫也要切实做好，最好用糠做垫底材料。垫糠要干燥压实，厚度不小于 20 cm。同时要严格控制水分，最好在 5% 左右。棉菜籽粕含有毒素，应脱毒之后再贮藏。

### 6.5.3.3 麸皮米糠贮藏方法

#### 6.5.3.3.1 麸皮贮藏

麸皮破碎疏松，空隙度面积大，吸湿性强，含脂高达 5%，因此很容易酸败或生虫、霉变，特别是夏季高温潮湿更易霉变。新出机的麸皮温度一般能达到 30℃，贮藏前要把温度降低 10℃~15℃才能入库。在贮藏期要勤检查，防止结块、发霉、生虫、吸湿。一般贮藏期不宜超过 3 个月。贮藏在 4 个月以上酸败就会加快。

#### 6.5.3.3.2 米糠贮藏

米糠中脂肪含量高，导热不良，吸湿性强，极易发热酸败。贮藏米糠时应避免踩压，入库的米糠要及时检查，勤翻勤倒，注意通风降温。米糠贮藏时其稳定性比麸皮还差，不宜长期贮藏，要及时推陈贮新，避免损失。

### 6.5.3.4 维生素及其他添加剂原料贮藏

维生素和其他有关添加剂原料是生产配合饲料的重要原料，虽然用量不多，作用却不小。这部分原料特性各异，一般要求低温、干燥、阴暗的环境，应根据各自的特性分别保管(见表 6-1)。

表 6-1 维生素及其他类添加剂原料的贮藏条件

| 名称 | 贮藏方法 | 名称 | 贮藏方法 |
|------|---------|------|---------|
| 维生素 A | 装入铝制、铁制容器内密封,充氮气,在凉暗处保存 | 泛酸钙 | 密封,干燥处保存 |
| 维生素 AD 溶液 | 遮光,装满,密封保存于阴凉干燥处 | 氯化胆碱 | 防潮,密封保存 |
| 硫胺素 | 遮光,密封保存 | 烟酸 | 密封保存 |
| 核黄素 | 遮光,密封保存 | 土霉素 | 遮光,密封,干燥处保存 |
| 维生素 B$_6$ | 遮光,密封保存 | 硫酸亚铁(7 个水) | 密封保存 |
| 维生素 B$_{12}$ | 遮光,密封保存 | 硫酸锌(7 个水) | 密封保存 |
| 维生素 C | 遮光,密封保存 | 硫酸铜(5 个水) | 密封,干燥保存 |
| 维生素 D$_3$ | 遮光,充氮,密封,冷处贮藏 | 硫酸镁(7 个水) | 密封保存 |
| 维生素 E | 遮光,密封保存 | | |

#### 6.5.3.5 配合饲料贮藏方法

配合饲料的种类很多，但其内容物不一样，因此贮藏特性也各不相同。料型不同（颗粒料、粉料），贮藏特点也有差异。配合饲料在贮藏期间因水分、温度、湿度、虫害、鼠害、微生物等因素而受损，因此要采取相应的措施以避免其危害。

##### 6.5.3.5.1 水分和湿度

配合饲料的水分一般要求在 12% 以下。配合饲料在贮藏期间必须保持干燥，包装要用双层袋，内用不透气的塑料袋，外用编织袋包装。贮藏仓库应干燥、通风。仓内堆放时地面要铺垫防潮物，一般在地面上铺一层经过清洁消毒的稻壳、麦麸或秸秆，再在上面铺上草席或竹席后，方可堆放配合饲料。

##### 6.5.3.5.2 虫害和鼠害

为避免虫害和鼠害，在贮藏饲料前，应彻底清除仓库内壁、夹缝及死角，堵塞墙角漏洞，并进行密封熏蒸处理，以减少虫害和鼠害。

##### 6.5.3.5.3 温度湿度

对贮藏饲料的影响较大，温度低于 10℃ 时霉菌生长缓慢，高于 30℃ 则生长迅速，可使饲料质量迅速下降；饲料中不饱和脂肪酸在温度高、湿度大的情况下也容易氧化变质。因此配合饲料应贮于低温通风处，库房应具有防热性能，防止日光辐射热的透入，仓顶要加隔热层；墙壁涂成白色，以减少吸热；仓库周围可种树遮阴，以避日光照射，缩短日晒时间。

##### 6.5.3.5.4 颗粒饲料的贮藏特性

全价颗粒饲料是用蒸气调制或加水挤压而成，大部分微生物和害虫被杀死，且间隙大，含水量低，只要防潮、通风、避光贮藏，短期内不会霉变，维生素破坏也较少。

##### 6.5.3.5.5 粉状饲料的贮藏

粉状配合饲料大部分是谷类，表面积大，孔隙度小，导热性差，容易吸湿发霉。脂肪和维生素接触空气多，易被氧化和破坏，故不宜久存。维生素之间、维生素与矿物质的配合方法不同，其损失情况也有所不同。此外，光照也是造成维生素损失的主要因素之一。所以，粉状饲料一般不宜久放，宜尽快使用。一般在厂内存放时间不要超过 1 个月。全价粉状饲料表面积大，孔隙小，导热性差，容易返潮。

##### 6.5.3.5.6 浓缩饲料的贮藏

这种饲料富含蛋白质，并含维生素和各种微量元素等营养物质，其导热性差，易吸湿，因而维生素和害虫易繁殖。维生素易因受热、氧化等因素的影响而失效。有条件时，可加入适量抗氧化剂。贮存时要放在干燥、低温处。

浓缩饲料蛋白质丰富，含有微量元素和维生素，其导热性差，易吸湿，微生物和害虫容易繁殖，维生素也易损失。贮藏时应在其中加入防霉剂和抗氧化剂，一般贮藏 3～4 周。

全价粉状配合料大部分是谷类籽实粉组成，表面积大，孔隙度小，导热性差，容易吸潮发霉。其中维生素因高温、光照等因素而造成损失。因此，全价粉状配合料一般不宜久放，贮藏时间最好不要超过 2 周。浓缩饲料蛋白质含量丰富，含各种维生素及微量元素。这种粉状饲料导热性差，易吸潮，有利于微生物和害虫繁殖，容易导致维生素变热、氧化而失效。因此，浓缩饲料宜加入适量抗氧化剂，且不宜长时期贮藏，要不断推陈贮新。

#### 6.5.3.6 添加剂的贮存

添加剂预混料主要是由维生素和微量元素组成，有的添加了一些氨基酸、药物或其他载体。这类物质容易受光、热、水、气影响，要注意存放在低温、遮光、干燥的地方，最好加入一些抗氧化剂，贮藏期也不宜过久。维生素添加剂也要用小袋遮光密闭包装，在使用时，以饲料作载体先预混再与微量元素混合，使其效价不影响太大。许多矿物盐能促使维生素分解，因此矿物质添加剂不宜和维生素添加剂混在一起贮存。添加剂预混料为避免氧化降低效价，应加入抗氧化剂。贮存时间直接影响添加剂的效价，某些维生素添加剂每月损失量就有 5%～10%，因此其产品应做到快产、快销、快用，切忌长期贮存。

#### 6.5.3.7 青干草的贮藏

##### 6.5.3.7.1 干草贮存的营养变化

干草贮存时，一般要求干草的水分含量达到 14%～17% 时才可以上垛或打包贮存，在我国北方干燥地区可以在水分含量为 17% 的限度内贮存，而在南方空气潮湿地区则应以水分含量不超过 14% 为宜。在这个限度内贮存的干草，营养成分的损失可以降到最低限度。由于种种原因，干草上垛贮存时水分含量往往在 20% 以上甚至 30%，这些多余水分将留在上堆以后逐渐干燥，因此，垛上干草中的化学变化也就不能完全停止，微生物与植物本身的酶还会继续起作用。干草贮存过程中的变化如下：

①氧化过程使植物的叶绿素脱镁而变成脱镁叶绿素，使干草失去应有的青绿色泽，变为微黄或褐色。在营养物质氧化降解过程中，部分六碳糖与氨基酸或蛋白质结合，形成褐色聚合物，使干草变为暗褐色，此情况在超过32℃以上的高温过程中会常见到。另外发酵过程可以赋予干草一定的香味，这是褐色干草的优点。

②如果草堆中由于氧化过程升温超过40℃，甚至高达70℃时，由于微生物作用的结果还会产生许多挥发性易燃的气体，因此，如有空气透入，常可引起火灾。

③干草一半以上的损失是在贮藏过程中发生的，主要是微生物的活动使草垛发热、发霉造成的。在贮存条件较好的仓库中，由贮藏引起的干草干物质损失量为5%左右，其中胡萝卜素的含量下降得最快。干草贮藏于室外所造成的损失主要由风化引起，风化可以减少干草的饲喂价值达15%～25%，以草捆形式堆放一年干物质损失为5%～30%，而比较松散的草堆干物质损失超过15%。贮藏良好的干草，即使经过几年的时间，其营养物质的消化率也并无明显的变化，但胡萝卜素的保存时间不能太久。

### 6.5.3.7.2　干草的贮藏方法

干燥适度的青干草，应及时进行贮藏，否则会降低青干草的饲用价值。不同的贮藏方法对营养物质的保存程度影响也不同。试验证明，青干草露天散堆，营养物质损失达20%～30%，胡萝卜素损失最多达50%以上。草棚或草库保存，营养物质损失不超过3%～5%，胡萝卜素损失较少；高密度的草捆贮藏，营养物质损失在1%左右，胡萝卜素损失为18%～19%。下面分别介绍这几种贮藏方法。

#### 6.5.3.7.2.1　露天堆垛贮藏

堆集干草的地址应选择在地势平坦、干燥、排水条件良好、离冬春营地不远的地方，并要设置堆积台，堆积台上还要垫木头、石块、树枝、秸秆、老草等。垛形有长形草垛和圆形草垛两种。堆垛方法堆垛时，应尽量压紧、加大密度。

#### 6.5.3.7.2.2　草棚堆藏

专门修建草棚贮藏，减少日晒、雨淋。堆草时干草与地面、棚顶保持一定距离，便于通风散热。也可利用空房或屋前屋后能遮雨地方贮藏。

目前生产中常把青干草压缩成长方形的干草捆或圆形草捆进行贮藏。草捆密度一般为 80 ~ 130 kg/m³，而利用高压打捆机，草捆密度能达到 200 kg/m³ 以上。草捆贮藏有很多优点。

①压实草捆的贮藏占地面积小，与不良外界环境接触的面积相对较少，因而减少了营养物质的损失；

②便于运输，并可减少叶、嫩枝的损失；

③劳动效率高，取饲方便；

④当青干草含水量高时，可在堆垛过程中设置通风道，以利于牧草通风干燥。

底层草捆应和干草捆的宽面相互挤紧，窄面向上，整齐铺平，不留通风道或任何空隙。其余各层堆平，上层草捆之间的接缝应和下层草捆之间的接缝错开。从第 2 层草捆开始，可在每层中设置 25 ~ 30 cm 宽的通风道，在双数层开纵向通风道，在单数层开横向通风道。

### 6.5.3.7.3 青干草贮藏过程中的管理

为了保证垛藏青干草的品质并避免损失，应对贮藏的干草指定专人负责。一是要防止垛顶塌陷漏雨，干草堆垛 2 ~ 3 周后常常发生塌陷现象，应经常检查，及时修整。二是要防止垛基受潮。三是要防止干草过度发酵和自燃。适度的发酵可使草垛紧实，并使干草产生特有的芳香味，但若发酵过度，则会导致青干草品质下降。实践证明，当青干草水分含量下降到 20% 以下时，一般不至于发生发酵过度的危险。如果垛内的发酵温度超过 45℃ ~ 55℃时，应及时采取散热措施，否则干草会被毁坏，或有可能发生自燃。散热办法是用一根粗细和长短适当的直木棍，前端削尖，在草垛的适当部位打几个通风眼，使草垛内部降温。

# 7 粗饲料质量评价

在奶牛日粮中，粗饲料比例达40%以上，粗饲料是奶牛瘤胃微生物发酵的重要营养来源，也是奶牛能量来源的基础。粗饲料品质好坏直接关系到奶牛生产性能的发挥以及奶牛的健康，同时也影响精料饲喂成本和养殖效益。粗饲料品质的评定对于奶牛生产显得尤为重要。奶牛是大型的草食动物，它就像一个转化器，将饲料转化为牛奶。优质的牛奶来自优质的饲料，而粗纤维是其所必需的营养物质，也是保证乳脂率的重要营养元素。近几年国内外的研究均表明，给奶牛饲喂优质的粗饲草，并采用科学的加工调制方法，可以为奶牛提供足够的有效纤维，延长奶牛咀嚼时间，改善瘤胃健康。现有粗饲料品质评价指标有单项指标和综合指标两大类。下面分别对其基本概念以及分析方法进行详细阐述。

## 7.1 粗饲料品质评价指标

### 7.1.1 单项指标评定

粗饲料品质评价的单项指标主要包括饲料常规营养成分、干物质随意采食量、各养分的消化率等。

#### 7.1.1.1 常规营养成分

1860年由德国Weende农业试验站所创立的"概略养分分析法"是粗饲料的营养价值评定的基础，但并不能很好地评定粗饲料的纤维成分。之后，Van Soest在其基础上建立了范氏分析法，对纤维成分进行了更为细致的划分。Van Soest提出了改进的粗纤维分析方法，采用NDF、ADF、ADL评价指标评定粗饲料质量，此方法将饲料粗纤维中的半纤维素、纤维素和木质素全部离出来，从而更好地评定饲料粗纤维的营养价值。NDF 与瘤胃容积充满度及日粮采食量有关，其含量与能量浓度成负相关，粗饲料中高的 NDF 含量可限制牛的采食量及其对粗饲料的能量利用效率，NDF 含量越高，粗饲料品质越低。粗饲料 ADF 含量与其有机物消化率（OMD）呈负相关，ADF 含量越高，粗饲料品质越低。

目前关于粗饲料常规营养成分含量的测定的基本指标，主要包括干物质（DM）、粗纤维（CF）、中性洗涤纤维（NDF）、酸性洗涤纤维（ADF）、酸性洗涤木质素（ADL）、粗蛋白（CP）、粗灰分、钙磷等。

由于 NDF 在描述饲料特性方面的局限性，Menters 提出了有效洗涤纤维（eNDF）和物理性有效中性洗涤纤维（peNDF）的概念。

#### 7.1.1.2  有效洗涤纤维（eNDF）

##### 7.1.1.2.1  定义

有效纤维最初表示的是维持一定乳脂率和动物健康时纤维的最小需要量（Mertens，1997），有效纤维值是以乳脂率改变为基础的，但由于饲料化学成分不同其产生的代谢影响也不同，1997 年 Mertens 提出了有效中性洗涤纤维（eNDF）的概念。eNDF 是指有效维持乳脂率稳定总能力的饲料特性。eNDF 既可以低于也可以高于 NDF 含量。

##### 7.1.1.2.2  意义

如何估测奶牛场饲喂给奶牛的全混合日粮（TMR）的实际采食量是奶牛营养学家所面临的最大挑战之一。目前，国外研究者正在研究评定奶牛粗饲料中有效 NDF（eNDF）的体系。这种评价体系兼顾了饲料总 NDF 水平、NDF 的长度，以及在某些情况下刺激反刍的能力。TMR 日粮的 eNDF 水平可以更好地作为 TMR 潜在食入量和能量价值的预测因子。

与 eNDF 相关的动物反应是乳脂率变化，eNDF 用于维持乳脂产生的有效性可从小于 0（当饲料对乳脂合成的有害作用大于其 NDF 刺激的正效应时，如糖蜜、纯化淀粉）到大于 1（当饲料对乳脂合成的促进作用比刺激咀嚼活动作用更明显时）。

#### 7.1.1.3  物理性有效中性洗涤纤维（peNDF）

##### 7.1.1.3.1  定义

物理性有效中性洗涤纤维（peNDF）是指纤维的物理性质刺激动物咀嚼活动

和建立瘤胃内容物两相分层的能力。与 peNDF 密切相关的反应是动物咀嚼活动变化。peNDF 通过它与唾液缓冲液分泌量和瘤胃 pH 值的关系来影响动物的健康和乳脂率。

#### 7.1.1.3.2　测定

Mertens(1997)根据咀嚼活动的方法，提出利用回归分析来计算 peNDF 的物理有效因子(pef)，日粮 pef 表示为所食该日粮的咀嚼时间与当反刍家畜饲喂长干草时的咀嚼时间的比值。

饲料 peNDF=饲料 NDF 含量×该饲料的物理有效因子（pef），pef 变化范围可从 0(NDF 不能刺激咀嚼活动)到 1(NDF 刺激最大咀嚼活动)。

假设每千克干物质的 NDF 应该对动物产生最大的咀嚼活动，参比饲料为含 100%NDF 的长干草，其 pef 值默认为 1，那么 peNDF 值应为 100，然后用其他纤维饲料与其作比较。

### 7.1.2　粗饲料品质评定的综合指标

评价粗饲料品质最关键的是奶牛对粗饲料的采食和消化吸收情况，而这除与饲料本身营养成分有关外，还与粗饲料的适口性和消化率有关。常规分析方法统一，测定简单，便于不同样品之间比较，但只能说明粗饲料营养成分含量的高低，并不能完全反映粗饲料的品质。因为粗饲料品质与营养成分含量虽然具有直接的正相关关系，但这种关系也不是绝对的。

为了更好地评定粗饲料品质，国内外学者进行了大量研究，并提出了一些得到广泛利用的综合指标，如营养值指数(NVI)、可消化能进食量(DEI)、饲料相对值(RFV)、质量指数(QI)、粗饲料相对品质(RFQ)、产奶二千(milk 2000)、粗饲料分级指数(GI)等。这些指数都是由当粗饲料作为唯一能量和蛋白质来源时的粗饲料随意采食量和某种形式的粗饲料可利用能计算而来的。粗饲料随意采食量用粗饲料 DMI 占体重的百分比或者占代谢体重的百分比表示。粗饲料可利用能的形式有能量的消化率(ED)、消化能(DE)、可消化干物质(DDM)、总可消化养分(TDN)和代谢能(ME)等。

#### 7.1.2.1　RFV

##### 7.1.2.1.1　概念

RFV 是美国目前唯一广泛使用的粗饲料品质综合评定指数。RFV 用 ADF

和 NDF 体系制定干草等级的划分标准，其定义为：相对于特定标准的粗饲料（假定盛花期苜蓿 RFV 值为 100），某种粗饲料的可消化干物质采食量。

#### 7.1.2.1.2　计算

RFV 计算公式为：$RFV = DMI(\%BW) \times DDM(\%DM)/1.29$

其中：DMI 为粗饲料干物质随意采食量，单位为%BW；DDM 为可消化干物质，单位为%DM。

1.29 是基于大量动物试验数据所预测的盛花期苜蓿 DDM 的采食量，单位为%BW；

除以 1.29，目的是使盛花期的苜蓿 RFV 值为 100。

DMI 的预测模型为：$DMI(\%BW) = 120/NDF(\%DM)$

DDM 的预测模型为：$DDM(\%DM) = 88.9 - 0.779ADF(\%DM)$

#### 7.1.2.1.3　数据解读

RFV 值越大，表明饲料的营养价值越高。RFV 的优点是其参数预测模型是一种比较简单实用的经济模型，只需在实验室测定饲料的 NDF、ADF 和 DM 即可计算出某粗饲料的 RFV 值。RFV 目前仍在美国粗饲料的管理、生产、流通和交易等各个领域广泛使用，牧草种子生产者也使用 RFV 反映品种的改良进展。表 7-1 为美国苜蓿干草的营养评价标准，特级苜蓿的 RFV 指数能够达到 151 以上，可见收割时期得当、营养性能好，相应的 RFV 指数也高。

表 7-1　苜蓿评价标准

| 苜蓿等级 | 收割时期 | RFV |
| --- | --- | --- |
| 特级 | 现蕾期 | >151 |
| 一级 | 初花期 | 125~150 |
| 二级 | 开花期 | 103~124 |
| 三级 | 盛花期 | 87~102 |
| 四级 | 结荚期 | 75~86 |
| 五级 | 成熟期 | <75 |

RFV 的缺点是只对粗饲料进行了简单的分级，没有考虑粗饲料中粗蛋白质含量的影响，无法利用其进行粗饲料的科学组合和合理搭配。因为相对饲喂价值（RFV）包括可消化纤维素的含量，一般来说，相对饲喂价值（RFV）中并不包括淀粉利用率，因而相对饲喂价值（RFV）这一衡量指标适用于除青贮玉米之外的其他所有粗饲料。

#### 7.1.2.2 QI

##### 7.1.2.2.1 概念

QI 是由美国佛罗里达州饲草推广测试项目提出的，是指 TDN 随意采食量相对其维持需要的倍数。由于大多数粗饲料中可消化脂肪可以忽略不计，因此可以假定粗饲料中的 TDN 等同于可消化有机物质。

##### 7.1.2.2.2 概念计算

计算 QI 用的是有机物质消化率（OMD），而不是 RFV 中所用的干物质消化率，这是相对 RFV 有所改进的，其他所需的动物实验数据与 RFV 相同。QI 既可进行粗饲料的评定，又可在电脑模型中预测家畜生产性能。

QI 计算模型为：QI=TDN 采食量（g/MW）/36。其中，36 是牛的 TDN 维持需要量（36g/MW），MW=$W^{0.75}$（每千克代谢体重）。

TDN 采食量计算公式为：TDN 采食量（g/MW）= DMI（g/MW）×TDN（%DM）/ 100

TDN 计算公式为：TDN（%DM）= OM（%DM）×OMD（%）/100

OMD 的预测模型为：OMD（%）= 32.2 + 0.49IVOMD（%）

DMI 的预测模型为：DMI（g/MW）= 120.7 − 0.83NDF（%DM）

##### 7.1.2.2.3 数据解读

QI 是在 RFV 的基础上提出的，其与 RFV 相比不同的地方为：QI 不以某一特定饲草的品质为参照点，而是以牛对能量的需求即 TDN 的维持需要为参照点；QI 的基数设定为 1.0，而 RFV 设定为 100；QI 使用代谢体重，RFV 为体重指数；QI 使用了体外有机物消化率预测 OMD，RFV 使用 ADF。QI 的预测模型根据佛罗里达州饲喂热带牧草的绵羊的试验数据推导而来。

#### 7.1.2.3 RFQ

##### 7.1.2.3.1 概念

Moore 和 Undersander 于 2002 年首次提出用 RFQ 作为粗饲料品质的总指数来取代 RFV 和 QI。在 RFQ 中，DMI（%BW）同 RFV 一样用占体重的百分数表示，而有效能则和 QI 一样，以 TDN（%DM）表示。

##### 7.1.2.3.2 计算

RFQ 计算模型如下：RFQ = DMI（%BW）× TDN（%DM）/ 1.23。要确保 RFQ 预测模型的精确，必须首先建立精确的 DMI 预测模型。比较理想的 DMI 的预测模型建立非常复杂，应包括 CP、ADF、NDF、体外消化率等多个指标。

$$DMI = -2.318 + 0.442CP - 0.0100(CP)2 - 0.0638TDN + 0.000922(TDN)2 + 0.180ADF - 0.00196(ADF)2 - 0.0529CP \times ADF, R^2 = 0.76$$

TDN 的预测模型为：$TDN = 0.954 \times (0.953NDS + IVDNDF13.1)$

其中 $NDS = 100 - NDF$，所测定的 NDS 的真消化率系数为 0.953，代谢粪中 NDS 的排出量为 13.1%DM。$IVD - NDF$ 为 NDF 体外消化率。用实测值 TDN 对 DDM 进行回归 $R^2 = 0.96$，截距可以忽略，得出无截距回归的斜率为 0.954。

### 7.1.2.3.3 数据解读

研究发现，尽管 RFV 和 RFQ 有些相似，均是以动物试验为基础，实测的 RFV 和 RFQ 具有相同的平均值及标准差。但在生产实践中，由于参数所使用的预测模型不同，就某种粗饲料而言，所预测的 RFV 值和 RFQ 值差异较大，RFQ 的预测值更能接近于实际情形，这主要是 RFQ 中预测 TDN 和 DMI 的模型是针对不同种类的粗饲料而特别建立的，因而 RFQ 的预测模型更具有灵活性，从而能作出更接近实际的预测。但是 RFQ 中的 TDN 预测模型涉及多项营养指标的测定，不能保证其准确度，也比较费时费工；收获损失对 RFQ 的影响较 RFV 要大；热损害会降低 RFQ，而 RFV 则不受影响，这些导致 RFQ 不能得到良好的推广。

### 7.1.2.4　GI

#### 7.1.2.4.1　概念

近年的研究表明，不包括 CP 的粗饲料评定指数是不够准确的。没有考虑 CP 的 RFV 值就有必要重新考查。于是卢德勋先生在继承 RFV 基础上，提出了评定粗饲料品质的粗饲料分级指数（Grading Index, GI）。GI 除引入能量参数外，还引入了粗饲料干物质随意采食量（DMI）与 CP 等参数，并将它们统一起来考虑，使其更具生物学意义。

#### 7.1.2.4.2　计算

计算公式为：$GI(Mcal) = ME(Mcal/kg) \times DMI(kg/d) \times CP(\%DM)/NDF$（或 ADL）（%DM）

其中，GI 为粗饲料分级指数，单位为 Mcal；ME 为粗饲料代谢能，单位为 Mcal/kg；DMI 为粗饲料干物质随意采食量，单位为 kg/d；CP（%DM）为粗蛋白质占干物质的百分比；NDF（%DM）为中性洗涤纤维占干物质的百分比；

ADL(%DM)为酸性洗涤木质素占干物质的百分比。

### 7.1.2.4.3　数据解读

GI 的特点是综合了影响粗饲料品质的蛋白质和难以消化的纤维物质两大主要指标及其有效能(在绵羊和育肥牛为 ME,奶牛为 NEL),并引入动物对该种粗饲料的 DMI,克服了现行粗饲料评定指标的单一性和脱离动物反应的片面性,全面、准确地反映粗饲料的实际饲用价值 (见表 7-2)。

表 7-2　利用 GI 指数对粗饲料分级标准

| 分级标准 | CP（%） | ADF（%） | NDF（%） | DDM（%） | DMI(%BW) | GI(MJ) | RFV（%） |
|---|---|---|---|---|---|---|---|
| 特级 | >19 | <31 | < 40 | >65 | > 3.0 | >53.68 | >151 |
| 1 | 17~19 | 31~35 | 40~46 | 62~65 | 2.6~3.0 | 33.5~53.6 | 125~ 150 |
| 2 | 14~16 | 36~40 | 47~53 | 58~61 | 2.3~2.5 | 19.2~29.3 | 103~ 124 |
| 3 | 11~13 | 41~42 | 54~60 | 56~57 | 2.0~2.2 | 11.1~16.4 | 87~102 |
| 4 | 8~10 | 43~45 | 61~65 | 53~55 | 1.8~1.9 | 6.3~10.67 | 75~86 |
| 5 | <8 | >45 | >65 | <53 | <1.8 | <6.28 | <75 |

一些常见牧草的干物质采食量(DMI)、产奶净能(NE)、可消化干物质(DDM)、分级指数(GI)以及相对饲喂价值(RFV)的指数见表 7-3。

表 7-3　各牧草干物质随意采食量、产奶净能、分级指数预测值及 RFV 值

| 样品名称 | DMI(Kg/d) | NE | DDM | GI | RFV |
|---|---|---|---|---|---|
| 羊草 | 10.44 | 1.04 | 57.70 | 15.90 | 77.80 |
| 青贮玉米 | 10.74 | 1.04 | 59.75 | 29.83 | 82.94 |
| 紫花苜蓿 | 19.06 | 1.01 | 62.82 | 77.85 | 154.71 |
| 黄花苜蓿 | 14.59 | 1.00 | 58.40 | 38.21 | 110.10 |
| 草木樨 | 17.68 | 1.00 | 60.00 | 57.52 | 137.04 |

# 7.2　青贮饲料营养价值评价

## 7.2.1　开窖时机

窖贮时间通常会维持几个月,或者直到 pH 值足够低(约3.8)才能开窖,开窖时机取决于发酵进程和玉米青贮本身的特性:如果开窖早,大量空气涌入,会影响发酵,引起饲料腐败,造成干物质和营养成分损失;如果玉米太

干且密封不好，发酵时间还会延长数周。

### 7.2.2　感官评价

#### 7.2.2.1　色泽

优质玉米青贮饲料色泽接近原料颜色，呈青绿色或黄绿色；品质良好的玉米青贮饲料呈黄褐色；品质一般的玉米青贮饲料呈褐色；品质低劣的玉米青贮饲料呈黑褐色。

#### 7.2.2.2　气味

品质优良的玉米青贮饲料通常具有酸香味；品质良好的玉米青贮饲料具有酒酸味；品质一般的玉米青贮饲料具有刺鼻酸味；品质低劣的玉米青贮饲料具有腐败霉烂味。

#### 7.2.2.3　结构

优质的玉米青贮饲料结构松软不粘手，品质良好的玉米青贮饲料结构松软无黏性，品质一般的玉米青贮饲料略带黏性，品质低劣的玉米青贮饲料发黏结块。

#### 7.2.2.4　水分

优质的玉米青贮饲料握在手中紧压，湿润但不形成水滴；品质良好的玉米青贮饲料紧压可形成水滴；品质一般的玉米青贮饲料紧压有水分流出；品质低劣的玉米青贮饲料干燥或者抓握见水。

### 7.2.3　化学成分分析

#### 7.2.3.1　pH 值

采用 pH 试纸（精度 0.1）测定青贮饲料 pH 值的方法简便易行，适用于现场评定。现场评定时，将青贮料样品的汁液挤出滴到试纸条上或将试纸条插入压紧的青贮料样品中测定，测定过程中避免用手直接接触样品。优质的玉米青贮饲料 pH 值范围为 3.4～3.8；品质良好的玉米青贮饲料 pH 值范围为 3.9～4.1；品质一般的玉米青贮饲料 pH 值范围为 4.2～4.7；品质低劣的玉米青贮饲料 pH 值大于4.8。

#### 7.2.3.2　氨态氮

氨态氮与总氮的比值是反映青贮饲料中蛋白质及氨基酸分解的程度，比值越大，说明蛋白质分解的越多，青贮质量不佳。实验室采用分光光度计测定氨态氮的含量。

### 7.2.3.3　有机酸含量

有机酸总量及其构成可以反映青贮发酵过程的好坏，其中最重要的是乳酸、乙酸和丁酸，乳酸所占比例越大越好。优良的青贮饲料含有较多的乳酸和少量乙酸，而不含丁酸。品质差的青贮饲料含丁酸多而乳酸少。

### 7.2.4　青贮玉米消化率评定方法

不同种类粗饲料中所含中性洗涤纤维的瘤胃降解率不同，相同种类的变化范围也很大。

如图 7-1 所示，豆科牧草、干草降解率的变动范围在 30%～65%；牧草青贮、干草降解率的变动范围在 25%～70%；玉米青贮降解率的变动范围在 40%～70%。豆科牧草与禾本科牧草相比，通常前者的木质素含量较高，因此豆科牧草的中性洗涤纤维（NDF）含量和瘤胃降解率都相对较低。因为禾本科牧草的种类繁多，而且禾本科牧草的成熟度会因使用时期的不同而差别很大（如放牧时奶牛所采食的牧草与饲喂给奶牛的秸秆），因此，禾本科牧草的青贮或者干草中所含中性洗涤纤维（NDF）的瘤胃降解率的变化范围很大。

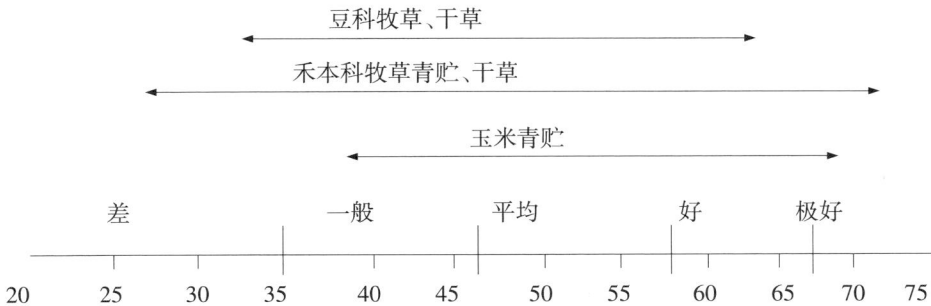

图 7-1　48 小时不同种类粗饲料中所含中性洗涤纤维（NDF）的瘤胃降解率的变化范围

玉米青贮料中所含中性洗涤纤维（NDF）的瘤胃降解率也会有所变化。但由于青贮玉米收割和贮存时期的相对固定而基本相同，所以饲喂给奶牛的玉米成熟度基本一致。因此，青贮玉米所含中性洗涤纤维（NDF）的瘤胃降解率变化幅度并不会特别大，只有当青贮玉米在过熟阶段收获，才会出现玉米所含中性洗涤纤维(NDF)的瘤胃降解率变化幅度很大的情况。

# 7.3 粗饲料消化率的评估

消化率的高低不仅与粗饲料中细胞壁成分的含量和组成有关,还与生物碱等限制性营养因子的含量有关。通常奶牛并非采食单一的饲料,因此,某种粗饲料的消化率还受日粮中其他粗饲料和精饲料的影响,即必须考虑饲料间的组合效应。粗饲料消化率的测定必须通过消化实验。消化实验常用的方法有体内消化实验法、尼龙袋法和离体消化实验法。

所谓短期人工瘤胃模拟技术,就是将发酵管置于严格控温的水浴摇床内,由此提供(模拟)瘤胃的温度和蠕动;将底物(被测样品)置于发酵管中,并向其中加入瘤胃液(接种瘤胃微生物)和缓冲液(在一定时间内保持 pH 值的稳定);用二氧化碳饱和以形成(模拟)瘤胃的厌氧环境;对底物进行体外发酵培养。瘤胃发酵的体外模拟不但基本上可以完成体内发酵的大部分工作,还能完成利用体内发酵无法完成的工作。

## 7.3.1 短期人工瘤胃发酵技术——培养管消化法

### 7.3.1.1 发酵容器的准备

根据试验具体情况确定发酵容器的类型与体积。发酵容器可使用三角瓶、厚壁粗试管、专用发酵管以及玻璃注射器等。发酵容器的体积可为数十毫升至数百毫升。发酵容器的体积越大,所用瘤胃液和缓冲液越多,在摇床中所占的空间越大,每批次所测定的样本数越少,但发酵底物用量和残余量均较大,发酵液较多,可测定多项指标,结果也比较稳定。而发酵容器的体积越小,发酵底物用量和残余量也越少,发酵液较少,可测定指标的数量就会受到限制,结果的稳定性也较差,但每批次所能测定的样本数较多,效率较高。如果使用三角瓶或发酵管,应选择与三角瓶或发酵管相适应的优质橡皮塞。在橡皮塞的中间打孔,注意孔的直径不要过大。在橡皮塞的孔内插入一根粗细适当的玻璃管,玻璃管在三角瓶或发酵管内的部分不要太长,以保证培养过程中该玻璃管下端不要浸入发酵液内。在玻璃管的另一端带上一个橡胶帽(滴管的橡胶头即可),在橡胶帽上用剪刀剪一个小口。玻璃管有两个作用:

一是向培养容器内充 $CO_2$，二是排出发酵容器内在发酵过程中产生的气体（$CO_2$ 和 $CH_4$）。如果使用玻璃注射器要注意排放气体，以免活塞脱落。

### 7.3.1.2 缓冲液的准备

#### 7.3.1.2.1 微量元素溶液（A 液）

$CaCl_2 \cdot 2H_2O$，13.2 g；$MnCl_2 \cdot 4H_2O$，10.0 g；$CoCl_2 \cdot 6H_2O$，1.0 g；$FeCl_3 \cdot 6H_2O$，8.0 g；加蒸馏水至 100 ml。

#### 7.3.1.2.2 缓冲溶液（B 液）

$NH_4HCO_3$，4.0 g；$NaHCO_3$，35 g；加蒸馏水至 1000 ml。

#### 7.3.1.2.3 常量元素溶液（C 液）

$Na_2HPO_4$，5.7 g；$KH_2PO_4$，6.2 g；$MgSO_4 \cdot 7H_2O$，0.6 g；加蒸馏水至 1000 ml。

#### 7.3.1.2.4 还原剂溶液

$1N-NaOH$，4.0 ml；$Na_2S \cdot 9H_2O$，625.0 mg；加蒸馏水 95 ml。

#### 7.3.1.2.5 混合缓冲液

将以上溶液按照下列顺序配制混合缓冲液：

400 ml 蒸馏水 + 0.1 ml A 液 + 200 ml B 液 + 200 ml C 液 + 40 ml 还原剂溶液。用前新鲜配制，再用 $CO_2$ 饱和，并升温至 39℃。

### 7.3.1.3 样本的准备

将样本根据试验要求粉碎（40 目筛）、烘干。根据试验要求和发酵容器的容积确定添加的样本量，称取样本，置于洗净烘干的发酵容器底部。空白发酵容器以淀粉为微生物发酵的能源，其用量视被测样品量而定。空白用于校正瘤胃液中的发酵底物和产物。在恒温水浴摇床内加入适量自来水，加水量视发酵容器的高度和其中的培养液的量而定，一般以摇床的水位稍高于发酵容器中发酵液的水位为好。试验开始前将水浴的温度调整到发酵所要求的温度 39.5℃±0.5℃，将发酵容器放入水浴中预热。

### 7.3.1.4 瘤胃液准备

瘤胃液取自于带有瘤胃瘘管的奶牛。数量要求四头（只），品种、年龄相近，健康，特别是消化活动正常。取瘤胃液前，试验动物应最少预饲 15 天，在预饲期与试验期间日粮、采食量、饲养管理日程均一致。晨饲前抽取瘤胃液，每头牛抽取的瘤胃液体积相等，抽取量视用量而定。用四层纱布过滤，混匀。在 39.5℃±0.5℃的水浴中保温。

#### 7.3.1.5 发酵液准备

将准备好的、经过预热的瘤胃液与缓冲液（$CO_2$）持续通入，根据需要量按 1:2 混匀作为发酵液。向发酵液中持续通入 $CO_2$，以排除发酵液中的氧气。通气速度以发酵液中连续产生气泡为准。将准备好的发酵液按试验要求的量用注射器（不带针头）或分液器分别加入各发酵管中。向发酵管内充 $CO_2$（约 3 min），以排除管内的空气（氧），塞紧发酵管橡皮塞（橡皮塞留有小孔）。启动摇床，调节好摇床的摇动频率（80～90 次/分钟）。记录时间，开始培养发酵。若是注射器直接培养，利用加样器每个注射器加入要求体积的发酵液，倒置培养。

#### 7.3.1.6 取样

培养时间根据试验目的确定，一般设 0、3、6、9、12、24、36、48、72 小时等数个培养时间点。根据试验设计的采样时间点设置培养容器，每一样品每一培养时间点设置数个（最少 3 个，作为重复）培养容器，在培养时间达到某个培养时间点时终止该时间点平行样品的发酵，并移出发酵容器内的全部培养物。此法测定项目较多，结果也比较准确，但试验效率较低，每批次所能培养的样本数量较少。

#### 7.3.1.7 发酵参数测定

pH 值：培养结束后立即测定培养液 pH 值。氨态氮：将培养液 1500 g 离心 20 min，取上清液测定氨态氮与 VFA 含量。不同培养时间点的干物质和其他营养成分消失率：将第一次离心残渣加入适量蒸馏水冲洗、搅拌，100 g 离心 10 min；反复两次，残渣用于测定干物质及其他营养物质含量。

#### 7.3.1.7.1 营养成分降解量的计算

采用下式计算样品各营养成分各培养时间点的降解量：

某营养成分某培养时间点的降解量(g)=[样品量(g)× 样本某营养成分的含量(%)]−[某培养时间点残余物的重量(g)×某培养时间点残余物中某营养成分的含量(%)]−该时间点空白管某营养成分的含量(g)

#### 7.3.1.7.2 营养成分实时降解率的计算

采用如下公式计算样品各营养成分某培养时间点的实时降解率：

某营养成分某时间点的实时降解率(%)

$$= \frac{某营养成分某时间点的实时降解量(g)}{样品量(g)×样品中某营养成分的含量(\%)}×100\%$$

#### 7.3.1.7.3　曲线拟合

以培养时间为横坐标，以降解率为纵坐标，作图，描绘出降解率随培养时间变化的动态曲线。

#### 7.3.1.7.4　降解参数的计算

饲料中某成分在瘤胃中的实时降解率符合指数曲线：$P = a + b(1-e^{-ct})$

式中：P ——t 时刻被测样品某营养成分的实时瘤胃降解率(%)

　　　a—— 被测样品某营养成分的快速降解部分(%)

　　　b —— 被测样品某营养成分的慢速降解部分(%)

　　　c ——b 部分的降解速率(%/h)

　　　t —— 培养时间(h)

利用各培养时间点实时降解率的数据(P 和 t)，采用最小二乘法，或统计软件中的非线性回归程序，或饲料瘤胃降解参数计算软件，计算式中 a、b 和 c 值。

#### 7.3.1.7.5　有效降解率的计算

利用前面的计算结果(a、b、c 值)采用下式计算待测饲料某营养成分的有效降解率：

$$P = a + bc / (c + k)$$

式中：P —— 待测样品某营养成分的有效降解率(%)

　　　a —— 待测样品某营养成分的快速降解部分(%)

　　　b —— 待测样品某营养成分的慢速降解部分(%)

　　　c ——b 部分的降解速率(%/h)

　　　k —— 待测样品某营养成分的瘤胃外流速率(%/h)

式中的 k 值可按规范的反刍动物饲料瘤胃外流速率的测定方法测定得到。

由于 k 值的测定比较复杂，因此在无测定条件时可根据被测饲料的性质和相关文献资料设定 k 值。但设定的 k 值必须符合实际情况，有理有据。

### 7.3.2　短期人工瘤胃模拟技术——体外产气法

当体外利用缓冲瘤胃液消化饲料时，碳水化合物会降解成短链的脂肪酸

（SCFA）、气体和微生物的细胞成分。气体主要是碳水化合物在降解为乙酸、丙酸、丁酸的过程中产生的。与碳水化合物相比，蛋白质降解时的产气量要低（Wolin，1960），脂肪的产气量可以忽略不计。

体外产气技术中的气体成分主要是发酵产生的 $CO_2$、$CH_4$ 以及缓冲液缓冲短链脂肪所释放的 $CO_2$。当利用碳酸盐缓冲液培养粗饲料时，约 50% 气体为缓冲液缓冲短链脂肪酸时所产生，其余则为发酵产生（Blümmel 和 φrskov，1993）。当所产生的丙酸比例较高时（精料），缓冲液释放的 $CO_2$ 可达总产量的 60%。利用磷酸盐缓冲液时，每 1 mmol 的短链脂肪酸能使缓冲液释放 0.8~1 mmol 的 $CO_2$（Beuvik 和 Spoelstra，1992；Blümmel 和 φrskov，1993）。

### 7.3.2.1 培养管的准备

培养管为 100 ml 玻璃注射器，最小刻度为 1 ml，注射器前端安装乳胶管，用乳胶管夹子进行封闭。

### 7.3.2.2 底物的添加

分别准确称取约 200 mg 底物（以 DM 计算），用长柄勺或折叠纸将样品送到培养管前端，应尽可能地减少样品在 50~100 ml 管壁上的散落，以避免造成注射器芯不能随培养液产生的气压而自由移动。不加底物样品的培养管作为空白管。注射器芯壁后部均匀涂上薄层凡士林，以防气体泄漏。将培养管和空白管放置在恒温箱中（39℃）充分预热。

### 7.3.2.3 缓冲液的配制

#### 7.3.2.3.1 微量元素溶液（A 液）

$CaCl_2·2H_2O$，13.2 g；$MnCl_2·4H_2O$，10.0 g；$CoCl_2·6H_2O$，1.0 g；$FeCl_3·6H_2O$，8.0 g；加蒸馏水至 100 ml。

#### 7.3.2.3.2 缓冲溶液（B 液）

$NH_4HCO_3$，4.0 g；$NaHCO_3$，35 g；加蒸馏水至 1000 ml。

#### 7.3.2.3.3 常量元素溶液（C 液）

$Na_2HPO_4$，5.7 g；$KH_2PO_4$，6.2 g；$MgSO_4·7H_2O$，0.6 g；加蒸馏水至 1000 ml。

#### 7.3.2.3.4 刃天青溶液

0.1%（w/v）。

#### 7.3.2.3.5 还原剂溶液

1N–NaOH，4.0 ml；$Na_2S \cdot 9H_2O$，625.0 mg；加蒸馏水 95 ml。

#### 7.3.2.3.6 混合缓冲液

将以上溶液按照下列顺序配制混合缓冲液：

400 ml 蒸馏水+0.1 ml A 液+200 ml B 液+200 ml C 液+1 ml 刃天青溶液+40 ml 还原剂溶液。

用前现配，再用 $CO_2$ 饱和，并升温至 39℃。

#### 7.3.2.4 瘤胃液的采集

于晨饲前通过瘤胃瘘管分别采集四头牛的瘤胃内容物，等体积混合，在厌氧和保温(39℃)条件下使用搅拌器剧烈间歇震荡 3 次以上，每次 30 s，以保证附着于饲料颗粒上的微生物脱落，四层纱布过滤。

#### 7.3.2.5 混合培养液的制备

迅速将制备好的瘤胃液按比例(瘤胃液与缓冲液配比为 1:2)加入装有经 $CO_2$ 饱和并预热(39℃)的缓冲液的玻璃瓶中，配制成混合培养液，加入数滴 0.1% 的刃天青溶液(厌氧指示剂，有游离氧存在时呈红色，无氧时无色)。混合培养液边加热边用磁力搅拌器进行搅拌，同时通入 $CO_2$ 直至溶液褪为无色。

#### 7.3.2.6 培养

分别向各培养管(注射器)内加入约 30 ml 混合培养液。将培养管(注射器)头端竖直向上，排尽管内气体，然后用乳胶管夹封闭培养管(注射器)前端。倒置于已充分预热(39℃)的水浴摇床内(或人工瘤胃培养箱中)。记录培养管(注射器)活塞的初始刻度值(ml)。启动水浴摇床(或人工瘤胃培养箱)，开始培养。摇床转速 80 ~ 90 次/分钟。

#### 7.3.2.7 产气量读数与记录

分别记录培养 3、6、9、12、18、24、36、48、72 小时各培养管的刻度值(ml)。若某一时间点读数超过 80 ml 时，则应注意在读数后及时排气，以防止气体超过刻度而无法读数。某时间点实际产气量等于该时间点活塞位置读数减去该培养管(注射器)初始读数。某一时间段净产气量等于该时间段实际产气量减去该时间段三支空白管平均产气量。

#### 7.3.2.8 发酵参数与干物质消化率测定

在培养终点(72 h)或其他某时间点(如 48 h，此情况须单独设置培养管)

终止发酵，取出培养管，分离发酵液，测定 pH 值、氨态氮与挥发性脂肪酸，其残渣用于测定干物质及其他营养物质消化率。

### 7.3.2.9　曲线拟合与产气参数计算

以培养时间为横坐标，以产气量为纵坐标，作图，描绘出产气量随培养时间变化的动态曲线。

应用产气量随培养时间的动态变化数据，按 Schofield（2000）提出的简单指数模型进行数学曲线拟合，计算产气参数。

$$Gp=B\times\left[1-e^{-c(t-lag)}\right]$$

式中：Gp——t 时间点的产气量（ml）

B——样本的理论最大产气量（ml）

c——样本的产气速度常数（$h^{-1}$）

t——培养时间（h）

lag——产气延滞期（h）

### 7.3.2.10　体外产气法估测饲料代谢能与有机物质消化率

$$Gp=a+b(1-e^{-ct})$$

$$ME(MJ/kg\ DM)=2.20+0.136Gp_{24}+0.057CP$$

$$OMD(\%)=14.88+0.889Gp_{24}+0.45CP+0.0651CA$$

式中：Gp——产气量

$Gp_{24}$——24 小时产气量

a——快速发酵部分的产气参数

b——慢速发酵部分的产气参数

c——产气速率

CP——粗蛋白

CA——粗灰分

## 7.3.3　饲料瘤胃降解率测定（瘤胃尼龙袋法）

### 7.3.3.1　试验动物及饲养管理

#### 7.3.3.1.1　试验动物

试验动物为成年奶牛，数量至少 4 头。要求年龄、生理状态、生产性能相近，发育正常，健康状况良好。试验动物应安装有永久性瘤胃瘘管，且安装瘤胃瘘管手术后 20 d 以上，并已恢复正常生理状态。

#### 7.3.3.1.2 饲养管理

试验动物采用常规饲料原料，根据相应饲养标准配置日粮，按 1.3 倍维持水平饲养，日粮精粗比为 4:6。试验动物按该品种动物常规程序饲养管理，每天饲喂 2 ~ 3 次，自由饮水。测定前预饲至少 15 d。预饲期和测定过程中不能更换日粮，不能对试验动物进行免疫、治疗及实施其他可能干扰瘤胃消化机能的任何措施。

### 7.3.3.2 试验材料

#### 7.3.3.2.1 尼龙袋

选用孔径为 40 ~ 60 μm 的尼龙布，制成长×宽为 8 cm×12 cm 的尼龙袋，袋底部两角呈钝圆形，以免样本残留。尼龙袋用细涤纶线双线缝合。针孔用在瘤胃内不易溶解或脱落的胶黏剂弥合。散边用电烙铁烫平或用酒精灯烤焦，以防尼龙布脱丝，尼龙线脱落。新制作的尼龙袋用不易在瘤胃中褪色的墨水编号。用前放入瘤胃内 72 h，取出、洗净、65℃烘干后方可使用。

#### 7.3.3.2.2 半软塑料管

半软塑料管的作用是固定尼龙袋，并保证装有待测样品的尼龙袋始终沉浸于瘤胃食糜中。半软塑料管直径 0.8 cm 左右，长度 50 cm。在塑料管的一端距顶端 1 ~ 2 cm 处向内划透一长 3 cm 的夹缝，用于固定尼龙袋。在塑料管的另一端距顶端 1 ~ 2 cm 处打一直径约 0.5 cm 的孔，系一条结实的尼龙线，用于将半软塑料管固定于瘤胃瘘管盖上。

### 7.3.3.3 试验方法

#### 7.3.3.3.1 待测样品的准备

将待测样品 3 mm 筛孔粉碎，置于样品瓶内，清洁干燥处保存备测。将尼龙袋、饲料样品置于真空干燥箱或鼓风干燥箱内 65℃下恒重。用分析天平称取尼龙袋重量，然后采用适当工具将经称重的待测样品小心放入尼龙袋底部，注意袋口处切勿沾染样品。精饲料样品每个袋重 4 g 左右，粗饲料样品每个袋重 2 g 左右。

**7.3.3.3.2 将尼龙袋固定于半软塑料管上**

分别将每两个装有待测样品的尼龙袋口交叉夹于一根半软塑料管的夹缝中，用橡皮筋缠绕固定，确保其不渗漏、不脱落。

**7.3.3.3.3 尼龙袋的放置**

在早晨饲喂前1 h，打开试验动物的瘤胃瘘管盖，借助木棒（或其他适宜工具）将固定尼龙袋的半软塑料管连同尼龙袋一起送入瘤胃腹囊食糜中。用塑料管上端的尼龙线将半软塑料管固定于瘘管盖上。

**7.3.3.3.4 尼龙袋的取出**

将装有待测样品的尼龙袋放入试验动物的瘤胃后开始记录培养时间，每个培养时间点从每头(只)试验动物瘤胃中各取出一根管(连同上面所系的2个尼龙袋)，直至所有塑料管(尼龙袋)全部取出为止。

**7.3.3.3.5 尼龙袋的冲洗**

将取出的尼龙袋浸泡在冰水中，并立即用自来水冲洗，在冲洗过程中可用手轻轻挤压，直至水清为止。在冲洗过程中严格防止尼龙袋中的残余物随水逃逸。

**7.3.3.3.6 尼龙袋的烘干**

将冲洗过的尼龙袋(连同之中的残余物)置于真空干燥箱或鼓风干燥箱内65℃下干燥恒重。用分析天平称重，精确至0.0001 g。

**7.3.3.3.7 样品与培养残余物目标成分含量的分析**

分别将各培养时间点尼龙袋中的残余物完全转移出来。采用相应的国家标准或行业标准所规定的方法分别测定装袋样品中和培养后残余物中各目标成分(如干物质、蛋白质、中性洗涤纤维等)的含量，并统一折算为65℃下的含量。

**7.3.3.3.8 样品空白试验**

某些细小的样本颗粒可能不经瘤胃降解就迅速通过尼龙袋孔逃逸，此部分实际上并未真正参加瘤胃的降解过程，因而应从装袋样品中扣除。这部分未经瘤胃降解就直接从尼龙袋中逃逸的样品可通过空白试验进行校正，即在进行上述操作的同时，按步骤另装2个尼龙袋，但不将其放入瘤胃内，直接对其按步骤进行处理。

7.3.3.4 结果计算

7.3.3.4.1 装袋样品量的校正

7.3.3.4.1.1 装袋样品逃逸率的计算

采用下式计算装袋样品干物质逃逸率：

装袋样品逃逸率（%）

$$= \frac{空白试验装袋样品干物质量(g) - 空白试验袋中残余物重(g)}{空白试验装袋样品干物质重(g)} \times 100\%$$

7.3.3.4.1.2 校正装袋样品量的计算

采用下式计算校正装袋样品量：

校正装袋样品量(g)= 实际装袋样品量(g)×[1-样品逃逸率(%)]

7.3.3.4.2 目标成分降解量的计算

采用下式计算样品各目标成分各培养时间点的降解量：

某目标成分某培养时间点的降解量(g)=[校正装袋样品量(g)×空白试验残余物中某目标成分的含量(%)]-[某培养时间点残余物的重量(g)×某培养时间点残余物中某目标成分的含量(%)]

7.3.3.4.3 目标成分实时降解率的计算

采用如下公式计算样品各目标成分某培养时间点的实时降解率：

某目标成分某时间点的实时降解率（%）

$$= \frac{某目标成分某时间点的降解量(\%)}{校正装袋样品量(g)×空白试验残余物中某目标成分的含量(\%)} \times 100\%$$

7.3.3.4.4 降解参数的计算

饲料中某成分在瘤胃中的实时降解率符合指数曲线：$P = a + b(1 - e^{-ct})$

式中：P——t 时刻被测样品某目标成分的实时瘤胃降解率(%)

a——被测样品某目标成分的快速降解部分(%)

b——被测样品某目标成分的慢速降解部分(%)

c——b 部分的降解速率(%/h)

t——饲料在瘤胃内停留的时间(h)

利用各培养时间点实时降解率的数据(P 和 t)，采用最小二乘法，或统计软件中的非线性回归程序，或饲料瘤胃降解参数计算软件，计算式中 a、b 和 c 值。

### 7.3.3.4.5　有效降解率的计算

利用 6.4 的计算结果(a、b、c 值)采用下式计算待测饲料目标成分的有效降解率:

$$P = a + bc / (c+k)$$

式中: P —— 待测样品某目标成分的有效降解率(%)

　　　a —— 待测样品某目标成分的快速降解部分(%)

　　　b —— 待测样品某目标成分的慢速降解部分(%)

　　　c —— b 部分的降解速率(%/h)

　　　k —— 待测样品某目标成分的瘤胃外流速率(%/h)

式中的 k 值可按本规程的附录"反刍动物饲料瘤胃外流速率的测定"中所规定的方法测定得到。

由于 k 值的测定比较复杂,因此在无测定条件时可根据被测饲料的性质和相关文献资料设定 k 值。但设定的 k 值必须符合实际情况,有理有据。

### 7.3.3.5　结果表示

试验结果应包括各目标成分在各培养时间点的实时降解率,降解常数 a、b、c 值,食糜外流速度 k 值和有效降解率。

试验结果的表示应精确到小数点后两位有效数字。

在试验报告中应对试验动物的种类、品种、数量等情况加以说明,对 k 值的获取方法加以说明。

## 7.3.4　体外两阶段法测定奶牛饲料消化率

### 7.3.4.1　测定原理

将饲料样品经过两个阶段消化,其中第一阶段与瘤胃液一起发酵 48 h,用以模拟瘤胃消化过程;第二阶段在第一阶段的基础上再用盐酸胃蛋白酶水解 48 h,以模拟真胃和小肠的消化过程。然后,样品经过过滤、干燥、称重,从而计算饲料干物质消化率。根据试验需要,如果对残渣进行蛋白质、脂肪、纤维组分或其他营养成分含量的测定,还可以用来计算这些营养物质的活体外消化率。

### 7.3.4.2 仪器设备与试剂

#### 7.3.4.2.1 仪器设备

100 ml 玻璃注射器，电热恒温水浴箱，内装自制 100 ml 玻璃注射器支架，瘤胃液采集装置，自动加液器，磁力搅拌器，恒温搅拌器，二氧化碳罐，分析天平等。

#### 7.3.4.2.2 试剂与溶液

缓冲液：每升缓冲液中含 $Na_2HPO_4$ 1.43 g；$KH_2PO_4$ 1.55 g；$NaHCO_3$ 8.75 g；$NH_4HCO_3$ 1.00 g；$MgSO_4 \cdot 7H_2O$ 0.15 g；$CaCl_2 \cdot 2H_2O$ 3.3 g；$MnCl_2 \cdot 4H_2O$ 2.5 g；$FeCl_3 \cdot 6H_2O$ 0.2 g；$CoCl_2 \cdot 6H_2O$ 0.25 g；$Na_2S \cdot 9H_2O$ 0.37 g。

缓冲液 pH 值的调整：在瘤胃液与缓冲液混合前，向缓冲液中连续充入 $CO_2$，将缓冲液 pH 值调整至 6.9~7.0，在 39℃水浴约 30 min。

### 7.3.4.3 操作步骤

#### 7.3.4.3.1 样本称量

准确称取 0.5 g 的样品装在自制的无纺布滤袋中，放入 100 ml 的玻璃注射器，每个玻璃注射器放 3 个滤袋，不加样品的过滤袋作为空白，用封口机封口。

#### 7.3.4.3.2 瘤胃液采集与处理

通过瘤胃瘘管分别采集 4 头牛的瘤胃内容物，等体积混合后，用四层纱布过滤，并迅速加入装有经 $CO_2$ 饱和并预热（39℃）的缓冲液的保温桶中，配制成混合培养液（瘤胃液与缓冲液配比为 1:2）。

#### 7.3.4.3.3 混合培养液制备

混合培养液边加热边用磁力搅拌器进行搅拌，同时通入 $CO_2$。玻璃注射器加入 70 ml 混合培养液，放入 39℃恒温水浴箱中培养 48 h，监控产气量，及时放气，并调节振荡频率。

### 7.3.4.4 模拟瘤胃发酵

发酵 48 h 后倒去全部培养液，取出过滤袋，迅速用冷水冲洗，以终止微生物发酵反应。

### 7.3.4.5 模拟真胃消化

在每个含有滤袋的玻璃注射器中加入 35 ml 的新鲜胃蛋白酶溶液，然后在 39℃水浴锅厌氧培养 48 h，并调节振荡频率。

#### 7.3.4.6　残渣烘干

培养完取出后用水洗净，105℃烘干 12～24 h，称量和计算样品干物质消化率。

#### 7.3.4.7　结果计算

DM 消失率%=样品 DM−未消化的 DM−空白 DM/样品 DM×100

#### 7.3.4.8　注意事项

采集瘤胃液的时间最好在晨饲前，因为这时瘤胃液的活性和组成是最稳定的。

瘤胃液至少是 4 头及以上实验动物的瘤胃液的混合物，这样才能更好地保持瘤胃液的活性。

# 8    全混合日粮(TMR)质量监控

良好的日粮监控能够有效降低奶牛场的成本，同时又能使奶牛潜在生产性能得到发挥，牛奶质量也能得到保证。日粮从原料供应到"纸上日粮配方"设计，再到"实际的日粮"生产，最后到奶牛采食、消化、转化为牛奶等产品要经历一个复杂的过程，其中影响因素颇多，利害关系重大。为此，建立一整套管理体系来有效监控奶牛生产和日粮饲喂的每一个环节便成为奶牛场健康可持续发展的关键所在。

为了能够使牛场每一天的全混日粮的稳定性和营养平衡达到最佳，奶牛场必须对日粮进行质量评估。

## 8.1    TMR 的制作

### 8.1.1    TMR 技术优点

#### 8.1.1.1    TMR 定义

TMR 是英文 Total Mixed Rations（全混合日粮）的简称。所谓全混合日粮（TMR），是一种将粗料、精料、矿物质、维生素和其他添加剂充分混合，能够提供足够的营养以满足奶牛需要的饲养技术。按照奶牛饲养标准配制设计的日粮配方，用 TMR 搅拌机对日粮各组分进行切割、搅拌、混合和饲喂的一种先进的饲养工艺。TMR 是由多种饲料原料组成的，包括粗饲料、精饲料、矿物质和维生素以及饲料添加剂等。一般情况下，实践应用中只划分为粗饲料和精饲料，粗饲料包括干草和青贮饲料，精饲料包括谷实类、饼粕类和糟渣类等。

##### 8.1.1.2　TMR 优点

奶牛养殖的方式在逐渐向规模化、集约化方向转化。但是规模化养殖也带来一些问题。一是饲喂奶牛的劳动强度大。二是不同阶段奶牛要求不同营养水平的日粮。传统的日粮配制工艺难以达到奶牛营养浓度的理论要求，尤其是微量元素和维生素很难达到均匀一致，人工添加精饲料的喂法更加剧了这种误差，采食微量元素或维生素多的奶牛可能引起中毒，采食少的可能引起缺乏症，严重的甚至引起不孕不育等疾病。三是奶牛疾病发生率高，人工饲喂精料集中饲养容易造成个别奶牛采食过量精料，导致瘤胃酸中毒、真胃移位等消化道疾病及代谢疾病，而精料采食不足的奶牛则影响其正常生产性能的发挥。四是由于饲料传统加工工艺的缺陷，容易造成奶牛挑食，一方面使奶牛所食饲料不能满足生产需要，另一方面也造成部分饲料浪费。TMR 技术的出现使以上问题迎刃而解，与传统饲喂方式相比 TMR 具有以下优点。

###### 8.1.1.2.1　可提高奶牛产奶量

多所大学研究表明：饲喂 TMR 的奶牛每千克日粮干物质能多产 5%～8% 的奶；即使奶产量达到每年 9 t，仍然能有 6.9%～10%奶产量的增长。

###### 8.1.1.2.2　增加奶牛干物质的采食量

TMR 技术将粗饲料切短后再与精料混合，这样物料在物理空间上产生了互补作用，从而增加了奶牛干物质的采食量。在性能优良的 TMR 机械充分混合的情况下，完全可以排除奶牛对某一特殊饲料的选择性（挑食），因此有利于最大限度地利用最低成本的饲料配方。同时 TMR 是按日粮中规定的比例完全混合的，减少了偶然发生的微量元素、维生素的缺乏或中毒现象。

###### 8.1.1.2.3　提高牛奶质量

粗饲料、精料和其他饲料被均匀地混合后，被奶牛统一采食，减少了瘤胃 pH 值波动，从而保持瘤胃 pH 值稳定，为瘤胃微生物创造了一个良好的生存环境，促进微生物的生长、繁殖，提高微生物的活性和蛋白质的合成率，从而使饲料营养的转化率(消化、吸收)提高，奶牛采食次数增加，奶牛消化紊乱减少和乳脂含量显著增加。

#### 8.1.1.2.4 降低奶牛疾病发生率

瘤胃健康是奶牛健康的保证，使用 TMR 后能预防营养代谢紊乱，减少真胃移位、酮血症、产褥热、酸中毒等营养代谢病的发生。

#### 8.1.1.2.5 提高奶牛繁殖率

泌乳高峰期的奶牛采食高能量浓度的 TMR 日粮，可以在保证不降低乳脂率的情况下，维持奶牛健康体况，有利于提高奶牛受胎率及繁殖率。

#### 8.1.1.2.6 节省饲料成本

TMR 日粮使奶牛不能挑食，营养素能够被奶牛有效利用，与传统饲喂模式相比饲料利用率可增加 4%（Brian p，1994）；TMR 日粮的充分调制还能够掩盖饲料中适口性较差但价格低廉的工业副产品或添加剂的不良影响，为此每年可以节约饲料成本数万元。

#### 8.1.1.2.7 大大节约劳力时间

采用 TMR 后，饲养工不需要将精料、粗料和其他饲料分道发放，只要将料送到即可。采用 TMR 后管理轻松，明显降低管理成本。

### 8.1.2 TMR 搅拌机的选择

#### 8.1.2.1 TMR 搅拌机的类型

TMR 全混日粮饲料搅拌车根据产品外观形状，可分为立式和卧式两种，其中立式又分为固定式和牵引式；卧式又分为固定式和自走式。

##### 8.1.2.1.1 立式固定式饲料搅拌车

可迅速打开、切碎大型圆、方草捆，卸料后料箱内清洁，不留余料；锯齿状双面刀片为特殊合金材质制成，坚固耐用，降低维修成本；底腔和罐体由加厚钢板制成，可以承受长时间的搅拌；车顶部加装防溢出装置。

##### 8.1.2.1.2 立式牵引式饲料搅拌车

独立的液压系统，挂接方便，独立性强，使用寿命长，非链条式双边自动卸料装置（可根据用户要求单侧开门），附有防腐涂层，特殊合金材质的双面刀片，锋利、坚固，选装的侧臂机械手可方便快捷地抓取饲草和精料。

##### 8.1.2.1.3 卧式固定式饲料搅拌车

先进节能的传动系统大大降低油耗，减小维修成本；特有的搅拌循环系统混料更加均匀，最大化地利用料箱空间；独有的叶片弧度设计，具有排除小异物的功能，保护搅拌系统；人性化的后部装料方式，对于小草捆的投放快捷易行，并可轻松观察搅拌状态。

#### 8.1.2.1.4 卧式自走式饲料搅拌车

浪筒刀片非线性排列，加快抓取速度，取料臂上装有导入饲料添加剂的专门入口，遇到紧急情况自动锁死，安全可靠，宽大驾驶舱内整机配有先进的控制设备，醒目的仪表盘便于时时观察搅拌车的运行。

### 8.1.2.2 TMR 搅拌机机型的选择

TMR 搅拌机最好选择立式混合机。它与卧式相比优势明显。

#### 8.1.2.2.1 结构好

结构简单，称重更加精确，轻松处理大的圆形或方形干草包，由于饲料对料筒侧壁的压力小，搅拌车的磨损率大大降低。立式饲料搅拌车结构简单。相比之下，卧式搅拌车部件较多，所需维护也就较多。除此之外，部件多就意味着出现故障的几率大，从而影响正常使用。

立式搅拌车的搅拌效果更均匀准确。原因在于饲料被绞龙搅上去再自然落下来，如此反复，搅拌效果非常好。然而，要实现这一点还要保证上料顺序正确。卧式搅拌车每次搅拌都有一些饲料残留在料箱底部，一直没被搅拌开。立式饲料搅拌车能够轻松处理大捆饲料。对于圆形或者方形的大捆饲料，大部分卧式搅拌车处理起来很困难，而立式搅拌车能轻而易举搅拌。

由于立式搅拌车料箱底部和侧壁受到的压力很小，因此设备磨损很慢。卧式搅拌车就没有这个优点，磨损得反而更快，使用寿命也会相应缩短。

#### 8.1.2.2.2 搅拌效果好

立式搅拌车搅拌出的饲料松软适口，会增强奶牛的食欲，并且利于消化。立式搅拌车搅拌出的饲料不容易结块。结块指的是饲料由于过度挤压，形成又干又硬的块状，奶牛吃这种饲料会感觉总是饱饱的，吃不进去太多。卧式搅拌车由于绞龙是水平结构的，容易过度挤压饲料，而立式搅拌车就不会出现这种情况。由于立式搅拌车绞龙转速慢，对饲料纤维结构的破坏小。纤维结构一旦受损，营养成分会迅速流失。与卧式搅拌车相比，立式搅拌车能在更长的时间内保持饲料的营养成分。

### 8.1.2.3　TMR 搅拌机容积的选择

选择时的考虑因素，其一是根据奶牛场的建筑结构、喂料道的宽窄、牛舍高度和牛舍入口等来确定合适的 TMR 搅拌机容量；其二是根据牛群大小、奶牛干物质采食量、日粮种类（容重）、每天的饲喂次数以及混合机充满度等选择混合机的容积大小。混合机的尺寸有 6 m³、9 m³、12 m³ 等多种，最佳混合效果所能添加的饲料量，通常为最大容积的 70% ~ 80%。300 头以内的牛群通常选 6 m³ 的机械，500 头左右的牛群选择 9 m³ 的机械。1000 头以上的可选择 12 m³ 或更大的机械。

## 8.1.3　TMR 饲料的混合与加工

符合营养标准的全混合日粮，不仅需要有准确的饲料原料营养含量和科学的饲料配方，还需要科学的饲料加工技术。在制作全混合日粮时，首先必须认真检查电子计量仪的准确性。各种饲料原料添加量是否准确，是决定营养全价的主要因素，饲料的装载量、装填次序、混合程序、混合时间是控制全混合日粮质量的关键因素。

### 8.1.3.1　饲料的装载量

装载量的多少应根据搅拌车的说明确定，掌握适宜的搅拌量，避免过多装载影响搅拌效果。通常装载量占总容积的 60% ~ 75% 为宜。混合时间是决定全混合日粮质量的主要因素，掌握适宜搅拌时间，确保搅拌后日粮中大于 4 cm 长纤维粗饲料占全日粮的 15% ~ 20%。因为随着混合时间的延长，全混合料的均匀性（一致性）有所提高，但却有缩小饲料颗粒的潜在可能性。

### 8.1.3.2　饲料装填顺序

通常混合机加料次序没有一个统一标准，理想的加料次序应考虑混合机型号及饲料品种。如果混合机主要用于切割干草，则加料时混合机必须处在开机状态，且干草往往在最初时加入。如果不希望把青贮饲料或干草切得太短，则考虑先装填精料和其他颗粒小的饲料，尺寸长的粗料最后装填。

饲料装填的基本原则是遵循先干后湿、先长后短、先轻后重的原则。添加顺序是干草、青贮、精料、湿糟类等。对于有青草的地区，青草应先切碎，最后添加，否则将大大增加搅拌车的负荷，造成搅拌车损害，搅拌效果也比较差。

### 8.1.3.3 饲料的混合程序

**表 8-1 不同类型 TMR 混合机操作注意事项**

| 单个垂直混合机 | 卷筒式混合机 | 四个搅拌器组成的混合机 |
| --- | --- | --- |
| 青贮或干草首先装料 | 首先加入液态饲料 | 量少的料既不首先加入也不最后加入 |
| 混合 3~4 min 以切短干草 | 然后装量少的饲料 | 切短的干草最后加入 |
| 装料时开机 | 装料时混合机缓慢开机 | 装料时混合机间断性开机 |
| 混合并切割 8~12 min | 料装好后混合 3~4 min | 混合 2 min |

### 8.1.3.4 混合时间

对大多数 TMR 混合机来说，混合 4~8 min 时间足够了，随着混合时间的延长，TMR 混合料的均匀性（一致性）有所提高，但却有缩小饲料颗粒的潜在可能性，最好与 TMR 混合机制造商代表和奶牛营养技术人员商量，使得混合的饲料既均匀又避免过度混合。

### 8.1.3.5 加工次数的确定

根据牛群规模和牧场的生产条件，每群牛的 TMR 应当加工 1~3 次/天。冬季饲料一般不易腐败变质，所以 TMR 每天搅拌一次即可。但在夏季高温时，含水量为 45%~50% 的 TMR 极易发酵，导致其中所含的微量元素和维生素受到破坏，所以在夏季最好搅拌 2~3 次/天，并做到现做现喂。

## 8.2 TMR 的质量监控

### 8.2.1 TMR 感官评价

搅拌效果良好的 TMR 表现在：精粗饲料混合均匀，松散不分离，色泽均匀，新鲜不发热、无异味，不结块，5%~10% 的 TMR 料由 2 cm 以上的颗粒组成。

### 8.2.2 水分监控

每周对青贮玉米、糟渣类等水分变化较大的饲料和 TMR 混合料进行一次干物质（DM）测试。全混合日粮的水分最佳含量为 35%~45%，偏湿其采食量就会受到限制，偏干其适口性就会受到影响，采食量也要受到限制。每周一次测定青贮水分，每天监测 1 个 TMR 料的水分。

### 8.2.3 饲槽管理

#### 8.2.3.1 饲槽管理

饲槽管理的目标是确保母牛采食新鲜、适口、平衡的全混合日粮来获取最大的干物质采食量，而干物质采食是维持牛群高产的关键因素。应做到如下要求：

①奶牛要严格分群，并且有充足的采食位，要去角，避免互相争斗。

②食槽宽度、高度、颈夹尺寸按照规模化牧场设计要求执行。一般情况下，奶牛间隔为后备牛 45～60 cm，泌乳牛 75～80 cm。要求食槽底部光滑、色浅，采食槽要有遮阳棚。

③每天饲喂 2～3 次，固定饲喂顺序，投料均匀，保持饲喂新鲜度。

④经常查槽，观察日粮一致性和搅拌均匀度。

⑤每天清槽，剩料以 3%～5%为宜，合理利用剩料。

⑥不空槽、勤匀槽，如果投放量不足，切忌增加单一饲料品种，要增加全混合日粮给量。

⑦要观察牛只有无挑食现象(鼻掘、推开 TMR、饲槽中的 TMR 有无被挖洞)以及牛只在挤奶后有无采食欲望。

⑧饲喂后勤推饲料，一般 1～2 h 推一遍，这样有利于提高奶牛干物质采食量。

⑨日粮水分低于40%时应加水，当每头牛每日采食量变动超过 3 kg 时或当含水量较大的饲料原料干物质变动超过 5%时，需重新调整日粮配方。

⑩对于传统的拴系式饲养，除正常饲喂外，还应增加补饲，延长采食时间，提高干物质采食量。

#### 8.2.3.2 采食行为观察

如果奶牛挑食，那挑食的原因可能是 TMR 日粮混合不均匀，粗饲料的切割长度过长。奶牛中的"头牛"会先采食精料，而一些弱势的奶牛只能采食剩下的粗料，因此，在一个牛群中，奶牛的体况评分的差别会很大。另外，奶牛先采食精饲料，然后再吃粗料，"先精后粗"还会使瘤胃 pH 值不稳定。

每天统计各阶段牛群的剩料量及剩料比例，每天计算各群牛的干物质采食量和产奶量，每月计算各阶段牛群的饲料转化率(饲料转化率=产奶量/干物质采食量)。

### 8.2.4 饲料分级筛应用

#### 8.2.4.1 宾州筛应用

宾州筛全称为宾州饲料颗粒分级筛(Penn State Particle Separator),也叫草料分析筛、TMR 饲料分析筛、3 或 4 层饲料分析筛。宾州颗粒分离筛可以定量地评价粗饲料和 TMR 日粮的饲料颗粒大小,帮助生产者改善反刍动物营养。目前多使用 4 层宾州筛。

##### 8.2.4.1.1 宾州筛使用指南

水分含量可能会轻微影响到筛分的结果,但是实际应用中不大可能对水分含量进行准确的测定,过度潮湿的样品(干物质低于 45%)的筛分结果可能不准确。使用宾州筛的目的是分析饲喂给动物的饲料颗粒大小,所以在采集样品的时候应该真实选取动物采食到的饲料。将塑料材质的 4 个筛层按以下顺序摞在一起:19 mm 孔径的在最上层,8 mm 孔径的在中层,4 mm 孔径的在下层,无筛孔的放在最底层。将 3 品脱(约 1.7 L)粗饲料或 TMR 饲料放在宾州筛的最上层,置于平整地面上进行筛分,每一面筛 5 次,然后 90°旋转到另一面再筛 5 次,如此循环 7 次,共计筛 8 面、40 次。注意在筛分的过程中不要出现垂直振动。具体筛分操作如下:

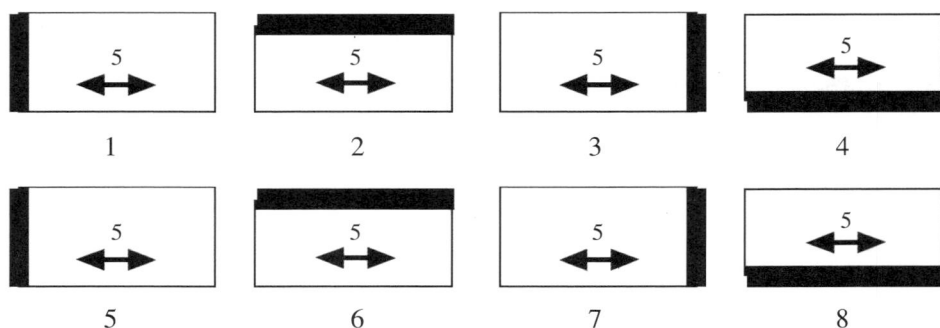

图 8-1 宾州筛的筛分操作

筛分过程中还要注意力度和频率,保证饲料颗粒能够在筛面上滑动,让小于筛孔的饲料颗粒掉入下一层。推荐的频率为>1.1 Hz(每秒筛 1.1 次),幅度为 7 英寸(17 cm)。筛分结束后,对每层的饲料颗粒进行称重,并计算出每层的比例。

利用3层或4层式宾州分级筛，取刚配制未被奶牛采食的TMR样品500~1000 g，用力把分级筛沿每个方向晃动5次，循环2次，共计40次。把每层重量记录下来，再统一计算各层所占比例。搅拌不充分，第一层所占比例会高于标准；而过度搅拌，则第一层所占比例会低于标准。生产实践中一定要严格监控，并制定本场TMR管理员筛分的粒度标准。

监测要求：每天至少监测2个TMR样品，即1个泌乳牛和1个后备牛或干奶牛，同一群牛的TMR必须连续监测一周。

### 8.2.4.1.2 宾州筛数据解读

宾州开展的多项现场调查发现，TMR日粮的饲料粒径分布也有一定的变化幅度。其中饲喂管理在一定程度上影响着奶牛对饲料粒径的需求。理想状态下，上层筛中的饲料颗粒不能超过8%。高产奶牛TMR日粮的推荐比例为：上层2% ~ 8%，中层30% ~ 50%，下层(4 mm)10% ~ 20%，底层不超过30% ~ 40%。TMR日粮的60% ~ 70%应当具有物理有效性。当然，很多整粒或经部分加工的谷物、副产物以及颗粒料都会出现在4 mm以上的筛层中，所以在计算有效纤维时应当进行折算，并且在平衡泌乳牛日粮时进行考虑。只有粗饲料和高纤维的副产品应当被归类为有效纤维。

### 8.2.4.2 中国农业大学TMR便携分级筛(BX-4型)

### 8.2.4.2.1 BX-4型分级筛使用指南

①将四层分级筛安装至工作状态，用灵敏度≤±1 g的称量器具(称重范围<500 ~ 3000 g)，称取有代表性全混合日粮(或青贮等)样品200 g以上，散放在BX-4分级筛工作状态的上层筛上。

②双手扶筛在操作平台上左右滑动，左右往复位移合计10次为一个重复，每次移动距离大于20 cm；把筛体旋转90°，再左右往复位移合计10次，完成四个重复，每次重复都要旋转90°。

③经过以上四个重复后，不同粒度的饲料颗粒将停留在不同孔径的筛子上(见图8-2)。通过称量各层筛子上面的饲料的重量，再与推荐值相比较 (见表8-2)，即可检测饲料粒度是否合适。如果天平量程不够，也可以直接称量样品净重，操作时应快速称重，防止水分过量损失，产生误差。

样品净重=(筛重+样品重)−筛重

各层比例=各层样品重/样品总重×100%

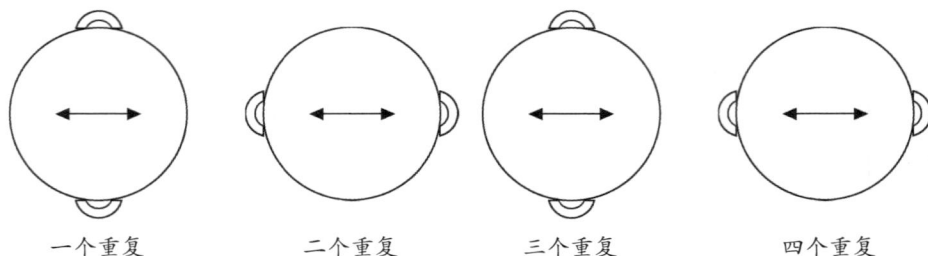

| 一个重复 | 二个重复 | 三个重复 | 四个重复 |

**图 8-2  BX-4 型中国农业大学 TMR 便携分级筛摇动模式**

**表 8-2  PSPS 与 BX-4 分级筛推荐参考值比较(%)**

| 筛层 | PSPS(高产奶牛) | BX-4(高产牛) | BX-4(干奶牛) | BX-4(后备牛) |
|------|----------------|--------------|--------------|--------------|
| 顶层 | 6~10 | 10~15 | 45~50 | 50~55 |
| 第二层 | 30~50 | 20~40 | 15~20 | 15~20 |
| 第三层 | 30~50 | 25~45 | 20~25 | 20~25 |
| 底层 | <20 | 20~25 | 7~10 | 4~7 |

#### 8.2.4.2.2  技术应用

通过检测分析结果，与推荐值比较后，对奶牛粗饲料和全混合日粮的生产加工采取以下调整措施，以达到提高奶牛生产性能和提高奶牛健康水平的目的：

①通过调整全混合日粮搅拌车的搅拌加工时间来控制饲料颗粒长度，饲料颗粒的大小与搅拌加工时间成反比。全混合日粮颗粒过大时，延长搅拌加工时间；全混合日粮颗粒过小时，缩短搅拌加工时间。

②干草的含水量与搅拌车加工全混合日粮颗粒长度成正比，根据干草含水量控制搅拌时间。含水量低时，干草易碎。

③可以根据饲料条件，调整干草、糟渣、青贮等的用量和含水量，适应奶牛全混合日粮生产加工的需要，同时满足奶牛对全混合日粮颗粒度和含水量的要求。

④根据检测分析结果，指导下年青、黄贮粉碎或铡切的有效长度。

⑤根据试验结果，高产或高产期的奶牛全混合日粮总的 NDF 含量至少要占体重的 1.1% ~ 1.2%。粗饲料 NDF 摄入量占体重的比例为 0.75% 至 1.1%。

如果奶牛全混合日粮的颗粒度太细，那么应该提高粗饲料 NDF 在日粮中的下限(>体重的 0.85%)，适当补饲长草。

### 8.2.5 瘤胃充盈度观察

瘤胃评分能够反映过去几个小时奶牛的采食量和瘤胃的流通速率。每天应定时随机从牛体后面观察一定数量奶牛左侧腹部，来评价奶牛瘤胃充盈度。

监测要求：每天在奶牛采食后 2 h 进行评估。

根据瘤胃评分变化(1~5分)，从肷窝下陷到肷窝突出，反映了奶牛的采食量及食物在瘤胃内流通速率变化的大小。瘤胃充实度与奶牛的干物质采食量，日粮的组成、消化率及消化后营养物质通过胃肠道的速率相关。日粮的消化程度取决于饲料在瘤胃内的存留时间和营养物质的降解特性以及饲料发酵速度的快慢，而饲料在瘤胃内的存留时间和营养物质的降解特性又取决于饲料颗粒大小和瘤胃中不同饲料成分间的平衡。因此，通过对奶牛瘤胃进行评分能判定奶牛的采食和消化情况，来进一步推断日粮搭配是否合理。

表 8-3　瘤胃充盈度评分标准

| 级别 | 形态描述 | 说明 |
|---|---|---|
| 1 分 | 左侧腹部深陷,腰椎骨以下皮肤向内弯曲,从腰角处开始皮肤皱褶垂直向下，最后一节肋骨后肷窝大于一掌宽。从侧面观察,腹部的这部分呈直角。 | 这种情况可能是由于突发疾病、饲料不足或适口性差，而导致奶牛至少 72 h 采食量过少或没有采食。 |
| 2 分 | 腰椎骨以下皮肤向内弯曲，从腰角处至最后一节肋骨开始皮肤皱褶呈对角线，最后一节肋骨后肷窝一掌宽。从侧面观察,腹部的这部分呈三角形。 | 这种评分常见于产后第一周的母牛，由于应激，奶牛至少 48 h 采食量不足或没有采食。如果泌乳后期奶牛出现这种信号，则表明饲料采食不足或饲料流通速率过快。 |
| 3 分 | 腰椎骨以下皮肤向下呈直角弯曲一掌宽，然后向外弯曲。从腰角处开始皮肤褶皱不明显。最后一节肋骨后肷窝刚刚可见。 | 这是泌乳牛的理想评分，表明采食充足，而且饲料在瘤胃中停留时间适宜。 |
| 4 分 | 腰椎骨以下皮肤向外弯曲，最后一节肋骨后肷窝不明显。 | 这是泌乳后期和干奶期奶牛的理想评分。 |
| 5 分 | 腰椎骨不明显,瘤胃被充满。整个腹部皮肤紧绷,看不见腹部和肋骨的过渡。 | 这是干奶期和围产期奶牛的适宜评分。 |

### 8.2.6 反刍行为观察

奶牛一天 8~10 h 都在反刍，全群中 50% 的牛卧倒反刍才是正常的，如果日粮配制比较合理，奶牛每次反刍应该咀嚼 50~60 次，若咀嚼次数低于 40 次，就表明粗饲料饲喂过少；如果咀嚼次数高于 70 次，就意味着粗饲料饲喂太多。

当奶牛挤完奶，采食 0.5~1 h 以后便开始反刍，每天反刍 6~8 次，每次持续 40~50 min，因此奶牛每天有 7 h 左右进行反刍活动。如果一个奶牛群躺卧休息时有 50% 以上的奶牛在反刍，说明这个牛群 TMR 混合均匀度、粒度及饲养环境正常，奶牛瘤胃功能正常。如果低于 50%，说明 TMR 铡切过短、精料过多或饲养环境恶劣，奶牛可能患有瘤胃酸中毒，提示我们要评定、跟踪 TMR 搅拌效果，重新评定 TMR 配方或要改善饲养环境。

监测要求：每天定时（如每天早晨 10 点或每天的下午 5 点）对同一群泌乳牛进行监测，连续监测一周。

### 8.2.7　粪便评估

成年奶牛每天排粪 12~18 次，排粪间隔为 1.5~2.0 h，每天排粪量为 20~35 kg。粪便稀稠、堆积高度和流散性是衡量奶牛对日粮消化能力的重要参照指标。未消化谷物的量增多或者粪便 pH 值低于 6.0 就表明瘤胃后送率增加。通过落在牛床垫上粪便的形状可以判断日粮有效纤维是否合适。

奶牛粪便评分基于粪便稀稠、高度和流散性的变化，用来评估奶牛对日粮的消化程度高低，判断日粮的营养成分（蛋白、粗纤维和碳水化合物）是否平衡及饮水量是否合适，进一步判定日粮在瘤胃中的发酵及胃肠内的变化情况，从而对日粮配方的科学性及管理的有效性进行验证。

粪便也能反映奶牛日粮的配制情况，奶牛粪便过稀，可能是由于日粮中纤维含量太少，或是粗蛋白含量过高。但并不是说日粮配制不合理是粪便稀的唯一原因。霉菌毒素也会引起奶牛拉稀便，如果在新鲜的粪便里看到气泡，就证明它在肠道里面发酵，这也就意味着这些可发酵营养成分没有被瘤胃利用，而是进入后部肠道消化道进行发酵。在这种情况下，奶牛消化率是非常低的。评价奶牛的排泄物或者粪便可以为生产者提供奶牛整体健康状况、瘤胃发酵和消化功能方面的信息，成年牛比较容易进行粪便观察。粪便的外观评价主要通过颜色、稠度、成分进行评价；粪便的物理分析主要利用粪便筛评价。

### 8.2.7.1　粪便的外观评价

#### 8.2.7.1.1　颜色

粪便的颜色受饲料类型、胆汁浓度和饲料通过消化道速率的影响(见表8-4)。

表8-4　粪便颜色与日粮及疾病关系

| 日粮及疾病因素 | 粪便颜色 |
| --- | --- |
| 新鲜牧草 | 深绿色 |
| 干草 | 变深、橄榄棕色 |
| 谷物比例较高 | 橄榄黄色 |
| 腹泻 | 灰色 |
| 霉菌毒素感染或球虫病 | 呈深色或血色 |
| 受细菌性感染,如沙门氏菌 | 呈淡绿色或淡黄色,并伴有水样痢 |

#### 8.2.7.1.2　稠度

粪便的稠度很大程度上取决于含水量,可作为依据判断饲料的水分含量及饲料在动物体内滞留的时间(见表8-5)。

表8-5　粪便稠度与牛只状态

| 牛只状态 | 粪便形状、类型 |
| --- | --- |
| 正常 | 中等稠度粥状,并形成圆顶形的粪堆(厚度2.5~5 cm) |
| 中毒、感染、寄生虫病 | 腹泻 |
| 摄入过量蛋白或RDP水平过高 | 稀薄 |
| 限制饮水或者蛋白质摄入 | 变得紧实 |
| 严重脱水 | 呈结实的粪球状 |
| 出现真胃移位 | 呈面糊状 |

#### 8.2.7.1.3　成分

粪便中出现的成分与饲料及疾病可能关系(见表8-6)。

表8-6　粪便中出现的成分与饲料及疾病可能关系

| 粪便中出现的成分 | 可能因素 |
| --- | --- |
| 较长粗饲料或未被消化的谷物 | 反刍不正常或饲料通过瘤胃速率过快或瘤胃酸中毒 |
| 持续观察到未被消化的谷物大颗粒 | 谷物摄入过量或加工方式不恰当 |
| 出现过量黏液 | 可能患有慢性炎症或肠道组织有损伤 |
| 泡沫或气泡状粪便 | 暗示酸中毒或后肠道发酵过度、产气过多 |

#### 8.2.7.2 粪便的评分5分制

粪便的稠度很大程度上依赖于水的含量，并受饲料湿度和饲料在瘤胃存留时间的影响。在采食和瘤胃消化正常的情况下，奶牛排出的粪便黏稠，落地有"扑通"声，落地后的粪便呈叠饼状，应该有 3~6 圈，高度 2.5~5.5 cm，中间有一较小的凹陷。由于胃肠发酵，粪便有一定臭味，但不太明显。粪便五级评定法相邻级别之间没有明显的界线，但在一定程度上可以反映奶牛的健康状况。影响奶牛粪便评分的因素主要包括以下几个方面。

##### 8.2.7.2.1 日粮的组成、质量及加工

牛粪硬度的改变很大程度是由于日粮的改变而引起的，饲料的种类、质量、配合比例等都会影响其硬度，它反映了日粮在瘤胃中的发酵和消化情况。其中，大部分的粗纤维都在瘤胃内消化，如果日粮中有充足而有效的中性洗涤纤维（NDF），就会促进瘤胃的蠕动，同时延长日粮在瘤胃内停留的时间，提高饲料消化率。粗饲料质量较差或粗饲料较好但加工方式不当时，粪中就会出现较长的粗纤维，降低了饲料利用率，进一步影响瘤胃微生物的生长及瘤胃的发育。

从日粮角度来说，如果奶牛排出稀粪（4~5 分），一方面，可能是由于日粮中含有过多的精饲料以及糟渣类饲料，缺乏长的干草和有效 NDF；另一方面可能是由于瘤胃酸中毒、日粮粗蛋白或矿物质含量太高。当酸中毒发生时，部分乳酸通过瘤胃进入大肠，同时精料进入大肠继续发酵产生大量的酸。大肠为了抵御这些酸所产生的渗透压，就会从血液吸收水分进入肠道，增加粪便中的水分含量，使粪便变得较稀。当日粮中粗蛋白或矿物质含量较高时，这些物质进入大肠后也会产生很高的渗透压，使血液的水分进入大肠，从而导致粪便变稀。如果排出的粪便过于干燥（1~2 分），厚度过大，呈坚硬的粪球状，则可能是由于干草饲喂过多，食入劣质的粗饲料过多，或精饲料饲喂量小。另外，限制饮水和限制蛋白进食量时也会出现坚硬的粪便，严重脱水时粪便呈坚硬的球状。因此，要根据粪便的评分来及时调整日粮。

##### 8.2.7.2.2 热应激与冷应激

奶牛的热应激与冷应激会影响其粪便评分。奶牛热应激时食欲降低，采

食量减少，从而造成机体营养摄入量不足。泌乳牛在持续热应激下(超过 25℃)采食量开始下降，32℃下降 20%。热应激时奶牛大量饮水，导致瘤胃内容物流通速度过快，会造成瘤胃消化不良，故牛粪稀软。在冷应激条件下，将牛暴露于冷环境下，饲料通过肠道的速度增加，网胃收缩频率增加，干物质消化率下降，同时饮水量明显减少，因此粪便干硬。

### 8.2.7.2.3　疾病

一些由日粮因素而引起的疾病也会导致牛粪评分发生变化，造成便秘或腹泻。如果粪便出现变稀(4~5级)，同时表现为糊状、部分发亮、含有气泡，这有可能是酸中毒的征兆。发生前胃迟缓或瘤胃积食的牛的粪呈半液体状或泥样，甚至水样；发生真胃溃疡或创伤性网膜炎的牛的粪便干、小，呈棕黑色、黑色；发生瘤胃臌气的牛初期排粪次数增加，但量少，以后完全停止；发生左侧真胃移位时，牛排粪少而硬，粪便表面附有黏液，有的病牛腹泻、粪便稀软呈糊状。另外，中毒、感染和寄生虫也能够引起粪便评分改变，但这些疾病发生粪便硬度变化的同时会伴有全身症状，如发热、呕吐、呼吸频率变化等，要与日粮因素引起的粪便评分改变相区别。

表 8-7　奶牛粪便的 5 分评分标准

| 级别 | 形态描述 | 原因 |
|---|---|---|
| 1 | 粪很干，呈粪球状，高度超过 7.5 cm | 日粮基本以粗饲料为主 |
| 2 | 粪干，高度 5~7.5 cm，半成型的圆盘状 | 日粮纤维含量高，精饲料少 |
| 3 | 粪呈叠饼状，中间有凹陷，高度在 2~5 cm | 日粮精粗比例合适 |
| 4 | 粪软，没有固定形状，能流动，高度小于 2.0 cm，周围有散点 | 缺乏有效 NDF，精饲料和多汁饲料喂量大 |
| 5 | 粪很稀，排便时呈弧形下落 | 食入过多蛋白质、淀粉等精饲料，缺乏有效 NDF，饲料原料霉变 |

### 8.2.7.3　粪便分离筛的应用

#### 8.2.7.3.1　粪便样品采集原则

按奶牛组别和所饲喂日粮分别采集粪样，使用配备的长柄勺采集最新鲜粪样(表层干粪去除)。对所要检测的牛群按 10% 比例取样：如前期牛群 100~150 头，取 10~15 头牛粪样，每个取样 2 L。根据粪便类型分布情况，平衡各种类型所要采集的量；如果粪便不一致，原则上要采集所有类型的粪便。

#### 8.2.7.3.2 粪便筛操作规范

对放入筛中的粪便冲（淋浴状态）洗（慢放快提流出和清洗的水清亮）。冲洗完后，湿、干分别称量重并做好记录，如日期、筛检人、牛群、筛上物比例，然后拍照。

#### 8.2.7.3.3 数据分析

顶筛用于评价完整谷物、种子和长牧草颗粒，中间筛用于评价谷物原料加工和中等长度牧草颗粒，底筛用于评价细小的加工副产品和被良好消化的牧草。

——感官评价

少量的纤维性饲料滞留在顶筛，预示：良好的瘤胃饲料层和牧草消化。

大量的纤维性饲料出现在顶筛，预示：瘤胃饲料层形成差；瘤胃酸中毒；异常快的排泄速度。

顶筛目标，滞留于顶筛上的残留物小于分离样本体积的10%；对泌乳早期奶牛，小于20%是合理的。

中间筛目标，滞留于中间筛上的残留物小于总分离样本体积的20%；对高产奶牛，小于30%是合理的。

底筛目标，滞留于底筛上的残留物大于总分离样本体积的50%。

#### 8.2.7.3.4 监测要求

粪便分离筛要求每月对泌乳牛群监测1次。

### 8.2.8 体况评分

#### 8.2.8.1 体况评分的定义和目的

体况评分指评定奶牛的膘情。牛群中常会出现过于肥胖或瘦弱的牛只。成母牛若过于肥胖，往往容易导致脂肪肝、酮病、真胃移位、胎衣滞留、食欲减退、难产、繁殖障碍等健康问题；过于消瘦的成母牛，由于缺乏足够的体能储备支持泌乳需要，泌乳期峰值不高、持续期短，产奶量低。对于后备牛，营养不良会延迟初情期，影响头产时间及头产后的产奶量；过于肥胖，则其乳房发育过程中会沉积大量的脂肪，使腺体组织发育受阻，导致终生产奶量不高。因此，奶牛的膘情反映了奶牛营养代谢是否正常及饲养效果是否良好，是奶牛高产与健康的标志之一。定期评定泌乳母牛和育成牛的体况，可以及时发现饲养管理存在的问题，以便对奶牛的日粮做出及时的调整。

#### 8.2.8.2　体况评分标准

##### 8.2.8.2.1　评分内容及标准

体况评分(Body Condition Score,BCS)是根据目测和触摸尾根、尻角(坐骨结节)、腰角(髋结节)、脊柱(主要是椎骨棘突和腰椎横突)及肋骨等关键骨骼部位的皮下脂肪蓄积情况而进行的直观评分。

评定时让牛只自然站立，观察并触摸尾根、臀部、背腰等部位，判定皮下脂肪的多寡来进行评分。奶牛的体况评分采用5分制，从一个极端到另一个极端，即奶牛越瘦评分越低，越胖评分越高。每增加1分相当于奶牛体重增加55 kg，其中体脂肪相当于增加12%。

##### 8.2.8.2.2　评分进行时间

泌乳母牛可在产犊后1个月内、泌乳中期和泌乳末期各评定1次。如要检验干奶期饲养管理的效果，还应在产犊时进行体况评定。育成牛应至少在6月龄、配种前和产犊前2个月各评定1次。6月龄体况评定的目的是避免牛只生长过快或过慢，两种情况均影响乳腺的发育；配种前体况评定是为了使育成牛在配种时处于良好的体况，以提高初配的受胎率；产前两个月的评定是为了减少难产和产后代谢病的发生。

表8-8　奶牛体况评分标准

| 级别 | 形态描述 |
|---|---|
| 1分 | 奶牛极度消瘦，呈皮包骨样。尾根和尻角凹陷很深，呈"V"字形的窝，臀角显露，皮下没有脂肪。骨盆容易触摸到，各脊椎骨清晰可辨，腰角和尻角之间深度凹陷,肋骨根根可见 |
| 2分 | 皮与骨之间稍有些肉脂，整体呈消瘦样。尾根和尻角周围的皮下稍有些脂肪，但仍凹陷呈"U"字形。骨盆容易触摸到，腰角和尻角之间有明显凹陷,肋骨清晰易数,沿着脊背用肉眼不易区分一节节椎骨。触摸时，能区分横突和棘突,但棱角不明显 |
| 3分 | 体况正常，营养合适。尾根和尻角周围仅有微弱的下陷或较平滑。在尻部可明显感觉到有脂肪沉积，需轻轻按压才能触摸到骨盆，腰角和尻角之间稍有凹陷,背脊呈圆形稍隆起，一节节椎骨已不可见，用力按压才能感触到椎骨横突和棘突 |
| 4分 | 整体看有脂肪沉积，体况偏肥。尾根周围和腰角明显有脂肪沉积，腰角和尻角之间以及两腰角之间较平坦，尻角稍圆，脊柱呈圆形且平滑,需较重按压才能触摸到骨盆,肋骨已经触摸不到 |
| 5分 | 过度肥胖。尾根试埋于脂肪组织中，皮肤被牵拉，即使重压也触摸不到骨盆和其他骨骼结构。牛体的背部体侧和尻部皮下为脂肪层所覆盖,腰角和尻角丰满呈圆形 |

#### 8.2.8.2.3 各阶段牛只适宜体况

合理的日粮应该保证奶牛在各个时期都能达到相应的体况评分值。参照国外的 5 分制评分标准体系，奶牛各时期适宜的体况评分如表 8-9。

表 8-9　奶牛各时期适宜的体况评分

| 牛别 | 评定时间 | 体况评分 |
|---|---|---|
| 成乳牛 | 产犊时 | 3.0 ~ 3.75 |
| | 泌乳高峰(产后 21 ~ 40 d) | 2.5 ~ 3.0 |
| | 泌乳中期(90 ~ 120 d) | 2.5 ~ 3.0 |
| | 泌乳后期(干奶前 60 ~ 100 d) | 3.0 ~ 3.75 |
| | 干奶时 | 3.5 ~ 3.75 |
| 后备牛 | 6 月龄 | 2.0 ~ 3.0 |
| | 第一次配种 | 2.0 ~ 3.0 |
| | 产犊 | 3.0 ~ 4.0 |

### 8.2.8.3　体况评分在生产中的应用

各关键时期体况评分(BCS)过高或过低，都会严重地影响奶牛的泌乳或繁殖性能，从而影响经济效益。其中奶牛分娩前后体况发生变化对奶牛影响较大，因此要特别关注此阶段的体况变化。奶牛分娩后体况评分降低是由于奶牛开始进入泌乳初期的营养负平衡阶段，奶牛皮下蓄积脂肪作为能量来源被动员起来，体蛋白被溶解利用，出现体重降低。奶牛分娩前后的体况评分下降在 0.5 分左右是理想的，最大下降范围要控制在 1 分以内，1 分以上的体况变化可能会导致产后代谢病的增加，引起奶牛不发情、发情不明显、屡配不孕、空怀日数增加等后果。

各关键时期体况评分过高或过低产生的原因、造成的后果及预防措施如表 8-10 所示。

表 8-10　各关键时期过高或过低体况评分的原因、产生的后果和预防措施

| 阶段 | 评分 | 原因 | 后果 | 措施 |
|---|---|---|---|---|
| 产犊时 | >3.75 | 1. 干奶期脂肪沉积过多<br>2. 干奶况过肥<br>3. 干奶期太长 | 1. 食欲差<br>2. 乳热症发病率高<br>3. 亚临床或临床性酮病发病率高<br>4. 脂肪肝发病率高<br>5. 胎衣滞留发病率高<br>6. 产奶性能下降 | 1. 降低干奶期日粮能量水平<br>2. 降低泌乳后期日粮能量水平<br>3. 将干奶时间限为 60 d |
| | <3.0 | 1. 干奶期掉膘<br>2. 干奶况过瘦 | 1. 在营养不足时可动用的体脂储存不足<br>2. 乳蛋白率可能会降低 | 1. 增加日粮能量与蛋白水平<br>2. 增加泌乳后期日粮能量水平 |

续表

| 阶段 | 评分 | 原因 | 后果 | 措施 |
|---|---|---|---|---|
| 泌乳高峰期 | >3.0 | 产奶潜力下降 | 影响产奶量 | 提高日粮蛋白水平 |
| | <2.0 | 1. 产犊时太瘦<br>2. 早期失重过多 | 1. 不能达到产奶高峰<br>2. 第一次配种受胎率低 | 1. 检查奶牛进食量和饲养措施<br>2. 提高日粮能量水平 |
| 泌乳中期 | >3.5 | 1. 产奶量低<br>2. 饲养高能日粮时间太长<br>3. 奶牛未分群 | 1. 进入泌乳后期可能会太肥<br>2. 下一胎次酮病及脂肪肝发病率高 | 1. 降低日粮能量水平或采用泌乳后期日粮<br>2. 检查日粮蛋白水平<br>3. 提早将牛转至低产牛群饲养 |
| | <2.5 | 泌乳早期失去的体况未能及时得以恢复 | 影响产奶和繁殖性能 | 提高日粮能量水平或按泌乳早期能量水平进行饲养，避免过早降低日粮能量浓度 |
| 泌乳后期 | >4.0 | 日粮中精料过多，能量水平太高 | 1. 干奶及产犊时过肥<br>2. 难产率高<br>3. 下一胎次的泌乳早期食欲差，掉膘快<br>4. 下一胎次酮病及脂肪肝发病率高<br>5. 下一胎次繁殖率低 | 1. 减少精料比例，降低日粮能量水平<br>2. 减少日粮干物质进食量 |
| | <3.0 | 1. 泌乳中期日粮能量水平偏低<br>2. 泌乳早期奶牛失重过多 | 1. 长期营养不良<br>2. 产奶量低，牛奶质量差 | 1. 检查日粮中能量、蛋白是否平衡<br>2. 提高泌乳中期日粮能量水平 |
| 干奶期 | >4.0 | 1. 泌乳后期日粮能量水平过高<br>2. 未能及时配种 | 储存在骨盆内的脂肪会堵塞产道，难产率高 | 1. 调整泌乳后期日粮能量水平<br>2. 考虑淘汰<br>3. 如已出现脂肪肝，应在干奶期减少能量摄入 |
| | <3.0 | 泌乳后期未能达到理想体况 | 产犊时体况差，为维持产奶及牛奶质量，动用了过多的体脂储存 | 1. 提高泌乳后期日粮能量水平<br>2. 提高干奶期日粮能量水平 |

成母牛要求在产犊时、产后 42～60 d、产后 200～250 d 和复检定胎各评定一次体况。育成牛在配种前和产犊前 60 d 各评定一次。

监测要求：每月一次进行体况评分，便于及时调整牛群。

### 8.2.9 采用智能化管理系统

所谓智能化管理，就是指所有的管理过程都是以数字为依据，包括配种日期、产犊时间、每天的产奶量、牛奶营养指标、饲料的配比、采食量，甚至包括每头牛每天的运动情况都进行量化，通过专业录入工具对这些数据进行采集，再经系统管理软件进行处理，进而给出科学的管理方案，进行实践指导。

TMR 并不是简单地将饲草料混合，它是一个系统的饲养管理工艺，在数字化管理模式中，向上需要一系列数值支持(如产奶量、产犊日期、奶指标、饲料营养成分等)，向下提供执行过程中的数据。

#### 8.2.9.1 干物质采食量预测

根据有关公式计算出理论值，结合奶牛不同胎次、泌乳阶段、体况、乳脂和乳蛋白以及气候等推算出奶牛的实际采食量。

#### 8.2.9.2 奶牛合理分群

对于大型奶牛场，泌乳牛群根据泌乳阶段分为早、中、后期牛群，干奶早期、干奶后期牛群。对处在泌乳早期的奶牛，不管产量高低，都应该以提高干物质采食量为主。对于泌乳中期的奶牛中产奶量相对较高或很瘦的奶牛应该归入早期牛。

对于小型奶牛场，可以根据产奶量分为高产、低产和干奶牛群。一般泌乳早期和产奶量高的牛群归为高产牛群，中后期牛归为低产牛群。

#### 8.2.9.3 奶牛饲料配方制作

根据牧场实际情况，考虑泌乳阶段、产量、胎次、体况、饲料资源特点等因素合理制作配方。考虑各牛群的大小，每个牛群可以有各自的 TMR，或者制作基础 TMR+精料(草料)的方式满足不同牛群的需要。此外，在 TMR 饲养技术中能否对全部日粮进行彻底混合是非常关键的，因此牧场必须具备能够进行彻底混合的饲料搅拌设备。

## 8.3 奶牛 DHI 数据应用

### 8.3.1 牛奶尿素氮(MUN)应用

牛奶尿素氮(Milk Urea Nitrogen,MUN)指牛奶中以尿素形式存在的氮，是氮代谢的终产物。因其含量的高低可反映奶牛日粮的蛋白质和能量水平的高低、瘤胃能氮平衡状况以及氮利用率等已成为世界范围内奶牛科学研究的热点。

牛奶中所含氮的95%为真蛋白质，5%为非蛋白质含氮化合物，包括尿素、氨、氨基酸、尿酸、肌酸和肌酐，尿素约占非蛋白氮的50%，即尿素约占牛奶蛋白质含量的2.5%。国外研究表明，MUN含量在12～16 mg/dL为宜，即此时瘤胃能氮平衡，氮利用率最高。

尿素在奶牛的肝脏中合成。肝脏中合成尿素的氨有两个来源，一是来源于瘤胃壁吸收，瘤胃中未被微生物利用的氨通过瘤胃壁经肝门静脉进入肝脏；第二个来源是通过小肠吸收的氨基酸、小肽等含氮化合物在肝脏经脱氨基作用产生氨。氨在体内浓度高时具有毒性，过量的氨在肝脏通过鸟氨酸循环转化为尿素。

尿素在肝脏合成后被释放进入血液，血液中尿素主要有四个去向。一是通过血液循环经瘤胃壁直接进入瘤胃内，也可以通过唾液的分泌进入瘤胃。当奶牛氮摄入量不足时，进入瘤胃的尿素量会大量增加；当氮摄入量超过需要量时，进入瘤胃的尿素量降低。二是经尿液排出，当血液流经肾小球时，肝脏产生的绝大部分尿素以被动扩散和主动转运方式被过滤到原尿中，除小部分被重新吸收外，绝大部分随尿液排出体外。三是可以用来合成一些非必需氨基酸。四是由乳汁排出，血液中的尿素可容易地通过乳腺上皮细胞扩散进入乳中，从而形成MUN。

#### 8.3.1.1　MUN检测方法

根据测定原理的不同，可将MUN测定方法分为3类。一是红外光谱法，利用红外光照射时，尿素在某一区域出现官能团的特征吸收峰。红外光谱法操作简单、速度快。二是酶法，奶样经酶处理后产生氨，通过测定氨的变化来计算MUN值。三是化学法，加入特定化学试剂(乙二酰–肟法)与尿素反应生成一种红色的二嗪化合物，其颜色的深浅与尿素氮含量成正比。这种方法对仪器设备要求不高，一般实验室都能测定。

#### 8.3.1.2　MUN监控日粮粗蛋白水平和能量水平

MUN含量的高低是日粮粗蛋白水平和能量水平共同作用的结果。可根据MUN值和乳蛋白含量监测日粮的粗蛋白水平、能量水平和能氮平衡情况(见表8–11)，乳蛋白指标用于评价粗蛋白水平，MUN用于评价能量水平，两者结合可用于评价能氮平衡值。

表 8-11　不同 MUN 和乳蛋白含量条件下的日粮蛋白和能量水平

| 乳蛋白 | MUN 值(mg/dL) | | |
|---|---|---|---|
| | <12 | 12~19 | >19 |
| <3.0% | 蛋白质缺乏 | 蛋白质平衡 | 蛋白质过剩 |
| | 能量缺乏 | 能量缺乏 | 能量缺乏 |
| ≥3.0% | 蛋白质缺乏 | 蛋白质平衡 | 蛋白质过剩 |
| | 能量平衡或稍过剩 | 能量平衡 | 能量平衡或稍缺乏 |

#### 8.3.1.3　高 MUN 对奶牛生产的影响

高 MUN 含量意味着氮的低利用率，这首先将影响奶牛生产效益，其次是过量氮排放对环境造成的影响。氮减排在奶牛生产中日益受到人们的重视。奶牛氮的排出途径主要有三个：尿液中的氮（Urea Nitrogen，UN）、粪便中的氮（Fecal Nitrogen，FN）以及乳中的氮（Milk Nitrogen，MN），其中 UN 对环境的影响最大。UN 排放量约是 FN 排放量的两倍，从尿液中挥发出来的氨是粪便中的 6～7 倍。在英国奶牛营养体系中，氮摄入量（Nitrogen Intake，NI）为 400 g/d，是整个泌乳期平均产奶 20～25 kg/d 的奶牛蛋白质的最佳需要量。NI 低于 400 g/d 时，奶牛体内过多的氮主要是通过粪便排出；而当 NI 大于 400 g/d 时，尿液排泄成为主要的排泄途径。在氮水平能够满足奶牛生产需要时，再添加过多的氮将明显增加尿氮排出量，既降低了氮利用率，也污染了环境。

另外，过高的 MUN 还可降低奶牛的繁殖性能。MUN 和繁殖率之间存在着显著的负相关关系。Arunvipas 等从加拿大的 375 个商业奶牛场的繁殖数据得出，MUN 值从 10 mg/dL 升高到 20 mg/dL，受胎率将降低约 15%。高 MUN 影响受胎率的机理可能是降低了子宫内 pH 值和前列腺素的产生，使促黄体素和卵巢受体结合，导致黄体酮浓度和繁殖力的下降。

#### 8.3.1.4　影响 MUN 值的主要因素

##### 8.3.1.4.1　营养因素

影响 MUN 值的主要营养因素包括日粮粗蛋白水平和能量水平。

日粮 CP 含量的差异小于 1.0% 即可对 MUN 产生显著影响。在奶牛日粮中添加过瘤胃氨基酸可以降低 MUN 值，但在氨基酸平衡日粮中添加氨基酸对降低 MUN 值没有作用。

限制能量供给将提高 MUN 值。能量缺乏时，RDP 未能被有效地利用合成微生物蛋白，降解的氨在肝脏转变为尿素，从而提高 MUN 值。在蛋白质水平相同的日粮中提高 NDF 含量，MUN 值提高，但幅度很小(NDF 提高 1 g/kg，MUN 增加 0.007 mg/dL)；增加非结构性碳水化合物(NSC)含量，MUN 浓度降低，幅度也很小(NSC 增加 1 g/kg，MUN 下降 0.007 mg/dL)。

#### 8.3.1.4.2 非营养因素

影响 MUN 值的主要非营养因素包括胎次、泌乳天数和取样方法。

Hojman 分析了 25485 条 DHI 记录的结果表明，头胎牛的 MUN 值最低，二胎牛最高，差异极显著，1、2、3 胎的 MUN 值分别为 14.7 mg/dL、15.5 mg/dL、15.2 mg/dL。初产牛 MUN 值较低的原因在于体组织仍处于生长阶段，氨基酸的利用率高，肝脏中的去氨基作用和尿素生成较少。

奶牛泌乳前 30 d 的 MUN 值显著低于其他泌乳阶段，MUN 的最高含量在 60~90 d，之后逐渐降低。这种变化规律或许与采食量有关，因为奶牛产犊后的前 20 d 左右采食量都较低，到 60 d 左右采食量达到高峰。

一天中，早、中、晚的奶样 MUN 值有较大差异，早晨的奶样 MUN 值明显高于中午和晚上的奶样，中午和晚上取的奶样的差异不明显。一次挤奶过程中，前几把乳和最后几把乳的 MUN 值也有较大差异。

#### 8.3.1.5 MUN 值和 DHI 检测指标的关系

DHI 检测中和 MUN 值相关且关系显著的指标包括奶产量、乳蛋白含量和乳脂含量。

MUN 值随奶产量的增加而增加，这与采食量随奶产量的增加而提高有关。MUN 值与乳蛋白含量呈负相关。乳蛋白含量高于 3.2%的 MUN 值极显著低于乳蛋白含量低于 3.0%的 MUN 值。乳脂含量在正常生理值范围内时，MUN 值随乳脂含量增加而降低。有研究表明乳脂含量降低 0.5%，MUN 值约升高 1.70 mg/dL。

### 8.3.2 牛奶的脂蛋比

奶牛生产性测定(DHI) 是通过测定牛奶乳成分、体细胞及记录奶牛配种、分娩信息，利用牧场管理软件分析数据，为牧场提供有效的管理报告(DHI 报告)。DHI 报告中，脂蛋比是一项反映奶牛日粮配比中谷物类饲料的粗饲料比例是否合适，以及日粮中蛋白质代谢的效率，能准确地反映出奶牛瘤胃中蛋白质代谢的有效性。因此我们可以根据 DHI 报告中脂蛋比的数据来正确分析奶牛的营养和代谢情况，反映出饲料营养供应量是否合适，进而指导日粮配方调整，达到改善奶牛体况，降低饲养成本的目的。

正常情况下，中国荷斯坦牛的脂蛋比为 1.12~1.36，其比值高，说明日粮中可能添加了脂肪，或日粮中蛋白不足；比值低则相反，可能是日粮中谷物类精料太多或缺乏纤维素，应对日粮进行适当调整。

在脂蛋比数据分析中：

脂蛋比<1.12，反映瘤胃功能异常，精料比例大也有关系；

脂蛋比>1.4，反映日粮蛋白不足或分解蛋白不足（一般蛋白受到遗传的影响较大）；

产后 100 d 内脂蛋比>1.4，可能是干奶期日粮不合理，膘情差；

产后 120 d 以内脂蛋比>1.4，则意味着日粮中精料多，缺乏优质粗纤维饲料；

若泌乳早期乳脂率较高，则意味着奶牛在快速利用体脂，应检查奶牛是否发生酮病。

当脂蛋比低于 1.1 时表明：奶牛粗饲料在瘤胃中的发酵率降低、粗饲料的质量差、精料比例过大、瘤胃亚临床或临床型酸中毒、奶牛反刍减少，日粮中缺乏缓冲物质。

当脂蛋比高于 1.4 时表明：奶牛日粮中蛋白质不平衡，品质差，缺乏必需氨基酸，如蛋氨酸和赖氨酸，日粮中能量不足，瘤胃微生物蛋白合成不足，奶牛干物质采食量不足，夏天热应激，饲料中添加了大量的油脂类脂肪，可发酵碳水化合物含量不足。

# 附录 1　饲料工业通用术语

饲料工业通用术语(General terms in feed industry) 规定了饲料工业通用名词术语及其含义，适合于饲料行业、科研、教学、生产、经营、饲养及管理工作中使用。

## 1.1　营养

(1)水分 Moisture　饲料在 100℃～105℃烘至恒重所失去的重量。

(2)干物质 dry matter（DM）　从饲料中扣除水分后的物质。

(3)粗蛋白质 crude protein（CP）　饲料中含氮量乘以 6.25。

(4)粗脂肪 crude fat, ether extract(EE)　饲料中可溶于乙醚的物质的总称。

(5)粗灰分 crude ash　饲料经灼烧后的残渣。

(6)粗纤维 crude fiber(CF)　饲料经稀酸、稀碱处理，脱脂后的有机物(纤维素、半纤维素、木质素等) 的总称。

(7)无氮浸出物 nitrogen free extract(NFE)　通常由干物质总量减去粗蛋白质、粗脂肪、粗纤维和粗灰分后求得。

(8)总能 gross energy（GE）　饲料完全燃烧所释放的热量。

(9)消化能 digestible energy（DE）　从饲料总能中减去粪能后的能值，亦称"表观消化能"。

(10)代谢能 metabolizable energy(ME)　从饲料总能中减去粪能和尿能(对反刍动物还要减去甲烷能) 后的能值，亦称"表观代谢能"。

(11)净能 net energy（NE）　从饲料的代谢能中减去热增耗后的能值。

（12）国际单位 international unit（IU）　是表示维生素活性的一种单位。

（13）国际雏鸡单位 international chick unit（ICU）　以 0.025 μg 结晶维生素 $D_2$ 对雏鸡所产生的作用为一个国际雏鸡单位。

（14）蛋白能量比 protein-caloric ratio　指饲料中粗蛋白质（g/kg）与代谢能（MJ/kg）的比值。

（15）能量蛋白比 caloric-protein ratio　指饲料中消化能（kJ/kg）与粗蛋白质（g/kg）的比值。

（16）总磷 total phosphorus（TP）　饲料中的无机磷和有机磷的总和。

（17）有效磷 available phosphorus（AP）　饲料总磷中可为饲养动物利用的部分。

（18）日粮 ration　一个个体饲养动物在一昼夜（24 h）内所采食的总饲料组分的数量。

（19）饲粮 diet　按日粮中各种饲料组分比例配制的饲料。

（20）饲料转化效率（饲料报酬）feed conversion ratio　生产每单位动物产品所消耗的饲料量。

## 1.2　饲料原料

（1）饲料 feeds　能提供饲养动物所需的养分，保证健康，促进生长和生产，且在合理使用下无有害作用的可饲物质。

（2）饲料组分 feed ingredient　组成配合饲料的单一饲料或饲料添加剂。

（3）饲料原料（单一饲料）feed stuff，single feed　以一种动物、植物、微生物或矿物质为来源的饲料。

（4）能量饲料 energy feed　干物质中粗纤维含量低于18%，粗蛋白含量低于20%的饲料。

（5）蛋白质饲料 protein feed　干物质中粗纤维含量低于18%，粗蛋白含量等于或高于20%的饲料。

（6）非蛋白氮 non-protein nitrogen（NPN）　非蛋白态的含氮化合物。

（7）单细胞蛋白 single-cell protein（SCP）　由酵母、细菌、霉菌、藻类等

所生成的蛋白质。

(8)粗饲料 roughage, forage 天然水分含量在 60%以下，干物质中粗纤维含量等于或高于 18%的饲料。

(9)饲料添加剂 feed additive 为满足特殊需要而加入饲料中的少量或微量物质。

（10）营养性添加剂 nutritive additive 用于补充饲料营养素不足的添加剂。

(11)非营养性添加剂 non-nutritive additive 为保证或改善饲料品质、促进饲养动物生产、保障饲养动物健康、提高饲料利用率而加入饲料的少量或微量物质。

(12)促生长剂 growth promoting agent 为促进饲养动物生长而加入饲料的添加剂。

(13)驱虫保健剂 vermifuge 用于控制饲养动物体内和体外寄生虫的添加剂。

(14)抗氧化剂 antioxidant 为防止饲料中某些活性成分被氧化变质而加入饲料的添加剂。

(15)防腐剂 preservative 为延缓或防止饲料发酵、腐败而掺入饲料中的添加剂。

(16)防霉剂 mould inhibitor 为防止饲料中霉菌繁殖而加入饲料的添加剂。

(17)调味剂 flavor enchancement 用于改善饲料适口性，增进饲养动物食欲的添加剂。

(18)着色剂 color and pigment 为改善动物产品或饲料色泽而加入饲料的添加剂。

(19)黏结剂 binder 为提高粉状饲料成型以及颗粒饲料抗形态破坏能力而加入饲料的添加剂。

(20)稀释剂 diluent 与高浓度组分混合以降低其浓度的可饲物质。

(21)载体 carrier 能够承载活性成分，改善其分散性，并有良好的化学稳定性和吸附性的可饲物质。

## 1.3　饲料产品

(1)配合饲料 formula feeds　根据饲养动物营养需要，将多种饲料原料按饲料配方经工业生产的饲料。

(2)全价配合饲料 complete feeds　应能满足饲养动物营养需要(除水分外)的配合饲料。

(3)浓缩饲料(料精) concentrates　由蛋白质饲料、矿物质饲料和添加剂预混料按一定比例配制的均匀混合物。

(4)混合饲料 mixed feeds　由两种以上饲料原料按一定比例配制，但并不能完全满足饲养动物营养需要的饲料。

(5)添加剂预混料 additive premix　由一种或多种饲料添加剂与载体或稀释剂按一定比例配制的均匀混合物。

(6)精料补充料 concentrate supplement　为补充以粗饲料、青饲料、青贮饲料为基础的草食饲养动物的营养需要，将多种饲料原料按一定比例配制的饲料。

(7)加药饲料 medicated feeds　指含有为预防动物疾病药物的饲料。

(8)微量元素预混料 trace mineral premix　一种或多种微量矿物元素化合物与载体或稀释剂按一定比例配制的均匀混合物。

(9)维生素预混料 vitamin premix　一种或多种维生素与载体稀释剂按一定比例配制的均匀混合物。

(10)加药预混料 medicated premix　加有一种或多种药物的添加剂预混料。

(11)复合预混料 compound premix　由微量元素、维生素、氨基酸和非营养性添加剂中任何两类或两类以上的组分与载体或稀释剂按一定比例配制的均匀混合物。

## 1.4　饲料质量

(1)感观指标 sensory index　对饲料原料或成品的色泽、气味、外观性状等所作的规定。

（2）营养指标 nutritive index　对饲料原料或成品的营养成分含量或营养价值所作的规定。

（3）加工质量指标 process quality index　对饲料原料或饲料产品的粒度、含杂量、混合均匀度等加工质量所作的规定。

（4）磁性金属杂质 magnetic metal impurites　混入饲料的危害饲料质量、加工设备和动物健康的磁性金属物。

（5）粒度 particle size　饲料原料或饲料产品的粗细度，用筛析法测定。

（6）混合均匀度 mixing uniformity　饲料中各组分分布的均匀程度。

（7）颗粒饲料粉化率 percentage of powdered pellets　颗粒饲料在特定条件下产生的粉末重量占其总重量的百分比。

（8）颗粒饲料耐水性 water durability of pellets　供水产动物食用的颗粒饲料在水中抗溶蚀的能力。

（9）颗粒饲料硬度 hardness of pellets　颗粒饲料对外压力所引起变形的抵抗能力。

（10）自动分级 segregation　饲料在加工运输过程中混合均匀度降低的现象。

（11）卫生标准 sanitation standard　饲料中有毒、有害物质及病原微生物的规定安全量。

（12）有毒、有害物质 toxic and harmful substance　饲料中含有影响饲养动物健康、产品质量或间接危害人体健康的物质。

（13）交叉污染 cross contamination　饲料在加工、运输和贮藏过程中，不同饲料原料或饲料产品之间发生的相互污染。

（14）常规分析（概略分析）proximate analysis　用化学分析法测定饲料中水分、粗蛋白、粗脂肪、粗灰分、粗纤维和计算无氮浸出物的含量的方法。

（15）风干样品 air-dried sample　水分含量在15%以下的饲料样品。

（16）绝干样品 absolute-dried sample　指在100℃~105℃烘干至恒重后的饲料样品。

# 附录 2  饲料概略养分分析

## 2.1  饲料水分的测定

### 2.1.1  原理

干物质或称绝干物质(DM)，是指完全不含水分的物质。动植物体均由干物质和水分两大部分组成，加温能使水分蒸发，由此可测得饲料中干物质量。饲料在60℃~65℃的烘箱内烘至重量不变时，所损失的水分为初水分，升高烘箱温度至105℃±2℃时，可以除去饲料中蛋白质、淀粉及细胞膜上的吸附水。

饲料中营养物质，包括有机物质与无机物质均存在于饲料的干物质中。饲料中干物质含量的多少与饲料的营养价值及动物的采量有密切关系。此外，饲料中水分的多少也与饲料的存贮密切相关

### 2.1.2  操作步骤

(1)将洁净已用铅笔编好号的称瓶置于105℃±2℃的恒温干燥箱内(称瓶盖半开)干燥1 h。用坩埚钳取出称瓶，迅速盖好瓶盖，放入干燥器内，冷却30 min。

用纸带取出称瓶，放在分析天平上称重。同法再烘1 h，冷却30 min，称重。直至前后两次重量差不超过0.001 g即为恒重，取其最低值为称瓶重，设为 $m_1$。

在取放称瓶及向称瓶内加样本时，手不得直接接触称瓶，可借助坩埚钳或纸带或干净线手套进行操作。

(2)在已恒重的称瓶内，加入分析样本2 g左右，准确至0.0001 g。注意：

用上述已恒重过的空称瓶称样时，因放置吸潮，空称瓶会稍有增重，因此称样前必须再称量空称瓶的重量，用来计算所加样本的重量，即（瓶+风干样本）重－加样前瓶重=所加样本重，设为 m。

（3）把盛有样本的称瓶置于 105℃±2℃ 的恒温干燥箱内（瓶盖半开），烘 5~6 h，取出，盖好瓶盖（瓶盖盖严），放入干燥器内，冷却 30 min，称重。同法再烘 1 h，取出冷却 30 min 称重，直至前后两次重量差不超过 0.001 g 为恒重，取最低值为（瓶+干物质重），设为 $m_2$。

### 2.1.3　结果计算

$$风干样本中吸附水（\%）=\frac{m-(m_2-m_1)}{m}\times100$$

式中：m —— 风干样本重(g)

　　　$m_1$ —— 称瓶重(g)

　　　$m_2$ —— 称瓶+干物质重(g)

每个试样都应取两个平行样进行测定，以其算术平均值为结果。两个平行样测定值绝对相差不得超过 0.2，否则重做。

### 2.1.4　仪器、设备及药品（测定两个平行样用）

| | | |
|---|---|---|
| 称瓶 | 扁形，直径 4 cm | 2 个 |
| 分析天平 | 感量 0.0001 g | 1 台 |
| 药勺 | 塑料或不锈钢质 | 1 把 |
| 干燥器 | 直径 20 cm | 1 个 |
| 坩埚钳 | 短柄 | 1 把 |
| 白色硬纸带 | 宽 2 cm，长 18 cm | 2 条 |
| 无水氯化钙或变色硅胶 | | 500 g |
| 恒温干燥箱 | | 公用 |
| 凡士林 | | 10 g |

### 2.1.5　附注

2.1.5.1　本实验在 105℃±2℃ 恒温干燥箱内测定干物质，对有些样本可能会引起误差

加热时样本中的可挥发性物质随水分一起损失，如青贮饲料中的挥发性

脂肪酸、氨、醇等。

样本中有些物质如脂肪，加热时会被空气中的氧氧化，在恒重过程中重量不断增加，应以增重前那次重量为准。

含糖高的幼嫩植物样本，可能因脱氢氧化，在恒重过程中重量不断减轻，但只要严格按操作规程办，上述损失或增重都在允许误差的范围内。若条件许可，这类样本应放在真空干燥箱内低温干燥。

### 2.1.5.2 在干燥箱内干燥样本时需注意事项

干燥过程不得随便开启箱门，样本不得放在干燥箱底层或靠住箱壁。样本在干燥箱内的位置尽量保持一致。另外，取称量瓶及称重的顺序保持一致，即先取先称。

### 2.1.5.3 如果试样为测定初水分后所得，则按下式计算鲜样中所含总水分

总水分(%)=初水分(%)+吸附水(%)×[100-初水分(%)]

鲜样中干物质(%)=100-总水分(%)

## 2.2 饲料粗蛋白质的测定

### 2.2.1 原理

饲料中的含氮物质包括的蛋白质和氨化物(如氨基酸、酰胺、硝酸盐、铵盐等)，两者总称为粗蛋白质。凯氏定氮法的基本原理是：借助催化剂($CuSO_4$，$K_2SO_4$ 或 $Na_2SO_4$)，用过量的浓 $H_2SO_4$ 分解样本中的有机物质，使含氮物质都变成 $NH_4^+$ 并与 $H_2SO_4$ 化合成 $(NH_4)_2SO_4$，而非含氮物质则以 $CO_2\uparrow$、$H_2O\uparrow$、$SO_2\uparrow$ 等逸出。然后用浓碱蒸馏消化液，使铵盐变成氨气，氨气随水蒸气顺着冷凝管流入硼酸溶液中，与之结合成为四硼酸铵；用盐酸或硫酸标准溶液滴定即可计算出消化液中的氮含量。根据氮的含量乘以特定的系数(通常用 6.25)，即得粗蛋白质量。上述过程中的化学反应如下：

消化

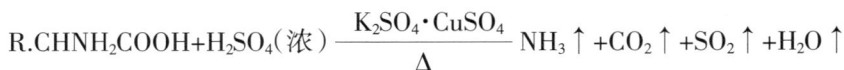

$$R.CHNH_2COOH + H_2SO_4(浓) \xrightarrow[\Delta]{K_2SO_4 \cdot CuSO_4} NH_3\uparrow + CO_2\uparrow + SO_2\uparrow + H_2O\uparrow$$

$$NH_3 + H_2SO_4 \rightleftharpoons (NH_4)_2SO_4,$$

$(NH_4)_2SO_4 + 2NaOH \xrightarrow{\quad\quad} 2NH_3 \uparrow + Na_2SO_4 + 2H_2O$

蒸馏　$4H_3BO_3 + NH_3 \xrightarrow{\quad\quad} NH_4HB_4O_7 + 5H_2O$

滴定　$NH_4HB_4O_7 + HCl + 5H_2O \xrightarrow{\quad\quad} NH_4Cl + 4H_3BO_3$

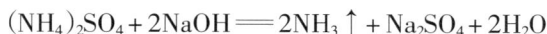

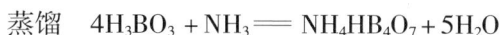

此法不能区别蛋白氮和非蛋白氮，只能区分回收硝酸盐、亚硝酸盐等含氮化合物。

### 2.2.2　操作步骤

#### 2.2.2.1　消化

(1)将 200～250 ml 的消化管洗净。用铅笔在磨砂部分编号。

(2)用定性滤纸以直接称量法在分析天平上称取分析样本 0.5～1 g，准确至 0.0001 g，将滤纸包严，小心无损地将样包投入消化管底部。

(3)在粗天平上称取混合催化剂 2.5 g。借助烘干的长颈漏斗或纸条放入消化管底部，避免混合催化剂黏在管口上。

(4)用洁净的量筒取浓 $H_2SO_4$ 10 ml（每克称样以 10 ml 计），慢慢倒入消化管中，轻轻转动消化管，使样品全部被 $H_2SO_4$ 脱水炭化。最好用橡皮塞塞好瓶口浸泡过夜，以缩短消化时间，减少泡沫，防止外溢。

(5)将消化管放在通风橱中的可调电炉上加热消化。最初管内常产生大量泡沫。因此，须先用较低的温度徐徐加热，若泡沫溢至管口，应将消化管从电炉上取下，降低温度，充分摇动，或滴加少量浓 $H_2SO_4$ 再继续加热。待白烟消失出现回流后增高温度，但不宜剧烈，应使消化液微微沸腾，以免 $(NH_4)_2SO_4$ 逸出或分解造成氨的损失。管口上安放 4 cm 的短颈漏，以便酸雾冷凝。

如有黑点黏附于管口，应小心倾斜消化管，以其内的酸洗之(注意不能将酸倒出)。如洗不净或黑点位置过高，则待消化管冷却后，先用干净玻棒将黑点剥离，再以少量蒸馏水冲洗玻棒及管口。冲洗时要缓慢！管口背向人！此后继续消化，如有黑色炭粒不能全部消除，则待消化管冷却后，补加少量浓 $H_2SO_4$ 继续消化，直至消化液变成蓝绿色后，再消化 30 min 即可。

(6)消化管冷却后，慢慢加蒸馏水 20 ml(加蒸馏水时注意冲洗管口)。摇匀，用小漏斗借助玻棒将消化液转入 100 ml 容量瓶中，分数次用少量蒸馏水冲洗管口及消化管，使消化管中的 $(NH_3)_2SO_4$ 全部无损地移入容量瓶内。待液体冷却至室温后，用蒸馏水稀释至刻度，盖好瓶塞，上下颠倒摇匀，准备蒸馏。

(7)每次测定时，须同时做空白试验，即取 200～250 ml 消化管，洗净，加 1 张定性滤纸，混合催化剂 2.5 g，浓 $H_2SO_4$ 10 ml，同法加热消化、定容。

#### 2.2.2.2 蒸馏

(1)将洗净的半微量凯氏蒸馏装置安装好，并检查每个接合处是否严密和冷凝管系统的流水情况。

(2)煮沸蒸汽发生器中的水(蒸汽发生器中的水加甲基红数滴、$H_2SO_4$ 数滴，使水呈粉红色，并保持此颜色，否则补加 $H_2SO_4$)，并接通冷凝管的水流。

(3)将 15 ml 左右的蒸馏水通过进样口注入反应室，塞好入口玻璃塞，留少量水做液封。通入蒸汽，蒸馏 5 min，以洗涤反应室和进样口。切断反应室的蒸汽供应(此时切记一定要保证蒸汽发生器中的蒸汽能顺畅地排出，否则会有危险!)，由于反应室外层蒸汽冷凝较快，造成负压，使反应室中的液体自动流入反应室外层，将废液放出。

(4)取洗净的 250 ml 三角瓶一个，用移液管加 2%$H_3BO_3$溶液 20 ml 放入三角瓶中，加 2 滴甲基红-次甲基蓝混合指示剂。将三角瓶放在冷凝管的蒸汽通管下，使冷凝管的下端浸入硼酸溶液内。

(5)用移液管取 10 ml 消化液，通过进样口慢慢放入反应室中，用少量蒸馏水冲洗进样口，塞好入口玻璃塞。取饱和 NaOH 溶液加入进样口，微微打开玻璃塞，使碱液慢慢流入反应室，反应室液体应呈淡蓝色或棕褐色，否则说明 NaOH 量不足，需再加饱和 NaOH 溶液，使其呈浅蓝色或棕褐色为止。加少量蒸馏水冲洗进样口，并使进样口中的液体慢慢流入反应室(注意：在加碱及碱加足后冲洗进样口的过程中，进样口内自始至终要有液体存在)，留少量液体作水封，以防漏气。通入蒸汽，反应室内的液体开始沸腾后记时，蒸馏 5 min，使氨通过冷凝管而被三角瓶内的硼酸吸收。移下三角瓶，使冷凝管的下端离开液面，继续空蒸 1 min，用洗瓶内的蒸馏水冲洗冷凝管下口的外部，洗液均流入吸收液，将三角瓶移开蒸馏装置，以备滴定。

在蒸馏过程中，常因中途停止加热或沸腾不匀产生负压而造成吸收液进入冷凝管，致使前功尽弃。同理，必须将三角瓶移开冷凝管下端才可关闭蒸汽来路，严禁蒸馏过程中突然关闭蒸汽来路或电路。

(6)蒸馏完毕，切断反应室中的蒸汽供应，则反应室中的残液自动被吸到反应室外层，然后以步骤3，同法洗涤之。

(7)每个消化液蒸馏2~3次，空白消化液同法进行蒸馏。

### 2.2.2.3　滴定

用0.01 mol/L HCl标准溶液滴定，至溶液由绿色变为灰紫色时即达终点。

记录所消耗的HCl标准溶液的体积及浓度，空白滴定相同。

### 2.2.2.4　蒸馏器的检查

使用蒸馏器前需作检查。方法为：取5 ml 0.01N($NH_4$)$_2$$SO_4$标准溶液于反应室中，再加饱和NaOH溶液进行蒸馏，操作过程与样本消化液相同，滴定($NH_4$)$_2$$SO_4$溶液所需用的0.01 mol/L HCl标准溶液量减去空白（用5 ml蒸馏水代替硫酸铵标准溶液进行蒸馏所用的0.01 mol/L HCl标准溶液用量）应为5 ml，说明蒸馏装置合乎使用标准，否则应根据($NH_4$)$_2$$SO_4$的理论值与实测值之比求出校正系数，以校正测出的饲料样品的氨含量。

## 2.2.3　结果计算

$$粗蛋白质含量(\%)=(V_3-V_0)\times C\times 0.014\times \frac{V_1}{V_2}6.25\times \frac{100}{m}$$

式中：$V_1$——消化液稀释容量(ml)

　　　$V_2$——消化液蒸馏用量(ml)

　　　$V_3$——滴定样本馏出液的HCl标准溶液用量(ml)

　　　$V_0$——滴定空白馏出液的HCl标准溶液用量(ml)

　　　C——HCl标准溶液的浓度(mol/L)

　　　m——样本重(g)

每个试样取两个平行样进行测定，以其算术平均值为结果。

当CP含量在25%以上时，允许相对偏差为1%；

当CP含量在10%~25%时，允许相对偏差为2%；

当CP含量在10%以下时，允许相对偏差为3%。

## 2.2.4　仪器设备(供测定两个平行样本)

| | | |
|---|---|---|
| 消化管 | 200~250 ml | 1个 |
| 定性滤纸 | 直径7 cm | 3张 |

| 分析天平 | 感量 0.0001 g | 1 台 |
| 量筒 | 25 ml、10 ml | 各 1 个 |
| 容量瓶 | 100 ml | 3 个 |
| 滴定管 | 25 ml 或 10 ml 酸式 | 1 个 |
| 三角瓶 | 250 ml | 3 个 |
| 大肚吸管 | 20 ml、10 ml | 各 1 支 |
| 粗天平 | 感量 0.2 g | 1 台 |
| 半微量凯氏蒸馏装置 | | 1 套 |
| 洗瓶 | | 2 个 |
| 电炉 | 六联 | 2 个 |

### 2.2.5 试剂及其配制

浓 $H_2SO_4$：分析纯。

混合催化剂：$CuSO_4 \cdot H_2O$ 2.6 g，无水硫酸钠 50 g，于研钵研成均匀的粉状，装在瓶中备用。

饱和 NaOH：40 g 分析纯 NaOH 溶于 100 ml 水中。

2%硼酸溶液：在粗天平上称取 10 g 化学纯硼酸，溶于 500 ml 水中。

甲基红-次甲基蓝混合指示剂：将 1.25 g 甲基红和 0.825 g 次甲基蓝混溶于 1000 ml 90%的酒精中即可(酸中灰紫，碱中绿)。

0.01 mol/L HCl 标准溶液：

①配制方法：用移液管量取纯浓盐酸 0.9 ml，加蒸馏水稀释至 1000 ml(用容量瓶配制)。

②标定方法：快速、准确称取硼砂(四硼酸钠) 0.1907～0.1992 g，放入烧杯中用 30～40 ml 蒸馏水溶解，全部无损地移入 100 ml 容量瓶中定容，摇匀。用吸管吸取 20 ml 3 份，分别注入三个三角瓶中，每瓶加入 2～3 滴甲基红指示剂。用上述配制的盐酸溶液(浓度约为 0.01 mol/L)滴定至溶液由黄色变粉红色时即达终点。记下用去的盐酸毫升数，并计算 HCl 的当量浓度。

$$HCl(mol/L) = \frac{硼砂重 \times \frac{20}{100}}{盐酸消耗量 \times 0.19064}$$

注：盐酸消耗量为三个消耗量的平均数。

### 2.2.6　附注

（1）系数6.25：粗蛋白质的平均含氮量为16%，故1 g氨相当于6.25（100/16）g粗蛋白。

（2）关于计算公式中$(V_3-V_0)\times C\times 0.014$的意义：$(V_3-V_0)\times C$为样本溶液蒸馏时产生的$NH_3$所消耗盐酸的毫克当量数。1毫克当量的盐酸相当于0.014 g氮，故$(V_3-V_0)\times C\times 0.014$即为蒸馏所用样本消化液中氮的克数。

（3）消化样本时，加混合催化剂的作用。

①$K_2SO_4$或$Na_2SO_4$可提高$H_2SO_4$的沸点（纯$H_2SO_4$的沸点为317℃）到338℃，加快反应速度，缩短消化时间。

②在消化过程中，凯氏烧瓶中的物质由黑→红黄色→清澈的蓝绿色，$CuSO_4$起了重要作用。$CuSO_4$的作用机理是：二价铜离子先被还原，后被氧化，从而促进有机物的消化。

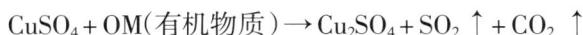

$$CuSO_4+OM（有机物质）\rightarrow Cu_2SO_4+SO_2\uparrow+CO_2\uparrow$$

$$Cu_2SO_4+2H_2SO_4\rightarrow 2CuSO_4+SO_2\uparrow+2H_2O$$

通过周而复始的氧化–还原作用，有机物全部被分解，不再形成红褐色的$Cu_2SO_4$，使溶液呈清澈的蓝绿色（$CuSO_4\cdot H_2O$的颜色），说明消化告终。故$CuSO_4$除有接触作用外，还能指示消化的终点。

# 2.3　饲料粗脂肪的测定

### 2.3.1　原理

脂肪是多种脂肪酸甘油酯的复杂混合物，是动植物生命中不可缺少的物质，也是能量贮备的一种形式。脂肪不溶于水，而溶于乙醚、苯、石油醚、丙酮、汽油、氯仿等有机溶剂，其中乙醚溶解力强，且沸点低（35℃），因而多用乙醚作浸提剂。乙醚浸提物中，除真脂肪外，脂肪酸、石蜡、磷脂、固醇和色素等亦被浸出，所得脂肪极不纯，故冠以"粗脂肪"一词，或称"醚浸出物"。

测定脂肪的方法很多，我国使用较普遍的是索氏浸提法和鲁氏残余法，二者均系称取定量的样本以乙醚浸提。前者，称量浸出物的重量；后者，称量样本的失重。残余法节约试剂，一次可测多个样本。本实验采用残余法。

### 2.3.2　操作步骤

（1）将全套索氏抽脂器洗净，在100℃～105℃的干燥箱中烘干。

（2）索氏抽脂器的构造。

索氏抽脂器由三部分组成：

①蒸馏乙醚的烧瓶，又称脂肪接受瓶，也称盛醚瓶。

②抽脂腔放置装有称样的滤纸包，样本在其中被乙醚浸提。抽肪腔旁有一条粗的通管，称为乙醚蒸汽管，其下口通入盛醚瓶，上口开在抽脂腔内，与冷凝管相通，抽脂腔的另一侧有一条细而弯曲的虹吸管，两端分别与抽脂腔和盛醚瓶相通。

③冷凝管：冷凝水从较低的进口进入，由较高的出口流出。冷凝管上端用脱脂棉塞好。

（3）索氏抽脂器的安装：

①将上述三部分小心连接（磨口结合）。

②把连接好的索氏抽脂器小心置于水浴上连成一排或一圈（盛醚瓶架在水浴上，用水蒸气加热），用铁架台上的金属夹固定。

③将并列的若干冷凝管用橡皮管连接在一起，后一冷凝管的进水口与前一冷凝管的出水口相连接。

### 2.3.3　称样的包装及抽提脂肪的准备

（1）滤纸包的准备：用脱脂滤纸称样0.8 g左右，准确至0.0001 g，包好，用脱脂棉线缠好，用铅笔编号。

（2）将包好并编号的滤纸包放入洗净、烘干并与滤纸包编号一致的高称量瓶内，瓶盖半开放在105℃±2℃的干燥箱中烘4 h，取出迅速盖严瓶盖并放入干燥器内，盖好干燥器盖，冷即30 min。用纸带将称瓶移至分析天平上称重，准确至0.0001 g。同法再烘1 h，冷却30 min，称重。直至前后两次重量相差不超过0.0005 g为恒重，以较低值为"瓶+包"的重量。

### 2.3.4 粗脂肪的抽提

（1）移开索氏抽脂器的冷凝管，用镊子把恒重的样包装入抽脂腔内，由抽脂腔上口加乙醚。当加至虹吸管高度时，乙醚自动流入盛醚瓶。再加乙醚到抽脂腔 2/3 处即可，将冷凝管与抽脂腔缓缓密切结合。

（2）检查磨口连接是否漏气及冷凝管的通水情况。

（3）如合乎规定，则可开通电源抽提脂肪。乙醚因温度过高而剧烈沸腾，回流过快，使乙醚蒸汽来不及冷凝而挥发。温度过低，蒸汽难以上升，拖延抽提时间。乙醚回流的速度因水浴温度、实验室气温、不同的装置以及脂肪接受瓶所处的位置等原因而有所不同，一般以每小时回流 5～6 次为宜。如此，水浴温度应控制在 60℃左右，抽提 8～16 h，抽提时间的长短不仅决定于回流次数，而且与称样的多少及样本粉碎的程度等有关。

（4）自抽提腔下口取数滴乙醚于洁净平皿上，使乙醚挥发，若无残痕，则说明称样中的脂肪已被抽提净。

（5）提取完毕，待乙醚刚刚回流入盛醚瓶，取开冷凝器，用长柄镊子取出滤纸包，放在原称瓶内，瓶盖半开，置空气中 10～30 min，使残留在里面的乙醚挥发。

（6）取出滤纸包后，将冷凝管仍装好，再回流一次，以冲洗抽脂腔。继续蒸馏，当乙醚积聚到虹吸管高度 2/3 处时，取下冷凝管，倾斜抽脂腔，回收乙醚，继续进行，直到盛醚瓶中的乙醚为原来的 1/5 为止。

### 2.3.5 残样包的干燥

将称瓶转入干燥箱，瓶盖半开，干燥箱门打开 1/5，在 100℃～105℃烘若干分钟，待乙醚挥发后，关闭箱门，在 105℃±2℃烘 2 h（瓶盖半开），入干燥器冷却 30 min（瓶盖盖严），称重。同法再烘 1 h，冷却 30 min，称重，直至前后两次重量差不超过 0.0005 g，以较低值为"残样包+称瓶"的重量。

### 2.3.6 结果计算

$$粗脂肪(\%)=\frac{m_1-m_2}{m}\times100$$

式中：m——样本重(g)

$m_1$——浸提前(瓶+样+包)重(g)

$m_2$——浸提后(瓶+样+包)重(g)

每个试样取两个平行样进行测定，以其算术平均值为结果；

粗脂肪含量在10%以上(含10%)时，允许相对偏差为3%；

粗脂肪含量在10%以下时，允许相对偏差为5%。

### 2.3.7 仪器设备

2.3.7.1 学生必备仪器及设备(供测定两个平行样用)

| | | |
|---|---|---|
| 脱脂滤纸 | | 2张 |
| 高称量瓶 | | 2个 |
| 干燥器 | | 1个 |
| 纸带 | 30 cm 长、2 cm 宽 | 1条 |
| 长柄镊子 | | 1把 |
| 分析天平 | 感量 0.0001 g | 1架 |
| 表面皿 | | 1个 |
| 公用仪器及设备 | | |
| 索氏抽脂器(全套) | | 2套 |
| 电热恒温水浴锅 | 定温30℃~90℃，6孔 | 1个 |
| 干燥箱 | | 1个 |
| 脱脂棉 | | 1两 |

### 2.3.8 附注

(1)水可使样内的糖溶解，故样本必须烘干。乙醚需是无水的，索氏抽脂器事先必须洗净、烘干，以免糖被水溶解造成误差。

(2)乙醚为易燃物，必须随时注意以下几点：冷凝管通水情况，水浴温度是否合适，仪器各磨口处是否漏气。不得在装置附近点燃酒精灯、擦火柴、抽烟，仪器应远离火源处安装，不可随意走离正在提取的装置而不管。

(3)回流的含义：加热抽提脂肪时，盛醚瓶内的乙醚沸腾而成蒸汽，通过乙醚蒸汽管进入抽脂腔，在冷凝管内凝结，并不停地滴入抽脂腔，使称样受乙醚浸渍，其中的脂肪即溶于乙醚，直到乙醚量超过虹吸管，回流入接受瓶，称"回流一次"。

# 2.4　饲料中性洗涤纤维(NDF)和酸性洗涤纤维(ADF)测定

传统的粗纤维测定法和无氮浸出物的计算均不能反映饲料被家畜利用的真实情况，因为粗纤维测定法的测定结果为一组复合物，其中包括部分半纤维素和纤维素以及大部分木质素。同时，溶解于酸碱溶液中的部分半纤维素、少量纤维素和木质素又被计入无氮浸出物中。

范氏(Van Soost)的洗涤纤维分析法可准确测定植物性饲料中所含的半纤维素、纤维素、木质素及酸不溶灰分的含量，对传统的粗纤维测定法进行了重大的改革。

## 2.4.1　原理

植物性饲料经中性洗涤剂(3%十二烷基硫酸钠)煮沸处理，溶解于洗涤剂中的为细胞内容物，其中包括脂肪、蛋白质、淀粉和糖，统称为中性洗涤可溶物(NDS)。不溶解的残渣为中性洗涤纤维(NDF)，主要为细胞壁成分，其中包括半纤维素、纤维素、木质素和硅酸盐。

植物性饲料经酸性洗涤剂(2%十六烷基硫酸钠)煮沸处理，溶于酸性洗涤剂的部分称为酸性洗涤可溶物(ADS)，其中包括中性洗涤可溶物(NDS)和半纤维素。剩余的残渣为酸性洗涤纤维(ADF)，其中包括纤维素、木质素和硅酸盐。

酸性洗涤纤维(ADF)经72%硫酸处理，纤维素被溶解，剩余的残渣为木质素和硅酸盐，从酸性洗涤纤维(ADF)值中减去72%硫酸处理后的残渣为饲料的纤维素含量。

将72%硫酸处理后的残渣灰化，其灰分为饲料中硅酸盐的含量，在灰化过程中逸出的部分为酸性洗涤木质素(ADL)的含量。

## 2.4.2　仪器设备

分析天平：感量0.0001 g

直筒烧杯：600 ml

冷凝器或冷凝装置

抽滤瓶：500～1000 ml

玻璃坩埚：40～50 ml

干燥器：用氯化钙或变色硅胶作干燥剂

电热式恒温干燥箱(烘箱)

高温炉(茂福炉)

真空抽气机(真空泵)

调温电炉(六联)

### 2.4.3　试剂

（1）中性洗涤剂（3%十二烷基硫酸钠）：准确称取 18.6 g 乙二胺四乙酸二钠（EDTA，$C_{10}H_{14}N_2O_8Na_2 \cdot 2H_2O$，化学纯，372.24）和 6.8 g 硼酸钠（$Na_2B_4O_7 \cdot 10H_2O$，化学纯，381.37）放入 1000 ml 烧杯中，加入少量蒸馏水，加热溶解后，再加入 30 g 十二烷基硫酸钠[$CH_3(CH_2)_{11}OSONa$，化学纯，288.38]和 10 ml 乙二醇乙醚（$C_4H_{10}O_2$，化学纯，90.12），再称取 4.56 g 无水磷酸氢二钠（$Na_2HPO_4$，化学纯，141.96）置于另一烧杯中，加入少量蒸馏水微微加热溶解后，倒入前一个烧杯中，在容量瓶中稀释至 1000 ml，其 pH 值为 6.9～7.1(pH 值一般无须调整)。

（2）酸性洗涤剂（2%十六烷基三甲基溴化铵）：称取 20 g 十六烷基三甲基溴化铵（CTMAB，化学纯，364.47）溶于 1000 ml 1.00 mol/L 硫酸溶液中，搅拌溶解，必要时过滤。

（3）1.00 mol/L 硫酸：量取约 27.87 ml 浓硫酸（化学纯，比重 1.84,96%）徐徐加入已装有 500 ml 蒸馏水的烧杯中，冷却后无损地转移至 1000 ml 容量瓶中，定容，标定。

（4）无水亚硫酸钠（$Na_2SO_3$）：化学纯，136.04。

（5）丙酮（$CH_3COCH_3$）：化学纯，58.08。

（6）十氢化萘（$C_{10}H_{18}$，防泡剂）：化学纯，138.24。

### 2.4.4　操作步骤

#### 2.4.4.1　中性洗涤纤维测定

（1）准确称取 1 g 试样（通过 40 目筛），精确至 0.0001 g，置于直筒烧杯中，加入 100 ml 中性洗涤剂和数滴十氢化萘及 0.5 g 无水亚硫酸钠。

（2）将烧杯套上冷凝装置后置于电炉上，在 5~10 min 内煮沸，并持续保持微沸 60 min。

（3）煮沸完毕后，取下直筒烧杯，将杯中溶液倒入安装在抽滤瓶上的已知重量的玻璃坩埚中进行过滤，将烧杯中的残渣全部移入，并用沸水冲洗玻璃坩埚与残渣，洗至滤液呈中性为止。

（4）用 20 ml 丙酮冲洗两次，抽滤。

（5）将玻璃坩埚置于 105℃烘箱中烘 3 h 后，在干燥器中冷却 30 min 称重，直至恒重。

### 2.4.4.2 酸性洗涤纤维测定

（1）准确称取 1 g 试样（通过 40 目筛）置于直筒烧杯中，加入 100 ml 酸性洗涤剂和数滴十氢化萘。

（2）同中性洗涤纤维测定步骤（2）。

（3）趁热用已知重量的玻璃坩埚抽滤，并用沸水反复冲洗玻璃坩埚及残渣至滤液呈中性为止。

（4）用少量丙酮冲洗残渣至抽下的丙酮液呈无色为止，并抽净丙酮。

（5）同中性洗涤纤维测定步骤（5）。

### 2.4.4.3 酸性洗涤木质素（ADL）和酸不溶灰分（AIA）测定

将酸性洗涤纤维加入 72%硫酸，在 20℃消化 3 h 后过滤，并冲洗至中性。消化过程中溶解部分为纤维素，不溶解的残渣为酸性洗涤木质素和酸不溶灰分，将残渣烘干并灼烧灰化后即可得出酸性洗涤木质素和酸不溶灰分的含量。

## 2.4.5 结果计算

（1）中性洗涤纤维（NDF）含量的计算

$$NDF(\%) = \frac{m_1 - m_2}{m} \times 100$$

式中：$m_1$——玻璃坩埚和 NDF 重（g）

$m_2$——玻璃坩埚重（g）

$m$——试样重（g）

(2)酸性洗涤纤维(ADF)含量的计算

$$ADF\ (\%) = \frac{G_1 - G_2}{G} \times 100$$

式中:$G_1$——玻璃坩埚和 ADF 重(g)

$G_2$——玻璃坩埚重(g)

$G$——试样重(g)

(3)半纤维素含量的计算

半纤维素(%) = NDF(%) − ADF(%)

(4)纤维素含量的计算

纤维素(%) = ADF(%) − 经72%硫酸处理后的残渣(%)

(5)酸性洗涤木质素(ADL)含量的计算

ADL(%) = 残渣(%) − 灰分[硅酸盐(%)]

(6)酸不溶灰分(AIA)含量的计算

AIA(%) = 残渣(%) − ADL(%)

### 2.4.6　附注

目前已经有了快速测定 NDF 以及 ADF 的专用仪器设备(如美国 ANKOM 纤维测定仪,国内也有相类似产品),使样品测定效率大大提高。

## 2.5　饲料粗灰分的测定

饲料中的粗灰分是指饲料样本经高温灼烧后所得的白色或灰白色的物质。其来源有二。一是饲料本身固有的。饲料中以无机盐和有机盐等形式存在,无机盐类一般包括 K、Na、Ca 等的磷酸盐、碳酸盐、硫酸盐、硝酸盐和氯化物等;有机盐类一般包括甲酸盐、草酸盐、乙酸盐等。此外,还有些矿物质元素可以被结合成复杂的有机分子,如含磷的磷脂类、核蛋白,含硫的氨基酸,含铁的血红素等。高温的灼烧后,上述无机盐和矿物质元素所形成的无机盐和氧化物称为纯灰分。另一个来源是饲料中混存的少量黏土和砂粒等,经高温灼烧,也形成了无机化合物。因饲料中往往有外源性杂质存在,故总称粗灰分。

### 2.5.1　原理

将饲料样本在550℃±20℃的高温下灼烧，使有机物质成为$CO_2$、$N_2$、$H_2O$而逸失。用分析天平称残余的无机物重，即得粗灰分。

### 2.5.2　操作步骤

(1)在带盖的瓷坩埚内加入1:3 HCl溶液10 ml，在电炉上煮沸约5 min，分别用自来水和蒸馏水洗净，烘干。

(2)用蘸笔蘸取氯化铁墨水，在坩埚和坩埚盖上编号(二者编号一致)。

(3)把坩埚放入550℃±20℃茂福炉内灼烧30 min(盖子开启约1/3)。切断电源，打开炉门，用预热过的长柄坩埚钳将坩埚盖和坩埚分别取出，放在瓷盘内，在空气中冷却至红热消退(为1~2 min，用手背靠近坩埚时仍微发热)，用短柄坩埚钳将坩埚和盖子分别移入干燥器内盖好，然后盖上干燥器盖子，冷却30 min，用短柄坩埚钳将坩埚取出，放在分析天平上称重，精确至0.0001 g。按上述方法重复灼烧和称重，直至前后两次重量差不超过0.0005 g为恒重(注意：坩埚在茂福炉内的位置、取出和称重的顺序、冷却的条件和时间应完全一致)。取最低值为坩埚重。

(4)用分析天平在恒重的坩埚内加分析样本2 g左右，准确至0.0001 g。坩埚内的样本应疏松，不可太厚，否则不易氧化(注意：坩埚全部恒重后再称样，称样前应再称一次坩埚，以计算样本重)。

(5)将盛有试样的坩埚放在电炉上，拧开电炉使样本慢慢炭化至无烟。切忌温度过高，以防明火燃烧，或由于剧烈干馏，使部分样本被逸出的气体带走。另外，温度过高，饲料中的硅酸盐呈熔融状态，将饲料颗粒包裹，在其表面形成保护层，使其内部的有机质不能氧化，所以炭化温度不可过高。

(6)炭化结束(即样本不再冒烟)，用坩埚钳将坩埚从电炉上取下，按灼烧坩埚时的位置放入茂福炉中。接通电源，使炉温上升，在550℃±20℃条件下灼烧2~3 h，用灼烧空坩埚时的方法把坩埚取出，冷却30 min，称重，然后将坩埚放到茂福炉内再灼烧1 h，冷却30 min，称重。直至前后两次重量差不超过0.001 g为恒重，取最低值进行计算。

(7)将坩埚及灰分保存好，以备作钙、磷的测定。

### 2.5.3　结果计算

$$粗灰分\% = \frac{m_2 - m_1}{m} \times 100$$

式中：m——样本重(g)

$\qquad$ $m_1$——坩埚重(g)

$\qquad$ $m_2$——坩埚+粗灰分重(g)

每个试样应取两个平行样进行测定，以其算术平均值为结果。

粗灰分含量在5%以上时，允许相对偏差为1%；

粗灰分含量在5%以下时，允许相对偏差为5%。

### 2.5.4　仪器设备（测两个平行样本）

| | | |
|---|---|---|
| 分析天平 | 感量 0.0001 g | 1 台 |
| 坩埚 | 瓷质 25～30 ml　带盖 | 2 个 |
| 干燥器 | | 1 个 |
| 坩埚钳 | 长柄、短炳 | 各 1 |
| 茂福炉 | | 1 个 |

### 2.5.5　试剂及其配制

(1)0.5%氯化铁墨水：称 0.5 g $FeCl_3 \cdot 6H_2O$ 溶于 100 ml 蓝墨水中。

(2)1:3 HCl 溶液：取 1 份浓盐酸加蒸馏水 3 份。

### 2.5.6　附注

(1)炉温不可过高，否则炭能把磷还原成游离的磷元素，K、Na、S、Cl、和 P 等会挥发失重，造成负误差。此外，强烈灼烧会使硅酸盐熔融，包着炭粒表面，使之与氧隔绝，有机物不能完全氧化，造成正误差。

(2)灼烧完全的灰分颜色因样本不同而异，红棕色灰分表示有氧化铁，蓝绿色灰分表示有锰，但若灰分呈黑色，则说明灼烧不完全，必须再烧。

## 2.6 饲料钙的测定

### 2.6.1 原理

将试样中有机物破坏，使钙变成易溶于水的钙盐，钙盐与草酸铵作用生成白色草酸钙沉淀。然后用硫酸溶解草酸钙，再用高锰酸钾标准溶液滴定与钙结合的草酸根离子，根据高锰酸钾溶液的浓度和用量即可计算出样本中钙的含量，其主要化学反应如下：

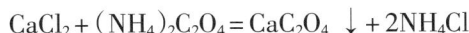

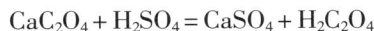

$$CaCl_2 + (NH_4)_2C_2O_4 = CaC_2O_4 \downarrow + 2NH_4Cl$$

$$CaC_2O_4 + H_2SO_4 = CaSO_4 + H_2C_2O_4$$

$$5H_2C_2O_4 + 2KMnO_4 + 3H_2SO_4 = 2MnSO_4 + K_2SO_4 + 8H_2O + 10CO_2 \uparrow$$

### 2.6.2 操作步骤

#### 2.6.2.1 试样处理

为测定样本中矿物质，样本处理通常有灰化法和消化法两种，凡样本中含钙量低的，用灰化法为宜；含钙量高的，用消化法为宜，两种方法制得的溶液均可测定钙、磷、铁、锰等矿物质。

##### 2.6.2.1.1 灰化法(干法)

称取 2 g 左右样本(准确至 0.0001 g)于坩埚中，在电炉上小心炭化至无烟后，移入 550℃茂福炉内灼烧 3 h(或利用灰分测定残灰进行)。然后加 1∶3 HCl 溶液 10 ml 和数滴浓 HNO₃，小心煮沸，随即滤入 100 ml 容量瓶中，以热蒸馏水洗涤坩埚及漏斗中的滤纸，待滤液冷却至室温后，用蒸馏水定容，摇匀备用。

##### 2.6.2.1.2 消化法(湿法)

称取 2 g 左右样本(准确至 0.0001 g)于消化管中，加入 30 ml 硝酸，置电炉上低温加热，使溶液微沸。待浓烟近于完毕后取下消化管，稍冷后加入 70%~72%高氯酸 5~10 ml(注意：必须待消化管冷却并将消化管离开火源后，才能加入高氯酸，因高氯酸易爆炸)。将消化管放在高温上消化(500W 电炉，不加石棉网)，直至消化液呈无色清澈为止，再继续加热 2~3 min 即可结束。注意绝不能烧干(危险！)。冷却后加少量蒸馏水，过滤入 100 ml 量管内，用蒸馏水洗涤消化管及滤纸。待滤液冷却至室温后，用蒸馏水定容，摇匀备用。

### 2.6.2.2　样本中钙的测定

#### 2.6.2.2.1　草酸钙的沉淀

用移液管准确吸取灰化法或消化法制备的样本溶液 20～25 ml（溶液取量决定于样本中钙的含量，以耗用 0.05 mol/L KMnO₄ 标准溶液 25 ml 左右为宜）放入 250 ml 三角瓶中。瓶内加入 2 滴甲基红指示剂，溶液即呈红色。再一滴滴加入 1:1 氨水溶液至溶液由红色转变为黄色为止。再一滴滴加入 1:3 盐酸溶液至溶液由黄色转变成红色(此时 pH 值在 2.5～3.0)为止。加蒸馏水 100 ml，将溶液加热煮沸(注意勿使溶液外溅)。在热溶液中慢慢滴入热的 4.2% 草酸铵溶液10 ml(边搅拌边加)。如溶液由红色转变为黄色或橘黄色，则再需滴加 1:3 盐酸至溶液又转变成红色为止，将溶液煮沸 3～4 min(注意勿使溶液外溅)，使溶液中草酸钙沉淀颗粒增大，易于沉淀，放置溶液过夜(或在水浴上加热 2 h 使草酸钙沉淀更完善)。

#### 2.6.2.2.2　草酸钙沉淀的洗涤

次日用定量滤纸过滤(每次倾倒滤液只需加满滤纸的下 1/3，否则白色沉淀向上移至滤纸边缘，造成损失)，弃去滤液。用 1:50 氨水溶液冲洗三角瓶及滤纸上的草酸钙沉淀 6～8 次，直到沉淀中无草酸根离子为止(用洗净试管接滤液 2～3 ml，在滤液中加 1:3 硫酸数滴，将试管加热至 75℃～85℃，滴加 KMnO₄ 溶液 1 滴，若溶液呈微红色，且 30 s 不褪色说明草酸根已被洗净，否则继续用 1:50 氨水冲洗)。

冲洗沉淀中的草酸铵时，应沿滤纸边缘向下加氨水溶液，以使沉淀集中在滤纸中心。每次加氨水只能加到滤纸的下 1/3，以免沉淀向滤纸的边缘移动。每次加氨水冲洗时，待漏斗中液体漏净后再加，如此进行，可较快洗净沉淀中的草酸根离子。

#### 2.6.2.2.3　滴定

将滤纸连同沉淀一起移入原来的三角瓶中，加 1:3 硫酸溶液 10 ml，蒸馏水 50 ml。然后将三角瓶加热至 75℃～85℃，立即用 0.05 mol/L KMnO₄ 溶液进行滴定，至溶液呈微红色且 30 s 不褪色时即为终点，记录 KMnO₄ 溶液的体积。

同时做空白测定。

### 2.6.2.3 结果计算

$$Ca(\%) = \frac{(V_3-V_0) \times C \times 0.02}{m} \times \frac{V_1}{V_2} \times 100$$

式中:m——样本重(g)

$V_1$——样本灰化液或消化液稀释容量(ml)

$V_2$——测定时样本溶液的取用量(ml)

$V_3$——滴定样本溶液时 $KMnO_4$ 标准溶液消耗量(ml)

$V_0$——滴定空白液时 $KMnO_4$ 标准溶液消耗量(ml)

C——$KMnO_4$ 标准溶液浓度(mol/L)

系数为 0.02,即 1 ml 1 mol/L $KMnO_4$ 溶液相当于 0.02 g 钙。

每个试样应取两个平行样进行测定,以其算术平均值为结果。

含钙量在 5% 以上时,相对偏差不大于 3%;

含钙量在 5%~1% 时,相对偏差不大于 5%;

含钙量在 1% 以下时,相对偏差不大于 10%。

### 2.6.2.4 仪器设备 (测定两个平行样)

| | | |
|---|---|---|
| 坩埚 | | 2个 |
| 消化管 | | 2个 |
| 容量瓶 | 100 ml | 2个 |
| 移液管 | 25 ml | 2个 |
| 滴定管 | | 1个 |
| 三角瓶 | 250 ml | 2个 |
| 漏斗 | | 2个 |
| 玻棒 | | 2个 |

### 2.6.2.5 试剂及其配制

(1)盐酸:分析纯,1:3 水溶液(1 份浓盐酸加 3 份蒸馏水,混匀)。

(2)硫酸:分析纯,1:3 水溶液(1 份浓硫酸加 3 份蒸馏水,混匀)。

(3)硝酸:化学纯。

(4)氨水:分析纯,1:1 及 1:50 水溶液。

(5)4.2%草酸铵溶液:称取 4.20 g 草酸铵溶于 100 ml 蒸馏水中。

(6)甲基红指示剂：0.1 g 甲基红溶于 100 ml 95%乙醇中。

(7)0.05 mol/L 高锰酸钾溶液：准确称取分析纯高锰酸钾 1.6 g 溶于 1000 ml 蒸馏水中，煮沸 10 min，放置过夜，以玻璃丝过滤（最初数滴废弃），保存在棕色瓶中。

标定方法：将分析纯草酸钠 105℃烘 2 h，干燥器冷却 30 min，准确称取草酸钠 0.1 g（准确至 0.0001 g）两份，分别放入 2 个 250 ml 三角瓶中，加蒸馏水 50 ml 溶解，再加 1:3 硫酸 10 ml，加热至 75℃~85℃，趁热用 KMnO₄ 溶液滴定至呈粉红色且 1 min 不褪色为止（滴定结束时温度应在 60℃以上），同时做试剂空白试验。

$$KMnO_4(mol/l) = \frac{m}{(V-V_0) \times 0.06701}$$

式中：m——基准草酸钠重（g）

　　　V——滴定草酸钠时耗用的 KMnO₄ 溶液体积（ml）

　　　$V_0$——滴定空白溶液时耗用的 KMnO₄ 溶液体积（ml）

#### 2.6.2.6　注意事项

(1)高锰酸钾溶液浓度不稳定，应至少每月标定一次。

(2)每种滤纸的空白值不同，消耗高锰酸钾标准溶液体积也不同。因此，每盒滤纸至少应做一次空白测定。

## 2.7　饲料磷的测定

测定磷的方法很多，目前广泛采用的是比色法。饲料中磷的比色测定，以前使用钼蓝法，其优点是灵敏度高（每毫升比色液含磷 0.05~2.5 μg 时符合比尔定律），但许多元素对这种方法测磷有干扰，要求测定条件比较严格。近几年有些饲料分析单位改用钒黄法，优点是生成的钒黄十分稳定，其他元素干扰少，重复性好，操作程序比较简单，但是灵敏度低（每毫升比色液的含磷应在 1~20 μg），适合于含磷量较高样本的测定。现述钼蓝法测磷。

### 2.7.1　原理

饲料中的磷经灰化后，成为各种金属的磷酸盐存在于灰分中，用盐酸溶解呈磷酸。在酸性溶液中磷酸与试剂钼酸铵中的钼酸根生成磷钼杂多酸的杂聚络合物，生成的磷钼杂多酸为浅黄色，磷酸量多时，可形成黄色沉淀。

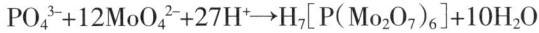

$$PO_4^{3-}+12MoO_4^{2-}+27H^+\rightarrow H_7\left[P(Mo_2O_7)_6\right]+10H_2O$$

因为形成磷钼杂多酸时钼的氧化电位增大，所以杂多酸中的钼要比钼酸铵中的钼容易被还原，通常用的还原剂有对氢醌、氯化亚锡、锡块、抗坏血酸、1,2,4–氨基萘酚磺酸等。黄色的磷钼杂多酸与还原剂作用时，使 $Mo^{6+}$ 还原成低价钼与高价钼的混合物而呈现特殊的蓝色，称为钼蓝，钼蓝颜色的深浅与溶液中磷的含量成正比关系，符合比尔定律，可以用比色法测定。

### 2.7.2 操作步骤

#### 2.7.2.1 样本处理：同钙的测定

#### 2.7.2.2 标准曲线的绘制

（1）取 20 ml 带盖试管 13 个，分别编上号码 0、1、2、3……12。在 0 号试管中加入蒸馏水少许，在 1、2、3……12 各试管中依次加入 0.5、1.0、2.0、3.0……11.0 ml 的标准磷酸溶液。

（2）在每个带盖试管中依次加入下列试剂：

钼酸铵溶液　　　　　　　　2 ml

亚硫酸钠溶液　　　　　　　1 ml

对氢醌溶液　　　　　　　　I ml

对氢醌为还原剂，亚硫酸钠系缓冲剂，维持溶液的 pH 值在酸性范围。

（3）将各个试管用蒸馏水稀释至 20 ml，摇匀，静置 30 min。以 0 号试管内的溶液作为空白，在 721 型分光光度计上进行比色，选用 600～700 nm 的光波及 1 cm 比色池。

（4）在普通坐标纸上，以横轴表示每个试管中比色液的含磷量（μg），纵轴表示相应的吸光度，绘出磷的标准工作曲线

#### 2.7.2.3 样本中磷的测定

（1）用移液管准确吸取灰化或消化法制备的样本溶液 1ml 置于 20 ml 带盖试管中。

（2）另取一带盖试管，用移液管准确吸取灰化法或消化法所用试剂的空白溶液 1 ml。

(3)按标准曲线绘制相应步骤操作。

(4)根据样本溶液所测出的吸光度，在标准曲线上查出样本溶液中的含磷量。

### 2.7.3 结果计算

$$P\% = \frac{a}{m} \times \frac{V_1}{V_2} \times \frac{100}{1000} \times \frac{1}{1000}$$

式中:a——由标准曲线查得试样分解液的含磷量($\mu$g)

m——样本量(g)

$V_1$——样本溶液的稀释容量(ml)

$V_2$——测定磷时样本稀释液取量(ml)

每个试样取两个平行样进行测定，以其算术平均值为结果。

含磷量在 0.5% 以上时，相对偏差≤5%；

含磷量在 0.5% 以下时，相对偏差≤10%。

### 2.7.4 仪器设备(测定两个平行样)

| 带盖试管 | 20 ml | 3 个 |
|---|---|---|
| 移液管 | 1 ml，2 ml | 各 1 个 |
| 721 型分光光度计 | | 1 个 |

### 2.7.5 试剂及其配制

#### 2.7.5.1 标准磷溶液

将磷酸二氢钾($KH_2PO_4$,分析纯)105℃烘 1 h，干燥器中冷却 30 min 后，准确称取 0.0439 g 溶于少量蒸馏水中，无损转入 1000 ml 容量瓶中(在溶液中加入少许氯仿可延长保存时间)用蒸馏水稀释至刻度，摇匀备用。此溶液每毫升含 10 $\mu$g 磷。

#### 2.7.5.2 钼酸铵溶液

称取 25 g 分析纯钼酸铵，溶于 300 ml 蒸馏水中，另将 75 ml 浓 $H_2SO_4$ 缓慢加入 100 ml 蒸馏水中，冷却后为 200 ml，将此 200 ml 稀 $H_2SO_4$ 加入 300 ml 钼酸铵溶液中，贮存在棕色瓶中备用。

2.7.5.3　对氢醌(对苯二酚)溶液

称取 0.25 g 分析纯对氢醌，加 50 ml 蒸馏水溶解，加入 1 滴浓 $H_2SO_4$。此液应在每次试验前配制，否则，易使钼蓝溶液出现混浊。

2.7.5.4　亚硫酸钠溶液

称 5 g 分析纯亚硫酸钠溶于 25 ml 蒸馏水中，此液最好在使用前新配，否则可能会使钼蓝溶液混浊。

### 2.7.6　附注

用钼蓝法测磷时，必须严格控制反应条件，以期获得准确可靠的结果。首先，含磷量不能过高，每毫升比色液的含磷量不要超过 2.5 μg。其次，控制显色时间。显色时间与还原剂有关，时间太短，显色不完全；时间太长，钼蓝可能褪色。对氢醌作还原剂时，显色时间应控制在 30 min。

酸度是钼蓝法的重要条件。酸度不够，在无磷的情况下，钼酸也可能被还原成低价钼而显蓝色。酸度过高，钼酸根离子浓度降低会影响磷杂多酸的形成。因此，待测灰分溶液应先中和后再加试剂及显色，以严格控制酸度，避免酸度不一致造成误差。一般情况下，酸度应控制在 0.4 ~ 0.8 N。用对氢醌作还原剂时，最适酸度约为 0.6 N。

一般饲料的灰分溶液中含硅都较多，而硅对定磷有干扰。所以吸取待测分解液时，不要搅起瓶底的硅酸盐沉淀或者制备分解液时用滤纸过滤，以除去硅酸盐。

# 附录 3 主要饲料原料等级标准

## 一、《GB/T 19541-2017 饲料原料 豆粕》

| 项目 | 等级 | | | |
|---|---|---|---|---|
| | 特级品 | 一级品 | 二级品 | 三级品 |
| 粗蛋白(%) | ≥48.0 | ≥46.0 | ≥43.0 | ≥41.0 |
| 粗纤维(%) | ≤5.0 | ≤7.0 | ≤7.0 | ≤7.0 |
| 赖氨酸(%) | 2.5 | | 2.3 | |
| 水分(%) | ≤12.5 | | | |
| 粗灰分(%) | ≤7.0 | | | |
| 脲酶活性(U/g) | ≤0.3 | | | |
| 氢氧化钾蛋白溶解度(%) | ≥73.0 | | | |

## 二、《NY/T 2218-2012 饲料原料 发酵豆粕》

| 项目 | 指标 |
|---|---|
| 水分(%) | ≤12.0 |
| 粗蛋白质(%) | ≥45.0 |
| 粗纤维(%) | ≤5.0 |
| 粗灰分(%) | ≤7.0 |
| 脲酶活性(U/g) | ≤0.1 |
| 醇溶蛋白,占粗蛋白(%) | ≥8.0 |
| 赖氨酸(%) | ≥2.5 |
| 水苏糖(%) | ≤1.0 |

## 三、《GB/T 20411-2006 饲料用大豆》

| 等级 | 不完善粒(%) | | 粗蛋白质(%) |
|---|---|---|---|
| | 合计 | 其中:热损伤粒 | |
| 1 | ≤5.0 | ≤0.5 | ≥36.0 |
| 2 | ≤15.0 | ≤1.0 | ≥35.0 |
| 3 | ≤30.0 | ≤3.0 | ≥34.0 |

### 四、《GB/T 126-2005 饲料用菜籽粕》

| 项目 | 指标 | | |
| --- | --- | --- | --- |
| | 一级 | 二级 | 三级 |
| 粗蛋白 a(%) | ≥39.0 | ≥37.0 | ≥35.0 |
| 中性洗涤纤维 a(%) | ≤28.0 | ≤31.0 | ≤35.0 |
| 硫甙 a(微摩尔/g) | ≤40.0 | ≤75.0 | 不做要求 |
| 粗纤维 a(%) | ≤12.0 | | |
| 粗脂肪 a(%) | ≤3.0 | | |
| 粗灰分 a(%) | ≤8.0 | | |
| 水分 a(%) | ≥12.0 | | |

a 项目以88%干物质为基础计算
b 项目以干基础计算

### 五、《NY/T 215-92 饲料用胡麻籽粕》

| 项目 | 指标 | | |
| --- | --- | --- | --- |
| | 一级 | 二级 | 三级 |
| 粗蛋白(%) | ≥36.0 | ≥34.0 | ≥32.0 |
| 粗纤维(%) | <10.0 | <11.0 | <12.0 |
| 粗灰分(%) | <8.0 | <9.0 | <10.0 |

### 六、《NY/T 214-92 饲料用胡麻籽饼》

| 项目 | 指标 | | |
| --- | --- | --- | --- |
| | 一级 | 二级 | 三级 |
| 粗蛋白(%) | ≥34.0 | ≥32.5 | ≥31.0 |
| 粗纤维(%) | <9.0 | <10.0 | <11.0 |
| 粗灰分(%) | <7.0 | <8.0 | <9.0 |

### 七、《GB 21264-2007 饲料用棉籽粕》

| 项目 | 等级 | | | | |
| --- | --- | --- | --- | --- | --- |
| | 一级 | 二级 | 三级 | 四级 | 五级 |
| 粗蛋白(%) | ≥50.0 | ≥47.0 | ≥44.0 | ≥41.0 | ≥38.0 |
| 粗纤维(%) | ≤9.0 | ≤12.0 | ≤14.0 | | ≤16.0 |
| 粗灰分(%) | ≤8.0 | | ≤9.0 | | |
| 粗脂肪(%) | ≤12.0 | | | | |
| 水分(%) | ≤12.0 | | | | |

### 八、《GB 10378-89　饲料用棉籽饼》

| 项目 | 等级 | | |
|---|---|---|---|
| | 一级 | 二级 | 三级 |
| 粗蛋白(%) | ≥40.0 | ≥36.0 | ≥32.0 |
| 粗纤维(%) | <10.0 | <12.0 | <14.0 |
| 粗灰分(%) | <6.0 | <7.0 | <8.0 |

### 九、《GB 10382-89　饲料用花生粕》

| 项目 | 指标 | | |
|---|---|---|---|
| | 一级 | 二级 | 三级 |
| 粗蛋白(%) | ≥51.0 | ≥42.0 | ≥37.0 |
| 粗纤维(%) | <7.0 | <9.0 | <11.0 |
| 粗灰分(%) | <6.0 | <7.0 | <8.0 |

### 十、《NY/T 417-2000　饲料用低硫普菜籽饼(粕)》

| 指标 | 低硫苷菜籽饼 | | | 低硫苷菜籽粕 | | |
|---|---|---|---|---|---|---|
| | 一级 | 二级 | 三级 | 一级 | 二级 | 三级 |
| ITC+OZT(mg/kg)≤ | 4000 | 4000 | 4000 | 4000 | 4000 | 4000 |
| 粗蛋白(%)≥ | 37.0 | 34.0 | 30.0 | 40.0 | 37.0 | 33.0 |
| 粗纤维(%)< | 14.0 | 14.0 | 14.0 | 14.0 | 14.0 | 14.0 |
| 粗灰分(%)< | 12.0 | 12.0 | 12.0 | 8.0 | 8.0 | 8.0 |
| 粗脂肪(%)< | 10.0 | 10.0 | 10.0 | — | — | — |
| ITC,异硫氰酸酯,OZT 恶唑烷硫酮 | | | | | | |

### 十一、(NY/T 685-2003　饲料用玉米蛋白粉)

| 项目 | 指标 | | |
|---|---|---|---|
| | 一级 | 二级 | 三级 |
| 水分≤ | 12.0 | 12.0 | 12.0 |
| 粗蛋白(%,干基)≥ | 60.0 | 55.0 | 50.0 |
| 粗脂肪(%,干基)≤ | 5.0 | 8.0 | 10.0 |
| 粗纤维(%,干基)≤ | 3.0 | 4.0 | 5.0 |
| 粗灰分(%,干基)≤ | 2.0 | 3.0 | 4.0 |

注:一级饲料用玉米蛋白粉为优等质量标准;二级饲料用玉米蛋白粉为中等质量标准;三级饲料用玉米蛋白粉为等外品

### 十二、《GB/T 17890-2008 饲料用玉米》

| 等级 | 容重(g/L) | 不完善粒(%) |
|------|----------|-------------|
| 一级 | ≥710 | ≤5.0 |
| 二级 | ≥685 | ≤6.5 |
| 三级 | ≥660 | ≤8.0 |

### 十三、《GB 10364-89 饲料用高粱》

| 项目 | 等级 | | |
|------|------|------|------|
| | 一级 | 二级 | 三级 |
| 粗蛋白(%) | ≥9.0 | ≥7.0 | ≥6.0 |
| 粗纤维(%) | <2.0 | <2.0 | <3.0 |
| 粗灰分(%) | <2.0 | <2.0 | <3.0 |

### 十四、《NY/T 3135-2017 饲料原料干啤酒糟》

| 指标项目 | 指标 | |
|----------|------|------|
| | 一级 | 二级 |
| 粗蛋白(%) | 25.0 | ≥20.0 |
| 粗纤维(%) | ≤19.0 | |
| 粗灰分(%) | ≤4.0 | |
| 粗脂肪(%) | ≥6.0 | |
| 水分(%) | ≤12.0 | |

### 十五、《NY/T 1574-2007 豆科牧草干草质量分级》

1. 感官质量指标及分级

| 指标 | 等级 | | | |
|------|------|------|------|------|
| | 特级 | 一级 | 二级 | 三级 |
| 色泽 | 草绿 | 灰绿 | 黄绿 | 黄 |
| 气味 | 芳香味 | 草味 | 淡草味 | 无味 |
| 收获期 | 现蕾期 | 开花期 | 结实初期 | 结实期 |
| 叶量(%) | 50～60 | 49～30 | 29～20 | 19～6 |
| 杂草(%) | <3.0 | <5.0 | <8.0 | <12.0 |
| 含水量(%) | 15～16 | 17～18 | 19～20 | 21～22 |
| 异物(%) | 0 | <0.2 | <0.4 | <0.6 |

## 2. 化学质量指标及分级

| 指标 | 等级 | | | |
|---|---|---|---|---|
| | 特级 | 一级 | 二级 | 三级 |
| 粗蛋白(%) | >19.0 | >17.0 | >14.0 | >11.0 |
| 中性洗涤纤维(%) | <40.0 | <46.0 | <53.0 | <60.0 |
| 酸性洗涤纤维(%) | <31.0 | <35.0 | <41.0 | <42.0 |
| 粗灰分(%) | <12.5 | | | |
| β-胡萝卜素(%) | 100.0 | ≥80.0 | ≥60.0 | ≥50.0 |

注:各项理化指标均以86%干物质为基础计算

## 十六、《NY/T728-2003 禾本科牧草干草质量分级》

| 指标 | 等级 | | | |
|---|---|---|---|---|
| | 特级 | 一级 | 二级 | 三级 |
| 粗蛋白(%) | ≥11.0 | ≥9.0 | ≥7.0 | ≥5.0 |
| 水分(%) | ≤14.0 | ≤14.0 | ≤14.0 | ≤14.0 |

注:粗蛋白以绝干物质为基础计算

## 十七、《NY/T 1170-2006 苜蓿干草捆质量》

### 1. 感官指标

| 项目 | 指标 |
|---|---|
| 气味 | 无异味或有干草芳香味 |
| 色泽 | 暗绿色、绿色或浅绿色 |
| 形态 | 干草形态基本一致,秆茎叶片均匀一致 |
| 草捆层面 | 无霉变,无结块 |

### 2. 理化指标(%)

| 质量指标 | 等级 | | | |
|---|---|---|---|---|
| | 一级 | 二级 | 三级 | 四级 |
| 粗蛋白 | ≥22.0 | ≥20.0,<22.0 | ≥18.0,<20.0 | ≥16.0,<18.0 |
| 中性洗涤纤维 | <34.0 | ≥34.0,<36.0 | ≥36.0,<40.0 | ≥40.0,<44.0 |
| 杂类草含量 | <3.0 | ≥3.0,<5.0 | ≥5.0,<8.0 | ≥8.0,<12.0 |
| 粗灰分 | <12.5 | | | |
| 水分 | ≤14.0 | | | |

十八、《GB 25882-2010 青贮玉米品质分级》

| 等级 | 中性洗涤纤维(%) | 酸性洗涤纤维(%) | 淀粉(%) | 粗蛋白(%) |
|------|------|------|------|------|
| 一级 | ≤45.0 | ≤23.0 | ≥25.0 | ≥7.0 |
| 二级 | ≤50.0 | ≤26.0 | ≥20.0 | ≥7.0 |
| 三级 | ≤55.0 | ≤29.0 | ≥15.0 | ≥7.0 |

注:中性洗涤纤维、酸性洗涤纤维为干物质中的含量(60℃烘干)

# 参考文献

［1］张子仪.中国现行饲料分类编码系统说明［J］.中国饲料.1994:19~21.

［2］韩友文主编.饲料与饲养学［M］.北京:中国农业出版社,1998:71~73.

［3］吴晋强主编.动物营养学［M］.合肥:安徽科学技术出版社,1999:187~189.

［4］胡坚主编.动物饲养学［M］.长春:吉林科学技术出版社,1996:95~100.

［5］李爱杰主编.水产动物营养与饲料学［M］.北京:中国农业出版社,2000:124~126.

［6］彭健.饲料学(第2版)(十一五规划教材)［M］.北京:科学出版社,2008.

［7］中国饲料成分及营养价值表(2017年第28版)中国饲料数据库［J］.畜禽业.2018(1):72~81.

［8］訾乃涛,刘金银,程时军.饲料中小麦替代玉米应用相关问题的探讨［J］.饲料与畜牧.2010(8):35~38.

［9］卢萍,王卫国.小麦在反刍动物饲料中的应用研究进展［J］.粮食与饲料工业.2003(9):30~32.

［10］易洪琴,刘丹,周飞,等.高粱作为奶牛饲料的饲用价值及提高利用率的研究进展［C］.2014.

［11］张树金,方亦凡,王有良.大麦在奶牛日粮中的应用［J］.饲料世界.2006(03):33~35.

［12］王开丽,黄其永,张石蕊.稻谷加工副产物在饲料中的应用［J］.广东饲料.2012(08):37~39.

［13］姜珇,谭支良,王继成.7种能量饲料淀粉降解率的研究［J］.吉林畜牧兽医.2005(7):6~7.

［14］张佩华,贺建华,王加启,等.饲料稻的营养价值及其在畜禽生产中的

应用[J].中国畜牧兽医.2008,35(4):17～21.

[15]姜矩,谭支良,王继成.常用谷物饲料在瘤胃内的淀粉降解率研究[J].饲料广角.2005(14):27～28.

[16]吕莹果,季慧,张晖,等.米糠资源的综合利用[J].粮食与饲料工业.2009(4):19～22.

[17]郑晓中,冯仰廉,莫放,等.饲喂全脂米糠对肉牛瘤胃发酵影响的研究[J].饲料研究.1998(6):9～10.

[18]吴浩,邓程君,石风华,等.木薯粉替代玉米对奶牛产奶性能和血液生化指标的影响[J].中国畜牧杂志.2013(11):64～66.

[19]赵永亮.新型复合甜菜粕在奶牛饲养中的应用研究[D].兰州:兰州大学,2009.

[20]刘海贤,孔伟.甜菜颗粒粕对奶牛生产性能的影响[J].中国奶牛.2013(9):58～60.

[21]王超,齐智利,董淑慧,等.甜菜渣在奶牛生产应用中的研究进展[J].中国奶牛.2013(13):6～9.

[22]红敏,高民.日粮物理有效中性纤维对奶牛营养调控的研究[J].畜牧与饲料科学.2010(6):470～472.

[23]毛江,姚琨,史仁煌,等.浓缩糖蜜发酵液对泌乳牛生产性能、瘤胃发酵和血清指标的影响[J].动物营养学报.2015(10):3198～3206.

[24]田丰.加拿大双低油菜籽粕对奶牛瘤胃发酵及产奶性能影响的研究[D].呼和浩特:内蒙古农业大学,2009.

[25]王若军,白璐,Davehickling,等.用加拿大双低菜粕部分替代TMR中豆粕对奶牛产奶量和乳成分的影响[J].中国奶牛.2007(8):16～17.

[26]董文俊.内蒙古呼伦贝尔地区"双低"油菜籽、粕在奶牛日粮中应用的研究[D].呼和浩特:内蒙古农业大学,2006.

[27]甘在红,邵彩梅.玉米深加工淀粉副产物的蛋白选择和应用[J].饲料与畜牧.2007(09):42～45.

[28]么学博,杨红建,谢春元,等.反刍家畜常用饲料蛋白质和氨基酸瘤胃降解特性和小肠消化率评定研究[J].动物营养学报.2007,19(3):225～231.

[29]王东玲,李波,芦菲,等.豆腐渣的营养成分分析[J].食品与发酵科技. 2010,46(4):85~87.

[30]王治华,王连仲,陈永生,等.奶牛日粮中干豆腐渣替代豆粕的对比试验[J].中国奶牛.2003(02):25~27.

[31]闫晓波,韩向敏.马铃薯渣和玉米秸秆混合青贮料对奶牛生产性能的影响[J].广东农业科学.2009(5):144~146.

[32]王典,王加启,张养东,等.马铃薯淀粉渣的开发与综合利用[J].中国畜牧兽医.2011(10):27~30.

[33]张琪,华慧敏.玉米淀粉渣开发利用及研究进展[J].发酵科技通讯. 2014,32(1):14~16.

[34]闫满顺.过量饲喂玉米淀粉渣对奶牛健康的影响[J].中国奶牛.1998 (01):45.

[35]邹阿玲,张金霞.啤酒糟对产奶中后期荷斯坦奶牛生产性能的影响[J]. 中国奶牛.2007(6):16~17.

[36]葛汝方.啤酒糟在奶牛生产中的应用[J].饲料广角.2013(22):46~47.

[37]赵洪涛,王静华,李建国.反刍动物非蛋白氮营养研究进展[J].草食家畜.2003(4):36~38.

[38]江兰,孟庆翔,任丽萍,等.饲粮尿素添加水平对生长育肥牛生长性能和血液生化指标的影响[J].中国农业科学.2012,45(4):761~767.

[39]辛杭书,张永根,孟庆翔,等.聚氨酯包被尿素对奶牛泌乳性能和血浆生化指标的影响[J].动物营养学报.2010,22(6):1672~1678.

[40]朱恒乾,刘辉放.非蛋白氮对高产荷斯坦奶牛生产性能的影响[J].中国乳业.2014(03):36~39.

[41]董衍明,马雁玲.单细胞蛋白饲料的开发与利用[J].饲料研究.2005 (9):25~27.

[42]栾玉静.单细胞蛋白的开发利用[J].饲料博览.2004(2):46~47.

[43]窦全林,杨明禄,周小玲.单细胞蛋白在食品和饲料中的生产利用现状及前景[J].粮食与饲料工业.2013(10):38~42.

[44]马纯艳,王升厚.菌糠单细胞蛋白饲料生产技术的研究[J].食用菌. 2005,27(3):56~58.

[45]李凌岩.酵母蛋白饲喂泌乳奶牛试验报告[J].中国奶牛.2011(10)：24～28.

[46]刘孝然,杨利国.酵母蛋白物在奶牛生长繁殖中的应用[J].中国奶牛.2012(04)：28～31.

[47]马吉锋,常明阳,黎玉琼,等.盐藻粉对奶牛生产性能的影响研究[J].安徽农业科学.2013,41(03)：1126～1127.

[48]许庆方.影响苜蓿青贮品质的主要因素及苜蓿青贮在奶牛日粮中应用效果的研究[D].北京:中国农业大学,2005.

[49]陶更.苜蓿青贮技术研究现状[A].中国畜牧业协会、内蒙古自治区赤峰市人民政府、内蒙古自治区农牧业厅.第五届中国苜蓿发展大会论文集[C].中国畜牧业协会、内蒙古自治区赤峰市人民政府、内蒙古自治区农牧业厅:2013:4.

[50]张文举,王加启,龚月生,等.秸秆饲料资源开发利用的研究进展[J].国外畜牧科技,2001,28(3)：15～18.

[51]朱顺国,邢壮,张微,等.玉米秸秆与含量变化规律的研究[J].中国奶牛.2001,(1)：24～26.

[52]夏科,赵宏波,郗伟斌,等.瘤胃保护性胆碱对奶牛的作用[J].中国牛业科学.2010,36(5):38～42.

[53]夏楠,王加启,赵国琦,等.瘤胃保护性氨基酸在奶牛生产中的应用研究[J].中国畜牧兽医.2008,35(9):5～9.

[54]熊春梅.氮-羟甲基蛋氨酸钙对中国荷斯坦奶牛瘤胃代谢及生产性能的影响[D].兰州:甘肃农业大学硕士学位论文.2004.

[55]熊春梅,张力,周学辉,等.保护性蛋氨酸对中国荷斯坦奶牛血浆代谢产物及生产性能的影响[J].甘肃农业大学学报.2004,39(4):394～398.

[56]徐国忠,叶均安,陈伟健,等.保护氯化胆碱对奶牛泌乳初期生产性能和血浆生化指标的影响初探[J].中国畜牧杂志.2005,(6):23～25.

[57]徐飞良,刘伶俐,肖兵南.瘤胃保护性脂肪在奶牛生产中的研究与应用[J].兽药与饲料添加剂.2006,11(2):26～28.

[58]姚晓红,吴逸飞,王新,等.酵母培养物对奶牛生产性能的影响[J].中国饲料.2009,(2):22～26.

[59]张克春.瘤胃稳定性脂肪对产后奶牛泌乳、繁殖性能和抗病力的影响[D].南京:南京农业大学.2006.

[60]张克春,谭勋,王小龙.瘤胃稳定性脂肪对产后奶牛奶产量、牛奶成份和外周血白细胞数量的影响[J].上海交通大学学报(农业科学版).2006,24(4):345~348.

[61]祝爱侠,王春维,赵胜军.过瘤胃脂肪在高产奶牛饲养中的应用[J].粮食与饲料工业.2007,(1):36~38.

[62]冯佳时,王清声,廖冰麟,等.酵母类饲料在畜牧业中的应用[J].饲料工业,2008,29(4):4~6.

[63]刘静,刘聚祥.酵母菌的营养特性及在畜牧业中的应用[J].动物医学进展.2007(05):98~100.

[64]高玉云,王燕,袁智勇.饲料酵母在畜牧业中的研究与利用[J].广东饲料.2008:35~37.

[65]王聪,任金,刘强,等.酵母对奶牛泌乳性能及健康状况影响的研究[J].兽药与饲料添加剂,2005,10(1):7~9.

[66]赵万东.酵母制剂在奶牛生产上的应用[J].中国奶牛.2007:24~25.

[67]初汉平.奶牛钙、磷营养需要研究进展[J].湖北动物科学与兽医,2007,2:18~20.

[68]段智勇,吴跃明,刘建新.奶牛微量元素铜的营养[J].中国奶牛,2003,4:28~30.

[69]李绍钰,吴胜耀.有机铬改善高温季节下奶牛生产性能的研究[J].中国奶牛.1999,5:18~19.

[70]李鑫,李佃场,刘刚,等.浅析微量元素在奶牛生产中的重要性[J].畜牧兽医杂志,2007,26(4):43~46.

[71]刘旭.奶牛养殖中被忽视的常量矿物元素——钾、镁和硫[J].新疆畜牧业,2008,2:12~14.

[72]石军,孙德文,陈安国.微量元素硒的生物学功能及其应用[J].兽药与饲料添加剂,2002,7(1):34~37.

[73]王殿生.高产奶牛矿物质营养特性[J].中国奶牛.1990,4:22~24.

[74]徐峰.奶牛日粮中矿物元素的作用[J].饲草饲料,2008,3:29~30.

［75］姚军虎,曹斌云,窦铖,等.锌对青年母牛生长发育的影响[J].西北农业大学学报,1996,24(4):55～58.

［76］张萍.奶牛钙的营养需要[J].乳业科学与技术,2001,3:33～36.

［77］冯仰廉.反刍动物营养学[M].北京:科学出版社,2004.

［78］王加启.反刍动物营养学研究方法[M].北京:中国出版集团现代教育出版社,2011.

［79］刁其玉.奶牛规模养殖技术[M].北京:中国农业科学技术出版社,2003.

［80］孟庆翔,译.《奶牛营养需要(第七次修订版)》[M].北京:中国农业大学出版社,2002.

［81］王加启.现代奶牛养殖科学[M].北京:中国农业出版社,2006.